PC-gestützte Managementtechniken

Von

Dr. Michael A. Curth

und

Dipl.-Kfm. Bernd Weiß

2., überarbeitete Auflage

R. Oldenbourg Verlag München Wien

CIP-Titelaufnahme der Deutschen Bibliothek

Curth, Michael A.:
PC-gestützte Managementtechniken / von Michael A. Curth u.
Bernd Weiß. – 2., überarb. Aufl. – München ; Wien :
Oldenbourg, 1989
ISBN 3-486-21262-1

NE: Weiß, Bernd:

Gesamtherstellung: Hofmann Druck, Augsburg

ISBN 3-486-21262-1

Inhaltsverzeichnis

Vorwort zur 1. Auflage

Der Personal Computer mit entsprechenden Softwarekomponenten gewinnt im Rahmen der universitären und betrieblichen Problem- und Datenverarbeitung zunehmend an Bedeutung.

Doch fällt es wegen der Komplexität der gestellten Aufgaben nicht immer leicht, den Personal Computer ziel- und sachgerecht einzusetzen. An der Hochschule werden die hardware- und softwareseitigen Kenntnisse und Fähigkeiten grundlegend gelehrt; als Basis für die Vermittlung PC-gestützter Problemlösungen müssen wohl einfache Beispiele dienen. Nur wenige, fortgeschrittene Studenten dagegen erfahren in Arbeitsgruppen, meist in Form von Projekten in Zusammenarbeit mit interessierten Wirtschaftsunternehmen, wie man die komplexe betriebliche Realität meistert.

Auf der anderen Seite bestehen in der betrieblichen Praxis manchmal Vorbehalte oder unbewußte Sperren gegen die Nutzung des PC's durch Manager oder andere Endbenutzer in den Fachabteilungen. Oft schon bemühen sich jedoch die aufgeschlossenen Entscheidungsträger in Handel und Industrie um die nötigen Kenntnisse, damit sie mehr oder weniger gut strukturierte Probleme mit Hilfe des PC's in eine Lösung umsetzen können.

Dieses Buch will helfen, diese Lücken zu schließen, indem es PC-gestützte Lösungen unter Einsatz einer Vielzahl von Managementtechniken mit Hilfe gängiger PC-Softwareprodukte entwickelt und veranschaulicht. Damit ergeben sich als Zielgruppe sowohl Manager bzw. Mitarbeiter in der Fachabteilung als auch betroffene Angehörige der Hochschule, seien es Studenten, wissenschaftliche Mitarbeiter oder Hochschullehrer.

Teil A des Buches behandelt die Grundlagen der PC-Technologie mit einem Überblick über Hardware- und Softwarekomponenten von Personal Computern und nimmt Bezug auf die Vorteile des PC-Einsatzes zur Beschreibung und Lösung von Managementaufgaben. In Teil B wird eine Klassifikation und Beschreibung von solchen Standardpaketen vorgenommen, die zur Problembearbeitung auf dem PC zur Verfügung stehen. Als Hilfe bei der Anschaffung derartiger Software werden checklistenartig einige Auswahlkriterien zu den jeweiligen Klassen von Standardpaketen angeführt. Teil C schließlich zeigt die Entwicklung und Bearbeitung von Managementproblemen und deren Lösung auf, wobei innerhalb der hier unterschiedenen Klassen von Managementproblemen eine jeweils für die Anwendung einer Managementtechnik identische Verfahrensweise erfolgt. Zunächst wird nach allgemeinen Erläuterungen zur Technik aus betriebswirtschaftlicher Sicht eine Problemstellung aus der Praxis beschrieben, dann eine gedankliche bzw. theoretische Lösung vorgestellt und anschließend schrittweise die PC-gestützte Umsetzung und Lösung des Problems entwickelt. Vor entsprechenden Übungsaufgaben am Ende der Abschnitte können Erweiterungs- und Änderungsvorschläge zur Problemlösung enthalten sein.

Didaktische Hilfen, die das stufenweise Durcharbeiten des Buches erleichtern, sind Übersichten über den Aufbau eines Buchteiles sowie innerhalb der einzelnen Kapitel die schon angesprochene identische Vorgehensweise bzgl. der Lösung der Fallstudien. Am Ende des Buches befinden sich neben den Literaturhinweisen die Lösungen zu den Aufgaben sowie ein ausführliches Stichwortverzeichnis.

Unser Dank gilt allen, die durch Anregungen und Stellungnahmen zum gegenwärtigen Stand unserer Denkweise bzgl. des in diesem Buch behandelten Themas beigetragen haben. Insbesondere gilt unser Dank Frau Monika Hillers für die umsichtige Umsetzung von Manuskriptteilen in einen lesbaren Text mit dem Standardpaket WORD und Frau Kerstin Ehle für die umfangreiche Hilfe bei der Generierung bzw. Korrektur der druckfähigen Vorlage. Nicht zuletzt gilt unser Dank Herrn Dipl.-Volksw. Martin Weigert für die bereitwillige Unterstützung bei redaktionellen und anderen Fragen.

Michael A. Curth
Bernd Weiß

Vorwort zur 2. Auflage

Wir freuen uns, daß die erste Auflage nach einem knappen Jahr vergriffen ist. Die Grundlagen und -ideen der Heranführung an PC-gestützte Managementtechniken haben sich demnach bewährt, so daß dieselben auch für die vorliegende zweite Auflage beibehalten werden konnten.

Wir nutzen allerdings im Rahmen dieser zweiten Auflage die Gelegenheit, einige inhaltliche und syntaktische Fehler zu korrigieren, die sich trotz intensiver Bemühungen in die erste Auflage "eingeschlichen" haben. Zusätzlich wurde eine vollständige Überarbeitung und inhaltliche Erweiterung für das Kapitel C.5 (Präsentationstechniken) vorgenommen.

Allen, die uns Anregungen und Hinweise für die Neuauflage gegeben haben, möchten wir an dieser Stelle herzlich danken.

Michael A. Curth
Bernd Weiß

Abkürzungsverzeichnis

APL	A Programming Language
ASCII	American Standard Code of Information Interchange
Bits	Binary Digits
CBT	Computer Based Training
CD	Change Directory
CP/M	Control Program for Microprocessors
CPM	Critical Path Method
CPU	Central Processing Unit
DB	Datenbankprogramme
DBMS	Datenbankmanagementsystem
DOS	Disk Operating System
DV	Datenverarbeitung
EDV	Elektronische Datenverarbeitung
ESC	Escape
GR	Graphikpakete
GuV	Gewinn- und Verlustrechnung
HGB	Handelsgesetzbuch
HTPM	Harvard Total Project Manager
IDV	Individuelle Datenverarbeitung
IP	Integrierte Pakete
KB	Kilo Byte
KG	Kriteriengewichte
MP	Multiplan
MWh	Megawattstunden
PC	Personal Computer
PERT	Program Evaluation and Review Technique
PG	Produktgruppe
PM	Projektmanagementprogramme
R-Taste	Return-Taste, Datenfreigabe-Taste

SOFT	Strength-Opportunity-Failure-Threat
ST	Statistikpakete
SY	Symphony
T-Taste	Tabulator-Taste
TK	Tabellenkalkulation
TV	Textverarbeitungsprogramme
ZK	Zielkriterium
ZKG	Zielkriteriengruppe

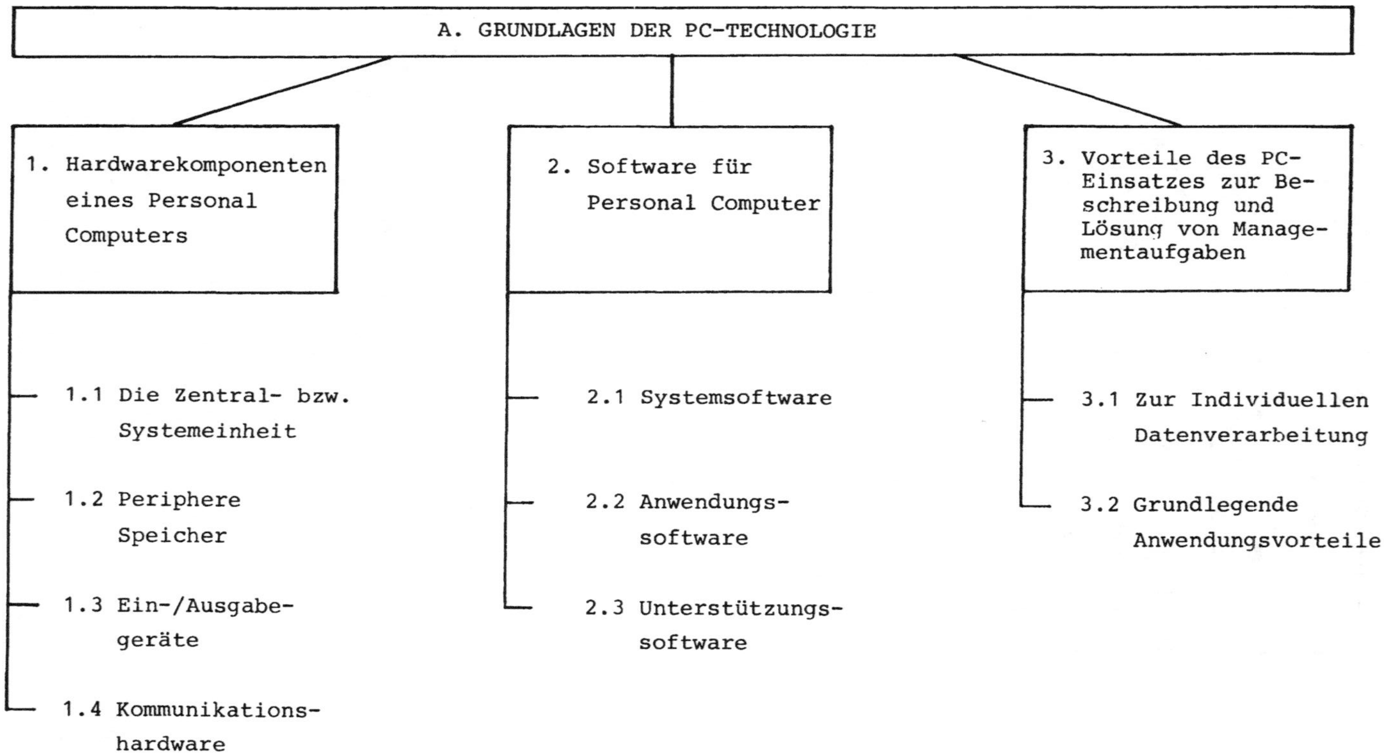
A. GRUNDLAGEN DER PC-TECHNOLOGIE
1. Hardwarekomponenten eines Personal Computers
1.1 Die Zentral- bzw. Systemeinheit
1.2 Periphere Speicher
1.3 Ein-/Ausgabegeräte
1.4 Kommunikationshardware
2. Software für Personal Computer
2.1 Systemsoftware
2.2 Anwendungssoftware
2.3 Unterstützungssoftware
3. Vorteile des PC-Einsatzes zur Beschreibung und Lösung von Managementaufgaben
3.1 Zur Individuellen Datenverarbeitung
3.2 Grundlegende Anwendungsvorteile

Teil A.
Grundlagen der PC-Technologie

Die Fertigstellung des ersten funktionsfähigen Computers von Konrad Zuse im Jahre 1941, der unter der Bezeichung "Z3" vorgestellt wurde, kann als Beginn der Computertechnologie, eine der bedeutungsvollsten technischen Errungenschaften des 20. Jahrhunderts, betrachtet werden. Im Rahmen der dann einsetzenden rasanten Entwicklung dieser Technologie lassen sich anhand der Schaltelemente (wie z.B. Relais, Elektronenröhren, Transistoren und integrierte Schaltkreise) vier bis fünf Computergenerationen differenzieren (vgl. hierzu CURTH/EDELMANN, 1988, S. 1f.).

Allerdings war es aufgrund der hohen Preise und wegen des großen Platzbedarfs der Computer viele Jahre lang nur bestimmten Forschungseinrichtungen und großen Unternehmen vorbehalten, die Vorteile des Computers zu nutzen. Diese Situation änderte sich immer mehr nach der Erfindung des Mikroprozessors gegen Ende der 60er Jahre. Mikroprozessoren sind Einheiten, bei denen in einem sog. Chip von wenigen Quadratmillimetern Größe alle für die Eingabe, Verarbeitung und Ausgabe von Daten benötigten Funktionen enthalten sind. Konnten die ersten Mikroprozessoren nur vier Bits (Binary Digits = Binärzeichen ; Zeichen, das zwei Schaltzustände (z.B. 0 und 1) annehmen kann) gleichzeitig verarbeiten, so entstanden schon 1972 8-Bit-Prozessoren, 1979 16-Bit-Rechenregister und später 32-Bit-Mikroprozessoren.

Als erster Mikrocomputer entstand 1975 der ALTAIR 8800 auf Basis eines 8-Bit-Mikroprozessors der Firma INTEL. Damit wurde auch für kleine und mittlere Unternehmen sowie für Stellen bzw. Bereiche außerhalb der zentralen DV-Abteilung (Management, Fachabteilung, etc.) die Möglichkeit geschaffen, die Vorteile der Mikrocomputer (vgl. hierzu Kapitel 3) zu nutzen. Diese im Kontrast zur professionellen, unternehmensweit tätigen, zentralen Datenverarbeitung stehende Art der DV-Unterstützung wird heute mit den Begriffen "*Individuelle Datenverarbeitung* (IDV)", "*Personal Computing*" oder "*Datenverarbeitung für den Endbenutzer*" belegt (vgl. SEIBT, 1986, S. 2ff.). Dabei hat sich für das technische System - als hauptsächliche Basis der IDV - die Bezeichnung "*Personal Computer*" (PC) durchgesetzt.

1. Hardwarekomponenten eines Personal Computers

Die Geräteeinheiten eines Computers bzw. all seine materiellen Bestandteile werden als "*Hardware*" bezeichnet. Die Hardwarekomponenten eines PC's lassen sich gliedern in:

- Zentraleinheit bzw. Systemeinheit
- Periphere Speicher
- Ein-/ Ausgabegeräte
- Kommunikationshardware

In den folgenden Abschnitten erfolgt eine benutzerorientierte, herstellerunabhängige Kurzdarstellung der wichtigsten Geräte aus den hier unterschiedenen Hardwareklassen.

1.1 DIE ZENTRAL- BZW. SYSTEMEINHEIT

In der *Zentraleinheit* (CPU = Central Processing Unit) eines PC's (synonym: Systemeinheit) findet die eigentliche Verarbeitung der Daten statt. Die CPU besteht im wesentlichen aus dem schon angesprochenen Mikroprozessor und dem Hauptspeicher (synonym: Arbeitsspeicher).

Der *Mikroprozessor* steuert die im Hauptspeicher oder in den externen Speichern enthaltenen Daten und verarbeitet diese entsprechend den Befehlen der anwenderseitig erstellten Programmarbeitsvorschrift.

Die wesentlichen Aufgaben des Mikroprozessors sind im einzelnen:

- Entschlüsselung der Programmbefehle
- Steuerung der Reihenfolge, in der die Befehle ausgeführt werden
- Initialisieren anderer Einheiten (z.B. Ein-/Ausgabegeräte), um bestimmte Operationen durchzuführen
- Durchführung logischer Operationen (Vergleichen durch Prüfen von Bedingungen, Verschieben, Runden, etc.)
- Durchführen arithmetischer Operationen

Zur ausführlicheren Darstellung der internen Arbeitsweise eines Computers wird auf die entsprechende Fachliteratur verwiesen. (vgl. z.B. die entsprechenden Abschnitte in SCHMITZ/SEIBT, 1985).

Der Mikroprozessor hat neben dem Hauptspeicher entscheidenden Einfluß auf die Verarbeitungsgeschwindigkeit des PC's. Tendenziell ist die Verarbeitungsgeschwindigkeit umso höher, je mehr Bits parallel verarbeitet bzw. übertragen werden können (z.B. bei 8-Bit-Prozessoren 1 Zeichen und bei 32-Bit-Prozessoren 4 Zeichen gleichzeitig).

Der *Hauptspeicher* enthält für die Dauer der Inbetriebnahme des PC's die für die beabsichtigten Verarbeitungsprozesse benötigten Daten und Befehle. Die Größe des Hauptspeichers wird in Kilo Byte (KB) gemessen, wobei ein Byte (bestehend aus 8 Bits) zur Darstellung eines jeden Zeichens (Buchstabe, Ziffer, Sonderzeichen) benötigt wird. Die für betriebliche Anwendungen sinnvolle Hauptspeichergröße beginnt bei 256 KB (ca. 256.000 Zeichen). Die gängigen PC's bieten die Möglichkeit, den Hauptspeicher "aufzurüsten", d.h. die Hauptspeicherkapazität durch den Einbau von zusätzlichen Steckmodulen zu erhöhen. Von dieser heute sehr preiswerten Möglichkeit sollte Gebrauch gemacht werden, wenn die Arbeitsgeschwindigkeit erhöht werden soll, bzw. der für spezifische Anwendungs- oder Unterstützungssoftware benötigte Hauptspeicherbedarf nicht ausreicht.

1.2 PERIPHERE SPEICHER

Als *periphere* Geräte bezeichnet man alle Geräte, die nicht zur Zentraleinheit gehören, sondern vielmehr diese umgeben. Die für den PC wesentlichen peripheren Speicher sind:

- Festplattenlaufwerk
- Diskettenlaufwerk

Festplatten erlauben das dauerhafte Speichern und Wiederauffinden von Daten und Programmen. Durch einen direkten Zugriff auf die abgespeicherten Informationen und eine infolgedessen hohe Zugriffsgeschwindigkeit (bspw. im Vergleich zu Kassettengeräten mit sequentiellem Zugriff, die verschiedentlich im Homecomputerbereich zum Einsatz kommen) haben sich die Festplatten (englisch: "Hard Disks") zu einem der wichtigsten Peripheriegeräte des PC's entwickelt. Die meistens im Gehäuse der Systemeinheit integrierten Festplatten weisen eine Speicherkapazität von 10, 20 oder 30 Mega Byte auf, wobei ein MB ungefähr eine Million Zeichen umfaßt. Neben diesen gängigen Größen sind in naher Zukunft aufgrund des Preisverfalls bei der Hardware weitere Steigerungen der Speicherkapazität zu erwarten und schon zu beobachten.

Das wichtigste portable Speichermedium für PC's ist die Diskette, die von sog. Diskettenstationen bzw. *Diskettenlaufwerken* gelesen oder beschrieben werden kann. Die zunehmende Verkleinerung der Diskettengröße und die umgekehrt proportionale Entwicklung der Speicherkapazität führte von 8-Zoll-Disketten über die zur Zeit gängigen 5 1/4-Zoll-Disketten zu 3 1/2-Zoll-Disketten mit einer Speicherkapazität zwischen 160 KB und 2,4 MB. Für die meisten heute vertriebenen PC-Softwarepakete in den Bereichen Textverarbeitung, Tabellenkalkulation, Statistik, Graphik etc. wird beim Erwerb vom Hersteller oder Händler neben den Anwendungshandbüchern auch die startbereite bzw. installationsbereite Software mitgeliefert, die auf 5 1/4-Zoll-Disketten enthalten ist.

Weitere periphere Speicher wie Bildplatten oder Vidiokassetten haben noch keine oder nur geringe Bedeutung im Sichtkreis des PC-Einsatzes für Managementtechniken, so daß sie hier keiner spezifischen Betrachtung unterzogen werden.

1.3 EIN- UND AUSGABEGERÄTE

Als weitere Komponenten der Peripherie eines Computers lassen sich neben den Speichern die Ein- und Ausgabegeräte unterscheiden, welche der Kommunikation zwischen Computer und Benutzer dienlich sind. Zu den wesentlichen Ein- und Ausgabegeräten (E und A) eines PC's zählen

- Bildschirm (E/A)
- Tastatur (E)
- Drucker (A)
- Plotter (A)

Der *Bildschirm* (synonym: Monitor) eines PC's kann sowohl als Eingabe- (der Benutzer sieht und kontrolliert die Zeichen, die er über die Tastatur eingibt) als auch als Ausgabegerät (Anzeige von Graphiken, Tabellen oder anderen Dateiinhalten) charakterisiert werden. Ein Bildschirm verfügt standardmäßig über 25 Zeilen und 80 Spalten zur Darstellung von Zeichen. Neben den weitverbreiteten *Monochrombildschirmen*, die mit einer einzigen Farbe (z.B. "grün", "bernstein" oder "weiß") auf schwarzem Hintergrund arbeiten, werden auch *Farbmonitore* angeboten, welche beim Einsatz von Tools angeschafft werden sollten, die Farbunterstützung bieten.

Neben der Entscheidung über die Anzahl der darstellbaren Farben ist für den PC-Anwender das Auflösungsvermögen des Bildschirmes wichtig, das sich in der Anzahl der Bildpunkte (Pixel) dokumentiert. Daneben sollte auf die Entspiegelung des Monitors geachtet werden, die auch bei ungünstigem Lichteinfall das zweifelsfreie Erkennen der Bildschirminhalte gewährleistet.

Die *Tastatur* dient zum einen der Eingabe von numerischen und alphanumerischen Daten in den Computer und zum anderen der Auslösung von Befehlen. Die Tastatur enthält neben den von der Schreibmaschine gewohnten Tasten für Buchstaben, Ziffern, Sonderzeichen und Umschaltungen noch einige zusätzliche Tasten, die verantwortlich sind für die Steuerung des *Cursors* (Lichtpunkt auf dem Bildschirm) und die Bedienung von Anwendungs- und Unterstützungssoftware (vgl. Kapitel 2) durch programmierbare und nichtprogrammierbare Funktionstasten. Neben den auf der Tastatur vorgesehenen Richtungstasten zur Steuerung des Cursors existiert noch eine weitere Möglichkeit, die *Maussteuerung*. Hierbei wird die Steuerung des Cursors bzw. einzelner Funktionen mit Hilfe eines handlichen, mit dem PC verbundenen Gerätes bewirkt, das auf der glatten Tischfläche richtungsweisend bewegt wird. Eine Gummi- oder Metallkugel an der Unterseite der Maus sorgt dann für die entsprechenden Cursorbewegungen, sowie ein bis zwei Tasten auf der Oberseite für das Auslösen von Befehlen.

Neben dem Bildschirm ist der *Drucker* das wichtigste Gerät zur Ausgabe von Daten oder Graphiken. Drucker werden in den unterschiedlichsten Preis- und Qualitätsklassen angeboten; es hängt sehr stark von der Art der PC-Anwendungen ab, welche Empfehlung gegeben werden sollte. Die bedeutsamsten Druckertypen seien im folgenden kurz aufgezeigt:

- *Matrixdrucker* sind sehr preiswerte, relativ schnelle Drucker und daher am weitesten verbreitet. Sie stellen jedes darzustellende Zeichen durch eine Punktmatrix dar, wobei die Zeichen entsprechend dem Raster durch Anschlagen von Nadelköpfen gegen das Farbband erzeugt werden. Obwohl neuere Matrixdrucker über einen sog. Schönschreibmodus (Near Letter Quality) verfügen, der das mehrmalige Ausdrucken eines jeden Zeichens in etwas anderer Position bewirkt, sind Matrixdrucker kaum korrespondenzfähig.

- *Typenraddrucker* enthalten Plastik- oder Metallscheiben mit beweglichen Typen, die gegen das Farbband geschlagen werden. Sie sind wesentlich langsamer als Matrixdrucker, erreichen aber aufgrund der Übereinstimmung der Typen mit gängigen Schrifttypen von Schreibmaschinen und Schreibautomaten Korrespondenzqualität.

- *Thermodrucker* sind fast geräuschlos arbeitende Geräte, welche die Druckoutputs durch das Einbrennen der Zeichen mit heißen Drucknadeln auf Papier (häufig Spezialpapier) erzeugen. Thermodrucker arbeiten sehr langsam und bedingen durch das relativ teure Druckpapier vergleichsweise hohe Betriebskosten.

- *Tintenstrahldrucker* ("Ink jet"-Drucker) bringen, wie der Name schon sagt, die zu druckenden Zeichen durch einen Tintenstrahl zu Papier, der durch verschiedene Düsen ausgesondert wird. Die Druckqualität ist allerdings oft nicht wesentlich besser als die der Matrixdrucker. Zudem sind wie beim Thermodrucker die Betriebs- und Wartungskosten relativ hoch.

- *Laserdrucker*, die bis vor kurzem noch in fünf- oder sechsstelligen Preisklassen aufzufinden waren, werden zunehmend preiswerter. Diese Drucker, bei denen die Zeichen durch einen Laserstrahl auf normalem Papier eingebrannt werden, genügen hohen Ansprüchen, bezogen auf die Druckqualität.

- *Plotter* sind Zeichengeräte zur Erstellung von (farbigen) Graphiken und anderen Bildern, die heute schon für wenige tausend DM angeboten werden. Durch computergesteuerte Bewegungen von ein oder mehreren Farbzeichenstiften entstehen in wenigen Minuten die zu Präsentations- oder Dokumentationszwecken vom Anwender gewünschten Tabellen, Schaubilder und Diagramme.

1.4 KOMMUNIKATIONSHARDWARE

Unter *Kommunikationshardware* sollen diejenigen physikalischen Bestandteile eines PC's verstanden werden, die die Kommunikation mit anderen Nutzern bzw. DV-Anlagen über interne (reine PC-Netze oder PC-Großrechner-Netze) oder externe Netze (z.B. Datex-Netze, Teletex-Netze, Bildschirmtext-Netze der Deutschen Bundespost) ermöglichen. Da jedoch diese spezifischen Ausprägungen von Rechnerverbundsystemen eine thematische Entfernung vom PC, dem "persönlichen Computer", bewirken und zudem die meisten der später behandelten Standardpakete zur Lösung von Managementproblemen nicht "netzfähig" sind, soll hier auf eine detaillierte Darstellung der Kommunikationshardware verzichtet werden (dem interessierten Leser sei hierzu empfohlen das Werk von MEISSNER, 1985).

2. Software für Personal Computer

Unter Software wird die Gesamtheit aller Programme zum Betreiben eines Rechensystems (hier: PC) verstanden (vgl. SCHMITZ/SEIBT, 1985, S. 82). Dieser Definition zufolge hat Software keine materiellen Eigenschaften, benötigt allerdings für ihren Einsatz materielle Träger, nämlich die Hardwarekomponenten des PC's. Nach heutiger Auffassung werden der Software jedoch weitere, teilweise auch materielle Komponenten zugeordnet, wie z.B. Anwendungsregeln und Dokumentationen (zur Dokumentation vgl. CURTH, 1987, S.131ff.) von Programmen oder anwendungsbereichbezogenen Daten.

Software für Personal Computer (vgl. Abb. 1) soll hier differenziert werden in *Systemsoftware*, die im wesentlichen auch mit dem Begriff Betriebssystem gleichzusetzen ist, in die *Anwendungssoftware*, mit welcher der Benutzer (Manager, DV-Spezialist, Endbenutzer, etc.) seine spezifischen Probleme löst oder beschreibt, und in die *Unterstützungssoftware*, die zur Erstellung individueller Anwendungssoftware eingesetzt wird.

Systemsoftware		**Anwendungssoftware**		**Unterstützungssoftware**	
Betriebssystem	**andere Dienstprogramme**	**individuelle Anwendungssoftware**	**Standard-Anwendungssoftware**	**Sprachen**	**Standardpakete**

Abb. 1: Softwarearten für den Personal Computer

2.1 SYSTEMSOFTWARE

Die *Systemsoftware* ist für die Steuerung und Verwaltung des PC's bzw. seiner einzelnen Komponenten zuständig. Dieser Typ von Software soll hier weiter differenziert werden in

- Betriebssystem
- andere Dienstprogramme

Das *Betriebssystem* beinhaltet Einzelprogramme, die im wesentlichen für die komfortable Steuerung und Überwachung von Hardwarekomponenten (bedingt auch für Softwarekomponenten) zuständig sind. Hierzu zählen z.B. Programme für

- das Formatieren von Festplatten oder Disketten
- das Kopieren und Lesen von Disketteninhalten
- die Ausgabe von Dateien auf den Drucker oder auf den Bildschirm
- das Löschen von Dateien
- eine länderspezifische Tastatureinstellung
- u.v.a.m.

Die für den "persönlichen" Computer wesentlichen Betriebssysteme sind *DOS* (Disk Operating System) und *CP/M* (Control Program for Microprocessors), wobei sich *MS-DOS* (DOS wurde von der Firma Microsoft entwickelt und wird auch unter der IBM-Bezeichnung *PC-DOS* angeboten) in den letzten Jahren immer mehr als Standard-Betriebssystem für Personal Computer durchgesetzt hat. Neben diesen sog. *Einplatzsystemen*, die jeweils einem Benutzer das Arbeiten am Computer gestatten und insofern die Philosophie des "Personal Computers" unterstützen, werden inzwischen auch *Mehrplatzsysteme* entwickelt und angeboten, bei denen die Computerleistung auf mehrere Benutzer aufgeteilt wird. Die bekanntesten Betriebssysteme dieser Art sind UNIX, XENIX, OASIS und MP/M (Mehrplatzversion von CP/M).

Neben dem Betriebssystem existieren noch weitere *Dienstpro-*

gramme, die sich unter Systemsoftware subsumieren lassen, wie z.B. Programme

- zum einfachen Editieren von Dateien ("Full-Screen-Editoren")
- zur menügesteuerten Verwaltung von Betriebssystemfunktionen (z.B. PCTools)
- für das komfortable Anwählen von Anwendungs- oder Unterstützungssoftware

2.2 ANWENDUNGSSOFTWARE

Unter *Anwendungssoftware* werden alle Programme bzw. sämtliche mit Hilfe von Unterstützungssoftware erstellten Dateiinhalte verstanden, die zur Erfüllung der eigentlichen Datenverarbeitungsaufgaben bzw. zur Beschreibung oder Lösung der betrieblichen Probleme eines Anwenders dienen (vgl. hierzu die lediglich auf Programme als Ergebnis des Einsatzes von Programmiersprachen bezogene Definition der Anwendungssoftware bei PLATZ, 1985, S. 20). Beispiele für derartige PC-Anwendungssoftware sind DV-gestützte Lösungen für

- die Fakturierung
- die Investitionsrechnung
- ein Lieferantenauskunftssystem
- die Vorbereitung von Vorstands- oder Projektsitzungen (Texte, Graphiken,etc.)
- eine statistische Analyse der Umsatzentwicklung
- das selektive Abfragen einer Kundendatei
- etc.

Die Anwendungssoftware, die mit im Rahmen dieses Buches näher zu behandelnden Werkzeuge aus dem Bereich der Unterstützungssoftware (vgl. hierzu den nachfolgenden Abschnitt) erstellt wird, läßt sich in Abhängigkeit davon, von wem und für wen sie erstellt wurde, in individuelle Anwendungssoftware und Standardanwendungssoftware differenzieren.

Individuelle Anwendungssoftware ist maßgeschneiderte Software, die speziell auf die Belange eines Anwenders zugeschnitten ist. Im PC-Bereich ist individuelle Anwendungssoftware i.d.R. vom Anwender selbst erstellt, wobei hierzu je nach Art des Anwenders entweder Standardpakete (Manager, Endbenutzer) oder Sprachen (Endbenutzer, DV-Spezialist) eingesetzt werden. Zwar nicht verbreitet, jedoch denkbar ist auch für den PC-Bereich, daß die individuelle Anwendungssoftware von Externen erstellt wird, also im Gegensatz zur oben beschriebenen Eigenentwicklung individueller Anwendungssoftware eine Fremdentwicklung betrieben wird.

Standardanwendungssoftware ist für viele Anwender erstellt und oft gar nicht oder nur mit erheblichen Anpassungen an die betrieblichen Problemstellungen, die mit dem PC gelöst werden können, einsetzbar. Standardanwendungssoftware kann und sollte dann eingesetzt werden, wenn sie den betrieblichen Anforderungen bzgl. Benutzerfreundlichkeit, Unabhängigkeit von Lieferanten / Herstellern, Kompatibilität, organisatorischer Einfügbarkeit der Software und Wartung genügt. Dies ist jedoch nicht immer der Fall (vgl. KIRSCH/BÖRSIG/ENGLERT, 1979, S. 108). Standardanwendungssoftware weist oft eine geringe Flexibilität auf, so daß mit ihrem Einsatz der Zwang zur Änderung bestehender Abläufe oder Organisationsstrukturen bestehen kann (insbesondere in kleineren Unternehmen denkbar). Um dies zu vermeiden, sind Anpassungen an der Software selbst denkbar, die jedoch häufig sehr kostspielig sind. Zudem bedingt geänderte Standardanwendungssoftware in der Regel einen höheren Wartungsaufwand.

2.3 UNTERSTÜTZUNGSSOFTWARE

Unterstützungssoftware soll im Rahmen dieses Buches definiert werden als jegliche Art von Software, die zur Erstellung von

Anwendungssoftware (individuelle Anwendungssoftware oder Standardanwendungssoftware) eingesetzt werden kann.
Dabei kann Unterstützungssoftware weiter differenziert werden in Standardpakete und in Sprachen zur Anwendungssoftwareerstellung.
"Die Endbenutzer in den Fachabteilungen sind keine DV-Professionals und sie wollen auch in Zukunft keine DV-Professionals werden. Für sie kommen daher nur einfache Entwicklungswerkzeuge in Betracht" (SEIBT, 1986, S. 11). Derartige Werkzeuge für Endbenutzer und Manager, hier als *Standardpakete* bezeichnet, sind in den letzten Jahren zunehmend entwickelt und angeboten worden. Sie können je nach Einsatzgebiet klassifiziert werden in

- Tabellenkalkulationsprogramme
- Datenbankprogramme
- Graphikpakete
- Statistikpakete
- Textverarbeitungsprogramme
- Integrierte Pakete
- Projektmanagementprogramme

Eine ausführliche Darstellung dieser Pakete erfolgt in Teil B sowie eine systematische Beschreibung und Lösung von Managementproblemen und -aufgaben mit Hilfe dieser Pakete anhand aussagekräftiger Beispiele in Teil C.

Die andere Komponente der Unterstützungssoftware zur Erstellung von Anwendungssoftware sind *Sprachen*. PC-Sprachen sind Werkzeuge, mit denen DV-Spezialisten oder z.T. auch Endbenutzer komplexere Problemlösungen, die hauptsächlich im Bereich Tabellenkalkulation (arithmetische Aufgabenstellungen) anzusiedeln sind, erstellen können. Die Sprachen für einen Personal Computer lassen sich differenzieren in

- problemorientierte Programmiersprachen
- Endbenutzersprachen

Problemorientierte Programmiersprachen werden i.d.R. nicht vom

Endbenutzer oder Manager eingesetzt, sondern vom DV-Spezialisten. Hierzu gehören die klassischen Sprachen, wie z.B. PL/1, COBOL, FORTRAN, PASCAL und BASIC.

Endbenutzersprachen, welche auch unter den Begriffen "Planungssprachen" und "Sprachen der vierten Generation" aufzufinden sind, sollen es auch dem Nicht-DV-Professionellen ermöglichen, selbständig zu programmieren bzw. Aufträge für den PC zu formulieren (vgl. SEIBT, 1985, S.31). Allerdings gibt es noch keine klaren Abgrenzungen, was zum Leistungs- und Funktionsumfang solcher Sprachen gehört, so daß manche Zuordnungen von Sprachen zu Enbenutzersprachen mehr als fraglich sind und lediglich als Werbeaussage betrachtet werden müssen. Als Beispiele für Endbenutzersprachen, die oft dennoch nicht geringe Ansprüche an Engagement und Einarbeitungszeit der Benutzer stellen, seien hier genannt FCS-EPS, APL, System-W, Natural und IFPS.

3. Vorteile des PC-Einsatzes zur Beschreibung und Lösung von Managementaufgaben

Zum Abschluß der grundsätzlichen Ausführungen zu den Hardware- und Softwarekomponenten als Bestandteil der PC-Technologie gilt ein letztes Kapitel den hauptsächlichen Vorteilen des PC-Einsatzes zur Beschreibung und Lösung von Managementaufgaben.

3.1. **ZUR INDIVIDUELLEN DATENVERARBEITUNG**

Die bereits oben erwähnte Entwicklung der Individuellen Datenverarbeitung im Verbund mit dem Aufkommen des PC's hat unterschiedliche Ursachen, die noch einmal kurz resümiert werden sollen:

- Die arbeitstechnische Überlastung der DV-Abteilungen führte und führt nicht selten dazu, daß die Entwicklung neuer Programme bereits im Keim erstickt wird. Programmwünsche der Endbenutzer werden nicht einmal mehr formuliert, da die Warteliste bereits überfüllt und eine rasche Realisierung nicht erwartet werden kann.

- Kommt es doch zu einer Auftragsannahme, so müssen Manager oder Mitarbeiter der Fachabteilung den DV-Experten mühsam beschreiben, welche Funktionen das zu entwickelnde Programm enthalten bzw. ausführen soll. Da jedoch oft beide Seiten verschiedene "Sprachen sprechen", kommt es trotz ausführlicher Beschreibungen gar nicht oder erst nach zahlreichen Überarbeitungen zu einer Lösung, welche die Akzeptanz der Benutzer findet.

Ein Ansatz zur Überwindung dieses "Anwendungsstaus" und der angesprochenen "Kommunikationsprobleme" ist durch den Einsatz des Personal Computers gegeben. Dem Anwender eröffnen sich durch die persönliche Datenverarbeitung Freiräume, die er zur Lösung bzw. Beschreibung seiner Aufgaben nutzen kann. Individuelle Datenverarbeitung konnte dadurch charakterisiert werden, daß Endbenutzer ihre "DV-Lösungen" selbst entwickeln oder zumindest maßgeblich am Entwicklungsprozeß beteiligt sind. Die Endbenutzer und Manager werden neben die professionellen Systementwickler treten und deren Aktivitäten ergänzen (vgl. SEIBT, 1986, S.2ff), da sie mit der IDV die Chancen für schnelle und pragmatische Lösungen eines breiten Spektrums ihrer Aufgaben und Probleme verbinden.

"Mit den einfachen Werkzeugen und Verbundsystemen werden bei vielen Anwendern anspruchsvolle Anwendungssysteme von Nicht-DV-Professionals entwickelt, wobei die Produktivität in diesen Entwicklungsprozessen bei gleichem Output erheblich höher liegt als in vergleichbaren professionellen Entwicklungsprozessen" (SEIBT, 1986, S. 12). Die wesentlichen Werkzeuge und Verbundsysteme, hier definiert als Standardpakete (vgl. Abschnitt A 2.1), sind in Funktionsumfang, Arbeitsweise und beispielhaften Problemlösungen Gegenstand dieses Buches.

Wenn dem PC-Einsatz produktivitätssteigernde Wirkung zugesprochen wird, so setzt dies natürlich voraus, daß der Anwender sich mit dieser Technologie auseinandersetzt und bereit ist, Kenntnisse im Umgang mit entsprechender Unterstützungssoftware zu erwerben. Es kann jedoch erwartet werden, daß Papier und Taschenrechner gegen Tastatur, Monitor und Zentraleinheit ausgetauscht werden. Ernstzunehmende Prognosen besagen, daß in naher Zukunft der PC für das Management ebenso bedeutsam und alltäglich sein wird wie Telefon und Diktiergerät.

3.2 GRUNDLEGENDE ANWENDUNGSVORTEILE

Die Einsatzmöglichkeiten der PC-Technologie als Entscheidungshilfeinstrument hängen zwangsläufig von dem individuellen Aufgabenfeld des Managers ab. Kann er sich für eine Übertragung einzelner Teilaspekte seiner Aufgaben auf den PC entscheiden, und zu dieser Erkenntnis will dieses Buch einen Beitrag leisten, so kann er häufig auch autonom bestimmen, welche Funktionen das zu entwickelnde Programm ausführen soll.

Eine schnelle Anpassung des entwickelten Programms an geänderte Rahmenbedingungen ist durch den Benutzer selbst gesichert. Er kennt den Programmaufbau und hat kurzfristig die Möglichkeit zur Aktualisierung des Berechnungsmodells. Die Flexibilität der "DV-Lösung" kann dadurch unabhängig von der DV-Abteilung gewährleistet sein.

Aus diesen beiden Aspekten resultieren für den Manager wesentlich höhere Nutzeffekte der EDV. Die Qualität seiner Entscheidungen kann verbessert werden, da er in der Lage ist,

- Informationen effizient zu verarbeiten
- größere Planungs- und Prognosegenauigkeiten zu erzielen und
- bei vermindertem Dokumentationsaufwand schneller seine Entscheidungen und deren Prämissen zu präsentieren. Dank vorhandener Graphikprogramme kann dies ohne größeren Aufwand zudem sehr anschaulich erfolgen.

Die Präsentation PC-gestützter Entscheidungen ist dabei unabhängig davon, ob ein Großrechneranschluß verfügbar ist (Aspekt der Portabilität). Auch bei Präsentationen außerhalb der Unternehmung ist mittlerweile die Wahrscheinlichkeit sehr hoch, daß ein PC verfügbar ist, auf dem die realisierte Anwendungssoftware gezeigt bzw. eingesetzt werden kann. Das handliche Format der heutigen "Portables" (tragbare PC's) ermöglicht zudem den Einsatz bei Beratungs- und Verkaufsgesprächen, auch wenn der Kunde oder Klient noch nicht über eine entsprechende Technologie verfügt.

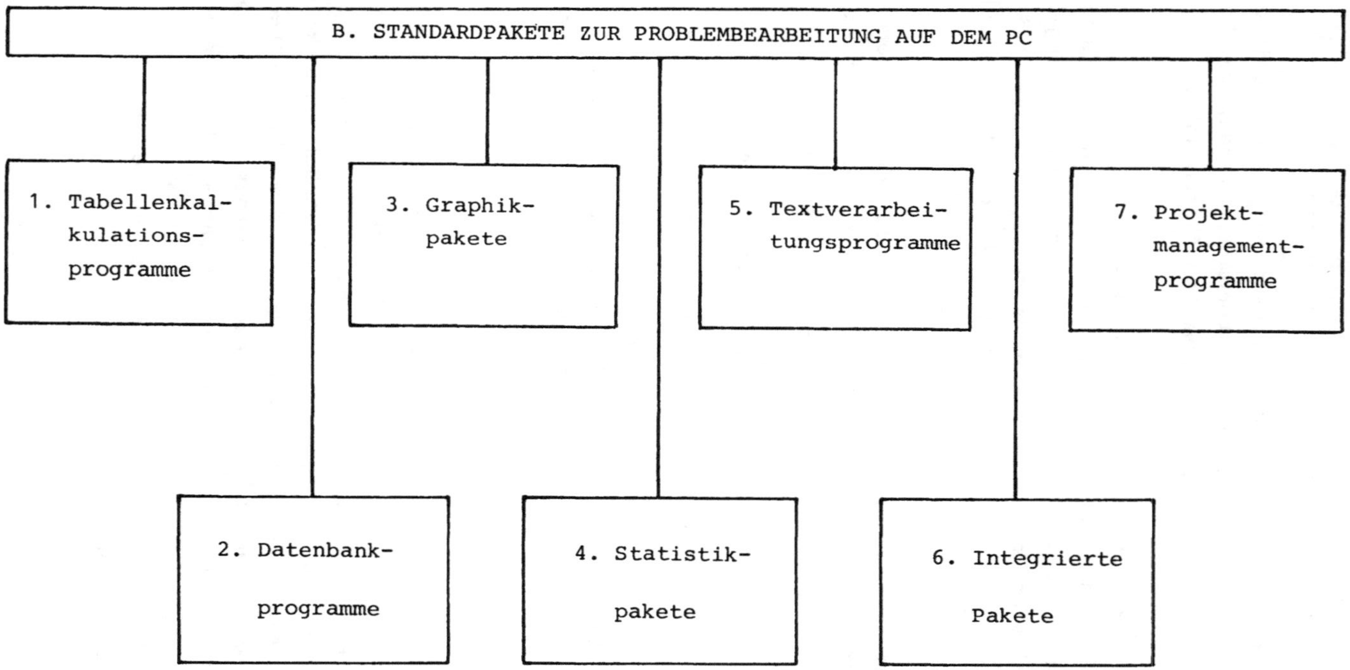
B. STANDARDPAKETE ZUR PROBLEMBEARBEITUNG AUF DEM PC
1. Tabellenkalkulationsprogramme
2. Datenbankprogramme
3. Graphikpakete
4. Statistikpakete
5. Textverarbeitungsprogramme
6. Integrierte Pakete
7. Projektmanagementprogramme

Teil B.
Standardpakete zur Problembearbeitung auf dem PC

Nachdem der vorausgehende Teil A mit den Grundlagen der PC-Technologie befaßt war, widmen sich die nachfolgenden Ausführungen den schon vorher abgegrenzten Standardpaketen (vgl. A.2.3). Diese zur Unterstützung der Beschreibung bzw. Lösung von Managementaufgaben einsetzbaren Werkzeuge ("Tools") lassen sich klassifizieren in

- Tabellenkalkulationsprogramme
- Datenbankprogramme
- Graphikpakete
- Statistikpakete
- Textverarbeitungsprogramme
- Integrierte Pakete
- Projektmanagementprogramme

Diese Klassifikation ist im wesentlichen bestimmt durch die hauptsächlichen Anwendungsschwerpunkte der Standardpakete. Eine Ausnahme bilden die integrierten Pakete, welche sich durch die Kombination mehrerer Anwendungsbereiche unter einer einheitlichen Benutzeroberfläche auszeichnen. In den nachstehenden Abschnitten erfolgt eine nähere Behandlung der hier differenzierten Klassen von Standardpaketen.

1. Tabellenkalkulationsprogramme

Tabellenkalkulationsprogramme, die auch häufig mit der angelsächsischen Vokabel "spreadsheets" belegt werden, gehören zu den verbreitetesten Tools für den Personal Computer. Basis der Tabellenkalkulationsprogramme sind Tabellen oder sog. "Arbeitsblätter", die in Zeilen und Spalten strukturiert sind (vgl. Abb. 2, in der die Spalten mit Buchstaben und die Zeilen mit Zahlen belegt sind). Die vom Benutzer belegbaren *Zellen* befinden sich dann jeweils an den Kreuzpunkten von Zeilen und Spalten. Will der Anwender nun sein gedankliches Modell auf das "spreadsheet" umsetzen, so kann er sich zur Füllung der Zellen dreier verschiedener Datenarten bedienen:

- numerische Daten (in der Abb. 2 die Zelleninhalte innerhalb des Rechtecks mit den Eckpunkten B1 und F3)
- alphanumerische Daten (in der Abb. 2 A2 bis A4)
- Rechenregeln zur Verknüpfung von numerischen Daten (in der Abb. 2 B4 bis F4)

	A	B	C	D	E	F
1		1985	1986	1987	1988	1989
2	Preis	3,50	3,70	3,80	4,10	4,20
3	Menge	10.000	15.000	17.000	18.000	18.500
4	Umsatz	+B2•B3	+C2•C3	+D2•D3	+E2•E3	+F2•F3
5						
6						
7						

Abb. 2: Struktur von "spreadsheets"

Wesentliches Charakteristikum aller Tabellenkalkulationsprogramme ist die zielorientierte, direkte Eingabe des Modells, so wie es später benötigt wird. Diese - im Gegensatz zum anderen Bereich der Unterstützungssoftware, den Programmiersprachen, stehende - *nonprozedurale* Vorgehensweise erlaubt das Entwickeln von anspruchsvollen Anwendungssystemen durch Nicht-DV-Professionals. Die Rechenregeln zur Verknüpfung der numerischen Zellen werden sofort ausgeführt und das Modell kann mit geeigneten Unterstreichungen und Leerzeilen oder -spalten in seiner optisch endgültigen Form erstellt und ausgedruckt werden.

Neben den gewöhnlichen Rechenregeln (Grundrechenarten, Potenzierung, etc.) existieren i.d.R. noch verschiedene Standardfunktionen zur Manipulation der numerischen Daten. Diese Funktionen aus den Bereichen

- Finanzwirtschaft (Berechnung von Barwert, Internem Zinsfuß, Amortisationsdauer, etc.)
- Trigonometrie (Sinus, Cosinus, Pi, Tangens, etc.)
- Statistik / Mathematik (Summe, Mittelwert, Extremwert, Rundung, Standardabweichung, etc.)

sind je nach schwerpunktmäßiger Ausrichtung des Standardprogrammes bei den einzelnen Paketen unterschiedlich stark ausgeprägt.

In Abbildung 3 werden exemplarisch die Standardfunktionen des Tabellenkalkulationsprogrammes Multiplan (MP) angeführt. Neben den entsprechenden Funktionsnamen in MP-Notation werden auf der rechten Seite der Übersicht die Erläuterungen wiedergegeben. Die Übersicht wurde als Teilausdurck des MP-Helptextes erzeugt.

Weitere Befehle zur Verwaltung und Formatierung des Arbeitsblattes sind über sog. ***Menüleisten*** oberhalb oder unterhalb der Rechenmatrix abrufbar. Hierzu gehören Befehle wie z.B.

- Kopieren von Zeilen, Spalten oder einzelnen Zellen
- Drucken des erstellten Modells
- Speichern des Modells auf Diskette oder Festplatte
- Laden von früher angelegten Arbeitsblättern
- Formatieren von Zellen oder Zelleninhalten
- Einfügen von Zeilen- /Spalten- oder Zelleninhalten

Funktionen mit Tabellenbereichen:

Funktionsname	Bedeutung
ANZAHL(Liste)	Zaehlt die Zahlenwerte in der Liste.
BARWERT(Z;Liste)	Berechnet den Betrag, der jetzt eingesetzt werden muss, um in der Zukunft einen bestimmten Ertrag zu erzielen. Z ist der Zinssatz.
MAX(Liste)	Groesster Wert der Liste.
MIN(Liste)	Kleinster Wert der Liste.
MITTELW(Liste)	Mittelwert der Werte (= SUMME/ANZAHL).
ODER(Liste)	Wahr, wenn mindestens ein Wert der Liste wahr ist, sonst falsch.
STABW(Liste)	Standardabweichung der Werte.
SUMME(Liste)	Summe der Werte.
UND(Liste)	Wahr, wenn alle Werte der Liste wahr sind, sonst falsch.
ABS(N)	Absolutwert von N.
ARCTAN(N)	Arcustangens von N (im Bogenmass).
COS(N)	Cosinus des Winkels N (im Bogenmass).
DELTA()	Liefert die groesste Abweichung eines Werte zwischen zwei Iterationsschritten.
DMARK(N;S)	Text, der den Wert N in DM-Format mit zwei Nachkommastelle zeigt.
EXP(N)	e hoch N.
FALSCH()	Logischer Wert Falsch.
FEST(N;M)	N wird im Fest-Format mit M Nachkommastellen angezeigt. M = 0 entspricht dem Ganz-Format. N wird kaufmaennisch gerundet.
GANZZAHL(N)	Groesste ganze Zahl, die kleiner oder gleich N ist.
INDEX(Bereich; N;M)	Wert eines Feldes im angegebenen Bereich, das durch Zeilen- und/oder Spaltennummer (N und M) bestimmt wird.
ISTFEH(W)	Wahr, wenn der Wert W ein Fehlerwert ist (und nur dann).
ISTNV(W)	Wahr, wenn der Wert W ein NV-Wert ist (und nur dann).
LANGE(T)	Laenge des Textes T in Zeichen.
LN(N)	Natuerlicher Logarithmus von N (Basis e).
LOG10(N)	Zehnerlogarithmus von N.
NICHT(F)	Ergibt das Gegenteil des logischen Wertes F.
NV()	Liefert den Fehlerwert NV.
PI()	Wert von Pi (3,14159...).
REST(N;M)	Rest der Ganzzahldivision N/M.
RUNDEN(N;M)	N wird auf M Dezimalstellen kaufmaennisch gerundet.
SIN(N)	Sinus des Winkels N (im Bogenmass).
SPALTE()	Spaltennummer des Feldes, in dem dieser Funktionsaufruf gespeichert ist.
SUCHEN(N;Bereich)	Gesucht wird das dem Wert N naechstgelegene kleinere oder gleiche Feld. Hat die Tabelle mehr Spalten als Zeilen sucht Multiplan dieses Feld in der ersten Spalte. Ergebnis ist der Wert der letzten Spalte der gefundenen Zeile. Hat Tabelle mehr Spalten als Zeilen, wird das Feld in der erst Zeile gesucht. Ergebnis ist der Wert der letzten Zeile der gefundenen Spalte. Ist N kleiner als das erste Feld der Tabelle, ist das Ergebnis der Fehlerwert NV!. Voraussetzun fuer den Suchvorgang ist eine aufsteigend sortierte Tabell
TAN(N)	Tangens des Winkels N (im Bogenmass).
TEIL(Text;N;M)	Ergibt einen Teiltext, der M Zeichen lang ist und beim N-ten Zeichen von Text beginnt.
VORZEICHEN(N)	Ergibt -1 fuer N < 0, 1 fuer N > 0 und 0 fuer N = 0.
WAHR()	Der logische Wert Wahr.
WENN(f;a;b)	Ergibt a, wenn f wahr ist, sonst b.
WERT(Text)	Der Text muss eine numerische Konstante sein. Der Wert dieser Konstanten ist das Ergebnis.
WIEDERHOLEN(Text;N)	Der Text wird N mal wiederholt.
WURZEL(N)	Quadratwurzel von N.
ZAHLER()	Anzahl der durchgefuehrten Iterationsschritte.
ZEILE()	Zeilennummer des Feldes, in dem dieser Funktionsaufruf gespeichert ist.

Abb. 3: Standardfunktionen des Tabellenkalkulationsprogramms Multiplan

Zu den bekanntesten Standardpaketen zur Tabellenkalkulation gehören

- Lotus 1-2-3
- Multiplan
- Visicalc
- Supercalc

Die Entscheidung für ein bestimmtes Programmpaket sollte an den spezifischen Anforderungen des Anwenders ausgerichtet werden. Bei der Leistungsüberprüfung spezieller Tabellenkalkulationsprogramme sollten die nachfolgend aufgeführten Kriterien untersucht werden. Die technischen Daten beziehen sich dabei auf einen Vergleich bereits vorhandener Hardware mit den programmspezifischen Softwareanforderungen. Die Kriterien zur Überprüfung der Leistungsfähigkeit wurden hier allgemein aufgeführt und sind im Einzelfall entsprechend dem Anforderungsprofil zu spezifizieren. Unter dem Aspekt der Bedienerfreundlichkeit sollte insbesondere auf eine komfortable Gestaltung der Benutzeroberfläche geachtet werden. Der Verzicht auf eine deutschsprachige Programmversion ist unter marktlichen Aspekten heute nicht mehr erforderlich.

(1) Technische Überprüfungskriterien

a) Betriebssystem
b) Hauptspeicheranforderung
c) Externe Speicheranforderung
d) Druckeranpassungen

(2) Kriterien zur Überprüfung der Leistungsfähigkeit

a) Matrixgröße (Zeilen/Spalten)
b) Maximale Anzahl der Datenelemente
c) Breite der Spalten (von ... bis)
d) Verknüpfungsmöglichkeiten mehrerer Tabellen
e) Fenstertechnik

f) Sicherungen gegen Programmabsturz
g) Umfang des Befehlsvorrates
h) Umfang der Standardfunktionen
i) Druck-Optionen
j) Datentransfer an andere Programme
k) Datentransfer von anderen Programmen

(3) Kriterien zur Beurteilung der Bedienerfreundlichkeit

a) Hilfsfunktionen
b) Tutorials
c) Handbücher
d) Benutzerführung
e) Maussteuerung

2. Datenbankprogramme

Die *Datenbankprogramme* erlauben die systematische Verwaltung von Daten i.S. der Eingabe, Verarbeitung, Speicherung und Ausgabe von Daten nach logischen und anwendungsbezogenen Gesichtspunkten. Der Markt für Unterstützungssoftware hält für diese Klasse von Anwendungen ein breites Spektrum von Standardpaketen bereit. Zum Verständnis der Arbeitsweise von Datenbankprogrammen seien im folgenden anhand der Datei in Abb. 4 einige Ausführungen und definitorische Abgrenzungen gemacht.

Datenfeld (→ Lager-Nr.)

Art	Produkt	Lager	Lager-Nr.	Einkaufspreis
005	CABINET	317	9704	1.200 ← Feldinhalt
007	CHAIR	474	9109	48
009	CREDENZA	397	9106	800
014	DESK	403	9253	280
038	**TABLE**	**623**	**9317**	**650** ← **Datensatz**

Abb. 4: Beispiel für die Struktur einer Datei

Die kleinsten logisch abgrenzbaren Dateneinheiten nennt man *Datenfelder*, in dem Beispiel Artikelnummer (ART), Produktbezeichnung (PRODUKT), Lagerbestand (LAGER), Lieferantennummer (L-NR) und Einkaufspreis (EK-P) mit den entsprechenden Beispielen für die *Feldinhalte*. Man faßt bedeutungsmäßig zusammengehörige Datenfelder (im Beispiel die Datenfelder aus dem Bereich Lagerwirtschaft) zusammen zur nächstgrößeren logischen Einheit, den *Datensätzen*. Als *Datei* schließlich (im obenstehenden Beispiel Lagerdatei) bezeichnet man die Gesamtheit aller gleichstrukturierten Datensätze, d.h. die Datensätze mit gleichem *Format* (= Feldattribute wie Vorzeichen, Länge, Feldart, etc.).

Einfache Datenbankprogramme, die auch häufig als *Dateiverwaltungsprogramme* bezeichnet werden, erlauben das Aufbauen und

Füllen von <u>einzelnen</u> Dateien. Mit Hilfe verschiedenster Sortier-, Abfrage- und Verknüpfungskriterien (vgl. die entsprechenden Abschnitte mit Anwendungsbeispielen in Teil C) können dann die in der Datei enthaltenen Daten zur Ausgabe auf Bildschirm und/oder Drucker gebracht werden.
Komplexere Datenbankprogramme, welche die <u>gleichzeitige</u> Bearbeitung mehrerer Dateien gestatten, werden zu Recht *<u>Datenbankmanagementsysteme</u>* (DBMS) genannt. Die Verwaltung einer *<u>Datenbank</u>*, definiert als bedeutungsmäßig untereinander verbundene Sammlung von Dateien (z.B. Kunden, Lieferanten- und Artikeldatei eines Handelsunternehmens), erlaubt die Erstellung und Auswertung von größeren und komplexeren Datenmengen, als dies bei den o.a. Dateiverwaltungsprogrammen der Fall ist. Letztgenannte zeichnen sich allerdings im Gegensatz zu DBMS regelmäßig durch eine komfortablere *<u>Benutzerführung</u>* (Menüsteuerung, Help-Funktionen, etc.) aus.

Einige Beispiele für auf dem Markt angebotene Datenbankprogramme seien im folgenden genannt, wobei links Dateiverwaltungsprogramme und rechts Datenbankmanagementsysteme angeführt werden:

• Trendisk	• dBASE II
• Quickfile	• dBASE III
	• Knowledge Man
	• Info Star

Die Entscheidung für ein bestimmtes Programmpaket sollte an den spezifischen Anforderungen des Anwenders ausgerichtet werden. Bei der Leistungsüberprüfung spezieller Datenbankprogramme sollten die nachfolgend aufgeführten Kriterien untersucht werden (vgl. hierzu auch Abschnitt B.1):

<u>(1) Technische Überprüfungskriterien</u>

a) Betriebssystem
b) Hauptspeicheranforderung
c) Externe Speicheranforderung
d) Druckeranpassungen

(2) Kriterien zur Überprüfung der Leistungsfähigkeit

a) Maximale Anzahl der Datensätze
b) Maximale Anzahl der Felder je Datensatz
c) Maximale Anzahl der Zeichen je Feld
d) Anzahl der Schlüsselfelder je Datensatz
e) Selektionsmöglichkeiten
f) Sicherungen gegen Programmabsturz
g) Listengenerator
h) Maskengenerator
i) Druck-Optionen
j) Datentransfer an andere Programme
k) Datentransfer von anderen Programmen
l) Passwortschutz

(3) Kriterien zur Beurteilung der Bedienerfreundlichkeit

a) Hilfsfunktionen
b) Tutorials
c) Handbücher
d) Benutzerführung
e) Maussteuerung

3. Graphikpakete

Graphikpakete zur Erstellung von Geschäfts- bzw. Präsentationsgraphiken ermöglichen dem Anwender, wichtige zahlenmäßige Zusammenhänge graphisch in Form von Punkten, Linien, Balken und Kreisen bzw. Kombinationen daraus darzustellen.

Ein Beispiel für die vielfältigen graphischen Datenpräsentationsmöglichkeiten ist in Abb. 5 wiedergegeben. Dabei handelt es sich um das Präsentationsmusterverzeichnis des Graphikpaketes Chart. In jeder Kategorie können hierbei bis zu sechs unterschiedliche Darstellungsformen gewählt werden.

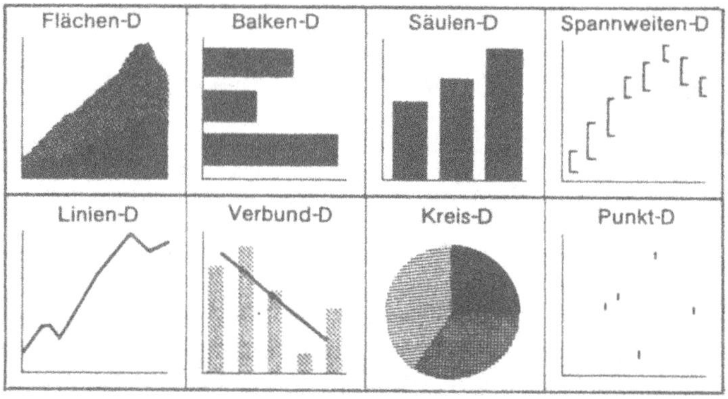

Abb. 5: Präsentationsmusterverzeichnis von MS-Chart
Quelle: Handbuch zu Microsoft Chart, 1984, S. 9.106

Dabei werden die graphisch darzustellenden Daten entweder innerhalb des Graphikprogrammes erfaßt oder es werden Daten aus anderen Standardpaketen (z.B. Tabellenkalkulationsprogramme oder integrierte Pakete) transferiert.

Anders als die Tabellenkalkulations- und Datenbankprogramme sind Graphikpakete häufig nur unter zusätzlichen hardwaretechnischen Voraussetzungen einsetzbar. Hierzu gehören in die Systemeinheit einzubauende Graphikkarten zur besseren Auflösung der Bildschirminhalte, die Kombination von Farbgraphikkarten mit einem Farbbildschirm oder die Einbindung eines Plotters zur Ausgabe von Graphiken auf Papier.

Neben den reinen Transformationsmechanismen von Zahlen in Graphiken weisen die Graphikpakete zusätzlich einige Funktionen auf, die der Verfeinerung der Darstellung dienen. Hierzu gehört

- das Fixieren von Titeln und Legenden innerhalb der Graphik,
- die Möglichkeit der dreidimensionalen Darstellung,
- das Einfügen von längeren Texten in die Graphik mit Hilfe eines Editors,
- die Auswahl von Farben für bestimmte Graphikkomponenten,
- die Hinterlegung der Graphik mit einem Gitter,
- der Einsatz statistischer und mathematischer Funktionen bei der Datenaufbereitung.

Zu aussagekräftigen Anwendungsbeispielen von Graphikpaketen für den betriebswirtschaftlichen Bereich sei einmal mehr verwiesen auf Teil C. Beispielhaft seien hier für die Klasse der Graphikpakete aufgeführt die Produkte

- Chart
- Harvard Graphics
- GemDraw
- Chartman II

Im Rahmen der Leistungsüberprüfung spezieller Graphikpakete sollten die nachfolgend aufgeführten Kriterien untersucht werden (vgl. hierzu auch Abschnitt B.1):

(1) Technische Überprüfungskriterien

a) Betriebssystem
b) Hauptspeicheranforderung
c) Externe Speicheranforderung
d) Druckeranpassungen
e) Graphikkartenanforderung

(2) Kriterien zur Überprüfung der Leistungsfähigkeit

a) Graphische Darstellungsarten
b) Beschriftungsmöglichkeiten der Graphik
c) Legendeneinfügung
d) Anzahl der Daten pro Wertereihe
e) Rechenmanipulationen des Datenbestandes
f) Sicherungen gegen Programmabsturz
g) Umfang der Standardfunktionen
i) Druck-Optionen
j) Datentransfer an andere Programme
k) Datentransfer von anderen Programmen

(3) Kriterien zur Beurteilung der Bedienerfreundlichkeit

a) Hilfsfunktionen
b) Tutorials
c) Handbücher
d) Benutzerführung
e) Maussteuerung

4. Statistikpakete

In den letzten Jahren wurden für den PC auch leistungsfähige *Statistikpakete* entwickelt, sei es, daß sie völlig neu konzipiert wurden oder daß bereits vorhandene Statistiksoftware von *Mainframes* (Großrechner) auf die Belange und Anwendungsumgebungen des PC's zugeschnitten wurden.

Wie bei den Graphikpaketen muß auch hier differenziert werden zwischen den Alternativen, entweder das benötigte Zahlenmaterial direkt im Statistikpaket einzugeben, was u.U. zu Mehrfacherfassungen führt, oder bereits erfaßte Daten in den Arbeitsbereich des Standardpaketes hereinzuladen. Ausgereifte Statistikpakete bieten beide Möglichkeiten.

Statistikpakete enthalten zur Analyse und Aufbereitung der Daten i.d.R. ein breites Spektrum des statistischen Methodenvorrates, wie z.B.

- Deskriptive Methoden
- Schätz- und Testverfahren
- Verteilungsfunktionen
- Explorative Datenanalyse
- Varianzanalyse
- Regressionsanalyse
- Prognosemethoden
- Qualitätskontrolle der Daten
- Zeitreihenanalyse
- Kategorische Datenanalyse
- Multivariate Methoden
- Nonparametrische Methoden

Neben der numerischen Analyse und Aufbereitung der Daten enthalten viele Statistikpakete auch graphische Darstellungsmöglichkeiten der Ergebnisse zur Ausgabe auf Bildschirm, Drucker oder Plotter. Exemplarisch für die Klasse der Statistikpakete sollen hier STATGRAPHICS und SAS-PC genannt werden.

Bei der Leistungsüberprüfung spezieller Statistikpakete sollten die nachfolgend aufgeführten Kriterien untersucht werden (vgl. hierzu auch Abschnitt B.1):

(1) Technische Überprüfungskriterien

a) Betriebssystem
b) Hauptspeicheranforderung
c) Externe Speicheranforderung
d) Druckeranpassungen

(2) Kriterien zur Überprüfung der Leistungsfähigkeit

a) Statistischer und mathematischer Methodenvorrat
b) Graphik- und Plotausgabeoptionen
c) Import-/Exportmöglichkeiten von Spreadsheet-Daten
d) Full-Screen-Editor zur Datenerfassung
e) User-Exits
f) Sicherungen gegen Programmabsturz
g) Reportfunktionen

(3) Kriterien zur Beurteilung der Bedienerfreundlichkeit

a) Hilfsfunktionen
b) Tutorials
c) Handbücher
d) Benutzerführung
e) Maussteuerung

5. Textverarbeitungsprogramme

Auf dem Markt für Unterstützungssoftware existiert heutzutage ein breites Spektrum an *Textverarbeitungsprogrammen*, die an jedem Arbeitsplatz wertvolle Dienste leisten können. Die angebotenen Pakete reichen von einfach erlernbaren und bedienbaren Produkten wie z.B. Easy von Micropro bis zu komplexen Textverarbeitungsprogrammen mit einem großen und auch ausgefallenen Funktionsumfang, wie z.B. PC-Text 3 von IBM, die nur schwerlich ohne Schulung der Anwender zum Einsatz kommen können.

Die Vorteile von Textverarbeitungsprogrammen sind evident. Die schnelle Erstellung von Texten, begünstigt durch problemlose, sofortige Korrekturmöglichkeiten, mehrmalige Benutzung von einmal erstellten und gespeicherten Textbausteinen sowie die Mischung von Texten und Adressen zu Serienbriefen, führt zu hoher Effizienz und großer Produktivität.

Funktionen wie das schnelle Löschen, Suchen und/oder Ersetzen, Formatieren, Drucken und Verwalten von Texten oder Textkomponenten sind in fast allen Paketen enthalten. Darüber hinaus enthalten einige Pakete zusätzliche Vereinfachungen, wie z.B.

- automatische Silbentrennung
- Möglichkeit der Maussteuerung
- Korrekturhilfe durch Abgleich mit deutsch- oder englischsprachigem Duden
- Fußnotenverwaltung
- Rechnen im Text
- gleiche Darstellung auf Bildschirm und Drucker

Neben den oben schon erwähnten Beispielpaketen PC-Text 3 und Easy sollen als weitere Beispiele für Textverarbeitungsprogramme

- Word

- Wordstar 2000
- Tex-Ass Window Plus
- Papyrus
- Word Perfect

genannt werden.

Nachfolgend werden wesentliche Merkmale von Textverarbeitungsprogrammen aufgeführt, die im Rahmen einer Auswahlentscheidung zu überprüfen sind (vgl. dazu auch Abschnitt B.1):

(1) Technische Überprüfungskriterien

a) Betriebssystem
b) Hauptspeicheranforderung
c) Externe Speicheranforderung
d) Druckeranpassungen

(2) Kriterien zur Überprüfung der Leistungsfähigkeit

a) Begrenzung des Dokumentenumfanges
b) Landessprachliche Silbentrennungsmöglichkeiten
c) Möglichkeiten zur Formatierung von Zeichen
d) Möglichkeiten der Absatzformatierung
e) Verknüpfungsmöglichkeiten mehrerer Texte
f) Serienbrieffunktion
g) Erstellung von Textbausteinen
h) Funktionen zum Suchen oder Ersetzen von Textstellen
i) Tabulatoren
j) Rechnen im Text
k) Einbindung von Graphiken
l) Passwortschutz von Dokumenten
m) Druckoptionen

(3) Kriterien zur Beurteilung der Bedienerfreundlichkeit

a) Hilfsfunktionen
b) Tutorials
c) Handbücher
d) Benutzerführung
e) Maussteuerung

6. Integrierte Pakete

Integrierte Pakete sind Standardpakete, welche mehrere der bisher behandelten Funktionsbereiche (Tabellenkalkulation, Datenbankverwaltung, Graphik, Statistik und Textverarbeitung) unter einer benutzerfreundlichen *einheitlichen Oberfläche* (d.h. einheitliche Tastenbelegung und Bedienerführung) vereinen (vgl. KEMPER, 1987, S. 55 f.). Ein weiteres Charakteristikum integrierter Pakete ist die konsequente Realisierung der *Fenstertechnik*, was eine vollständige und komfortable Datenintegration erlaubt, d.h. die Daten werden nur einmal in einem Funktionsbereich (z.B. Tabellenkalkulation) erfaßt und können dann in andere Funktionsbereiche übertragen bzw. simultan bearbeitet werden. Man betrachtet also dieselben Daten quasi wie durch ein Fenster (vgl. z.B. die gleiche Verwendung von Daten in den Funktionsbereichen Tabellenkalkulation und Text in Abb. 6).

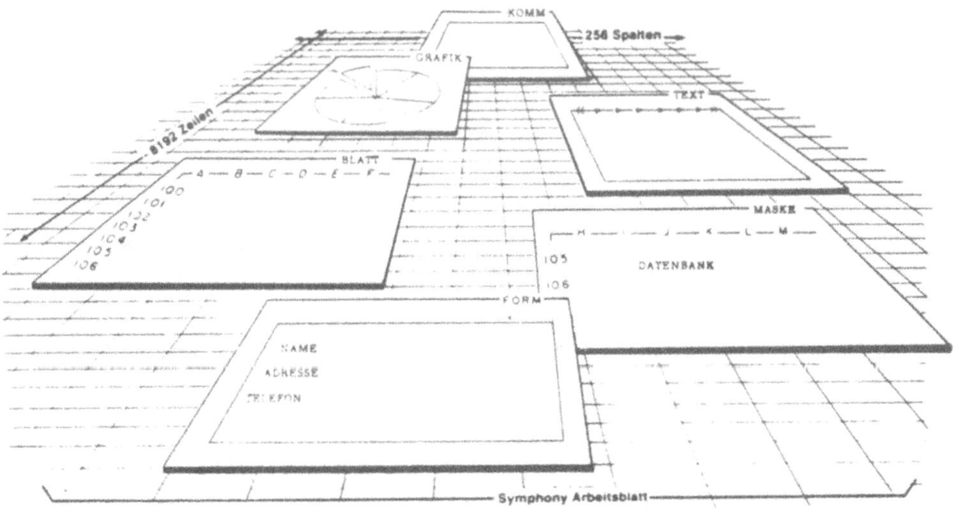

Abb. 6: Beispiel für die Fenstertechnik

Quelle: Lotus Development Corporation (Hrsg.), Einführung in Symphony, 1985, S. III-4

Oft sind integrierte Pakete aus Einfunktionspaketen entstanden bzw. weiterentwickelt worden und weisen daher verschiedene Schwerpunkte bzgl. des funktionalen Umfanges auf. So ist z.B. das integrierte Paket Symphony aus Lotus 1-2-3 entstanden, dessen Kalkulationsbereich als sehr umfangreich und "ausgefeilt" gilt. Dieser in Symphony weitgehend unverändert übernommene Bereich, der durchaus Vergleichen mit Spezialpaketen im Bereich Tabellenkalkulation (z.B. Multiplan) standhält, ist ungleich besser als bspw. die Textverarbeitung von Symphony. Hier leisten einige der am Markt angebotenen Textverarbeitungsprogramme mehr.

Die Kennzeichnung von Unterstützungssoftware als integriertes Paket soll hier erst dann erfolgen, wenn im Minimum die vier Funktionsbereiche Tabellenkalkulation, Graphik, Datenverwaltung und Textverarbeitung enthalten sind. Bei weiterer Fassung der Definition müßten ansonsten auch einige, der in voherigen Kapiteln behandelten Standardpakete aufgrund des Vorliegens von zwei oder mehr Funktionsbereichen (z.B. Statgraphics mit den Bereichen Statistik und Graphik) unter integrierte Pakete subsumiert werden.

Neben diesen vier oder weiteren Grundfunktionen enthalten einige integrierte Pakete noch Zusatzfunktionen bzw. Hilfsfunktionen, wie z.B. Taschenrechner, Terminkalender oder Uhrzeit.

Nachfolgend werden einige wesentliche Prüfkriterien zur Begründung der Auswahlentscheidung von integrierten Paketen angeführt. Dabei wird zur Überprüfung der integrierten Kernkomponenten auf die entsprechenden vorhergehenden Abschnitte verwiesen.

1) Technische Überprüfungskriterien

a) Betriebssystem
b) Hauptspeicheranforderung
c) Externe Speicheranforderung
d) Druckeranpassungen

(2) Kriterien zur Überprüfung der Leistungsfähigkeit

a) Integration welcher Funktionsbereiche

b) Leistungsmerkmale der Tabellenkalkulation (vgl. B.1)

c) Leistungsmerkmale der Textverarbeitung (vgl. B.5)

d) Leistungsmerkmale des Graphikmoduls (vgl. B.3)

e) Leistungsmerkmale der Datenverwaltung (vgl. B.2)

f) Integration welcher Zusatzfunktion

(3) Kriterien zur Beurteilung der Bedienerfreundlichkeit

a) Hilfsfunktionen

b) Tutorials

c) Handbücher

d) Benutzerführung

e) Maussteuerung

7. Projektmanagementprogramme

Projektmanagementprogramme, auch Projektsteuerungs- und -planungssyteme genannt, dienen zur Unterstützung der Planung, Durchführung und Kontrolle von Projekten jeglicher Art. Diese - früher der Großrechnerwelt vorbehaltene - Unterstützung des Projektmanagements ist inzwischen auch auf dem Personal Computer verfügbar.

Eine wesentliche Komponente der PC-Projektmanagementprogramme sind die klassischen Verfahren der Netzplantechnik (vgl. hierzu Kapitel C.1.1). Sie dienen dazu, das Projekt hierarchisch zu zerlegen (z.B. Sub- und Teilprojektbildung) und für die einzelnen Projekte Phasen mit entsprechenden Teilaktivitäten abzubilden, deren Abhängigkeiten durch die Eingabe von Zeitdauern und Reihenfolgebeziehungen definiert werden.

Aufbauend darauf können in einer ersten Stufe Zeitplanungen durchgeführt werden, etwa zur Ermittlung von *Pufferzeiten* (Zeitreserven bei bestimmten Teilaktivitäten, auch Schlupfe genannt) oder zur Berechnung von *kritischen Wegen* (Weg, bei dem die maximal verfügbare Zeit für eine Teilaktivität gleich deren Dauer ist, die Pufferzeiten also Null sind).

Neben der Steuerung des zeitlichen Verlaufs eines Projektes können über weitere Funktionen von Projektmanagementprogrammen Ressourcenverbrauchs- und Kapazitätsbetrachtungen vorgenommen werden, indem die durchzuführenden Teilaktivitäten mit dem vorhandenen Kapazitäts- und Ressourcenpotential verglichen werden.

Im Rahmen einer letzten Stufe kann über Kosten- bzw. Gewinngrößen die Erfolgskomponente in die Planung und Kontrolle eingeführt werden. Hierbei wird etwa versucht, durch die Zuweisung zusätzlicher Ressourcen die kostenoptimale (minimale) Projektdauer zu bestimmen.

Zur Durchführung dieser, auch mit (vgl. Kapitel C.1.1)

- Strukturanalyse
- Zeitanalyse
- Kapazitätsanalyse
- Gewinn- bzw. Kostenanalyse

bezeichneten Bereiche des Projektmanagements enthalten PC-Projektmanagementprogramme i.d.R. die folgenden Funktionen:

- **Kalenderfunktion** zur Definition von Feiertagen, Urlaubstagen und Krankheitstagen, Anzahl der Arbeitsstunden pro Tag, Projektbeginn und -dauer etc.,

- **Editier- bzw. Pflegefunktion** zur Strukturierung der (Teil)-Aktivitäten, zur Fixierung der Startzeitpunkte und Zeitdauern, zur Zuordnung von Kosten und Ressourcen auf Teilaktivitäten etc.,

- **Berichts- und Graphikfunktion** zur Beschreibung und Veranschaulichung der Strukturen, Abhängigkeiten und Ergebnisse,

- **Simulationsfunktion** zur Berechnung von Ergebnissen aufgrund der in der Editier-/Pflegefunktion spezifizierten Neueingaben bzw. Änderungen einschließlich der Möglichkeit von Sensitivitätsanalysen,

- **Helpfunktion** zur Präsentation eines i.d.R. systemzustandsabhängig angezeigten Hilfetextes oder eines Glossars; oft sind auch Tutorials zur Absolvierung eines kleineren Übungsprojektes enthalten.

Beispiele für PC-Projektmanagementprogramme sind

- Super Project Plus
- Harvard Total Project Manager II
- MS-Project
- Pertmaster
- Quicknet
- Timeline

Im Rahmen der Auswahlentscheidung sollten die nachfolgend aufgeführten Kriterien eingehend geprüft werden (vgl. dazu auch Abschnitt B.1):

1) Technische Überprüfungskriterien

a) Betriebssystem
b) Hauptspeicheranforderung
c) Externe Speicheranforderung
d) Druckeranpassungen

(2) Kriterien zur Überprüfung der Leistungsfähigkeit

a) Zugrundeliegende Netzplanmethodik
b) Beschränkung bei Vorgängen/Ereignissen pro Projekt
c) Struktur der Editierfunktion
d) Struktur der Zeitplanung
e) Darstellungsmöglichkeiten der Planungsergebnisse
f) Berichterstellungsalternativen
g) Simulationsfunktion
h) Möglichkeiten zur Ressourcenplanung
i) Datenaustausch mit anderen Programmen
j) Druckoptionen

(3) Kriterien zur Beurteilung der Bedienerfreundlichkeit

a) Hilfsfunktionen
b) Tutorials
c) Handbücher
d) Benutzerführung
e) Maussteuerung

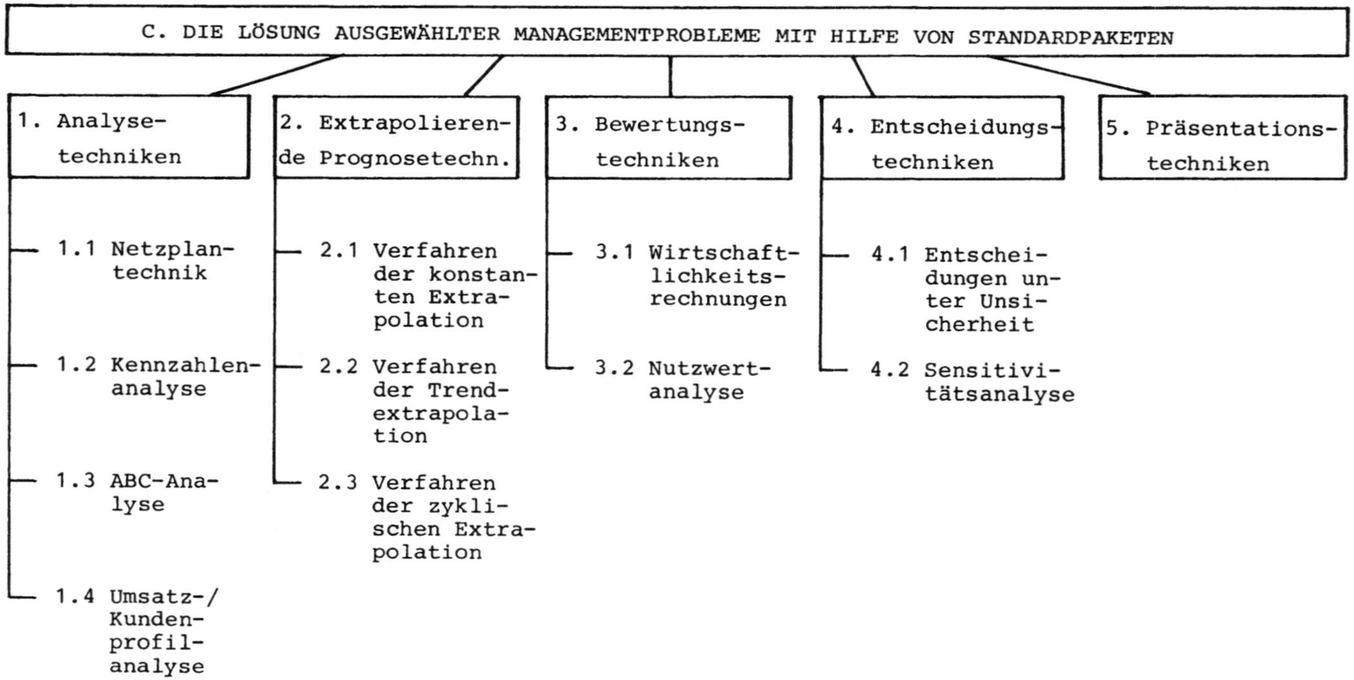
C. DIE LÖSUNG AUSGEWÄHLTER MANAGEMENTPROBLEME MIT HILFE VON STANDARDPAKETEN
1. Analyse-techniken
1.1 Netzplan-technik
1.2 Kennzahlen-analyse
1.3 ABC-Ana-lyse
1.4 Umsatz-/Kunden-profil-analyse
2. Extrapolieren-de Prognosetechn.
2.1 Verfahren der konstan-ten Extra-polation
2.2 Verfahren der Trend-extrapola-tion
2.3 Verfahren der zykli-schen Extra-polation
3. Bewertungs-techniken
3.1 Wirtschaft-lichkeits-rechnungen
3.2 Nutzwert-analyse
4. Entscheidungs-techniken
4.1 Entschei-dungen un-ter Unsi-cherheit
4.2 Sensitivi-tätsanalyse
5. Präsentations-techniken

Teil C.
Die Lösung ausgewählter Managementprobleme mit Hilfe von Standardpaketen

Unter funktionalen Gesichtspunkten umfaßt der Begriff "Management" alle Aufgaben, die zur Steuerung eines Unternehmens erforderlich sind. Die Hauptfunktionen des Managements werden hier folgendermaßen eingeteilt (vgl. DALE, 1972, S. 15):

- Planung
- Organisation
- Kontrolle
- Innovation
- Repräsentation

Alle der oben angeführten und sicherlich noch recht abstrakten Hauptfunktionen beinhalten das Element "Entscheidungen fällen". Grundlage und Voraussetzung für alle rationalen Entscheidungen ist der Entscheidungsprozeß, der folgende Phasen beinhaltet:

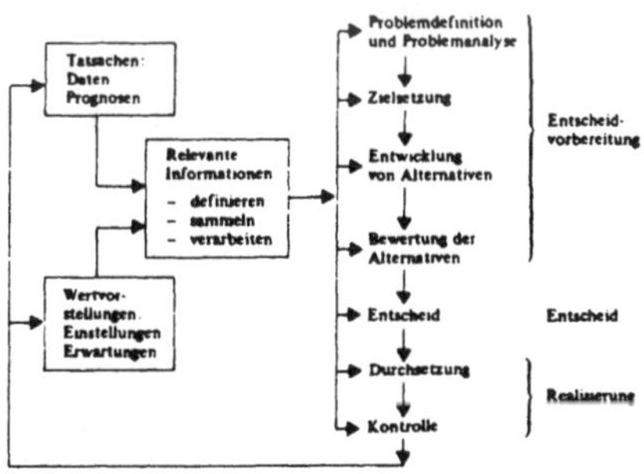

Abb. 7: Die Elemente des Entscheidungsprozesses
Quelle: ULRICH/FLURI, 1978, S. 43

Zur zielorientierten Erfüllung seines Aufgabenbereiches setzt der Manager bestimmte Techniken ein, die von verschiedenen wissenschaftlichen Disziplinen entwickelt wurden. Vereinfachend können unter dem Begriff "Management-Techniken" alle Instrumente, Methoden, Modelle und Verfahren verstanden werden, die zur Lösung von Managementproblemen eingesetzt werden (vgl. Schierenbeck, 1986, S. 135).

Wird das Treffen von Entscheidungen als das wesentliche Element jeder Managementtätigkeit verstanden, so tritt die Bedeutung und das Anwendungsspektrum der IDV deutlich hervor.

Bereits bei der **Erhebung** von Daten kann die sinnvolle Anwendung des PC's ansetzen. Als Beispiel sei hier die PC-gestützte Stichprobenuntersuchung genannt, die mit Hilfe geeigneter Statistikpakete durchgeführt wird. Die Projizierung von Vergangenheitswerten mittels Extrapolation zum Zwecke der **Prognose** könnte weiterhin z.B. unter Einsatz von Tabellenkalkulationsprogrammen rationell durchgeführt werden. Die Abbildung geeigneter Wirtschaftlichkeitsverfahren unter Einsatz der PC-Technologie kann im Rahmen der **Bewertung** von Handlungsalternativen die Produktivität der Managementarbeit steigern. Mathematische Entscheidungsmodelle ermöglichen die Optimumbestimmung zum Zwecke der **Entscheidung**. Der PC unterstützt den effizienten Einsatz dieser zeitaufwendigen Verfahren des Operations Research. Im Rahmen der **Durchsetzung** von Entscheidungen können z.B. Graphikpakete sinnvoll eingesetzt werden, wenn es darum geht Informationen visuell aufzuarbeiten. Die im Rahmen der **Kontrolle** durchzuführenden Soll/Ist-Vergleiche und Abweichungsanalysen sind weitere geeignete Anwendungsbereiche der PC-Technologie.

Die bisher angeführten anwendungsorientierten Beispiele des PC-Einsatzes im Managementbereich sollten verdeutlichen, welche vielfältigen praktischen Einsatzmöglichkeiten zur Unterstützung der Entscheidungsfindung gegeben sind. Im folgenden werden ausgewählte Managementtechniken unter Verwendung von Standardpaketen für eine PC-gestützte Lösung aufbereitet.

Die ausgewählten Managementtechniken, die in den nachstehenden Kapiteln näher beschrieben sind, werden in Abbildung 8 aufgeführt. Dabei sind zur ersten Orientierung jeder Technik das benutzte Standardpaket (Typ und ausgewähltes Produkt) zugeordnet und der entsprechende betriebswirtschaftliche Funktionsbereich angegeben, aus dem die Problemstellung entstammt. Die Standardpakettypen wurden dabei mit den Abkürzungen belegt:

- TK = Tabellenkalkulation
- DB = Datenbankprogramme
- GR = Graphikpakete
- ST = Statistikpakete
- TV = Textverarbeitungsprogramme
- IP = Integrierte Pakete
- PM = Projektmanagementprogramme

Management-technik	Standardpaket Typ	Standardpaket Name	Betrieblicher Funktionsbereich
Analysetechniken			
Netzplantechnik	PM	HTPM	Organisation/DV
Kennzahlenanalyse	TK	Multiplan	Finanzen/Rewe
ABC-Analyse	TK	Multiplan	Beschaffung
Umsatz-/Kunden-profilanalyse	DB	Dbase III	Marketing
Extrapolierende Prognosetechniken			
Konstante Extra-polation	ST	STATGRAPHICS	Geschäftsleitung
Trendextrapolation	ST	STATGRAPHICS	Geschäftsleitung
Zyklische Extra-polation	ST	STATGRAPHICS	Geschäftsleitung
Bewertungstechniken			
Wirtschaftlich-keitsrechnungen	IP	Symphony	Controlling
Nutzwertanalyse	IP	Symphony	Geschäftsleitung
Entscheidungstechniken			
Bayes-Regel	TK	Multiplan	Marketing
Erwartungswert-Varianz-Regel	TK	Multiplan	Marketing
Sensitivitäts-analysen	IP	Symphony	Controlling
Präsentationstechniken			
Graphische Daten-präsentation	GR	Harvard Graphics	Geschäftsleitung
Berichterstellung	TV/GR	Word/Chart	Beschaffung/Lager
Flow-Charting-Technik		Harvard Graphics	Datenverarbeitung

Abb. 8: Übersicht der PC-gestützten Managementtechniken

1. Analysetechniken

Analysetechniken dienen zur Anzeige oder Strukturierung von Managementproblemen, indem Problembestandteile sowie deren Beziehungen untereinander beschrieben werden. Mit Blick auf die Untersuchungsschwerpunkte der Analysetechniken lassen sich

- SOFT-Analysen und
- Ursachenanalysen

unterscheiden (vgl. PFOHL, 1981, S. 153 ff.).

Die *SOFT-Analysen* sind darauf ausgerichtet, die Stärken (Strength) und Chancen (Opportunity) einer Unternehmung in ihrer Umwelt bzw. ihre Schwächen (Failure) und Gefahren (Threat) aufzuzeigen. In die Klasse der SOFT-Analysen gehören

- Checklisten
- ABC-Analysen*
- Umsatzprofilanalysen*
- Kundenprofilanalysen*
- Verpflechtungsmatrix

Ursachenanalysen helfen dabei, ein Problem durch Symptombeschreibungen so aufzugliedern, daß man zu den Ursachen des Problems gelangt. Zu diesen Techniken werden gezählt

- Kepner-Tregoe
- progressive Abstraktion
- Kennzahlenanalysen*
- Netzplantechnik*
- Relevanzbaumtechnik

Die hier mit einem Stern gekennzeichneten Analysetechniken werden in den folgenden Fallbeispielen ausführlich behandelt.

1.1 NETZPLANTECHNIK

Zur Planung, Durchführung und Kontrolle größerer Projekte können Verfahren der *Netzplantechnik* eingesetzt werden. Die Anwendung dieses Planungs- bzw. Analyseverfahrens erscheint insbesondere dann sinnvoll, wenn eine Vielzahl voneinander abhängiger Tätigkeiten zu koordinieren sind oder eine starke Verzweigung der Vorgänge zu beachten ist. Geeignete Anwendungsbeispiele sind daher die Planung, Steuerung und Kontrolle größerer Bauvorhaben, Fertigungsprojekte oder die Neuprodukteinführung.

Der heute verfügbare Methodenvorrat geht auf zwei unterschiedliche Grundkonzeptionen der Netzplantechnik zurück, die in den Jahren 1957/58 entwickelt wurden:

- CPM (Critical Path Method)
- PERT (Program Evaluation and Review Technique)

CPM geht als deterministische Konzeption davon aus, daß die Zeitdauer einzelner Teilaktivitäten in der Planungsphase bekannt sind. Dagegen wird bei *PERT* die Zeitdauer der Tätigkeiten als zufällige Variable aufgefaßt (stochastisches Modell). Neben der unterschiedlichen Informationsstruktur sind in der Projektstrukturdarstellung und bei den Anordnungsbeziehungen weitere Unterscheidungsmerkmale zur Charakterisierung bedeutsam (vgl. SCHIERENBECK, 1986, S. 145).

CPM stellt die Struktur des Projektes als Vorgangspfeil-Netzplan dar. Als Vorgang wird hierbei eine zeitbeanspruchende Tätigkeit bezeichnet, die zwischen einem Start- und Endzeitpunkt erfolgt. Die einzelnen Vorgänge werden in einer Ende-Start-Beziehung angeordnet.Die Pfeildarstellung eines vorgangsorientierten Netzplanes ist in Abb. 9 dargestellt.

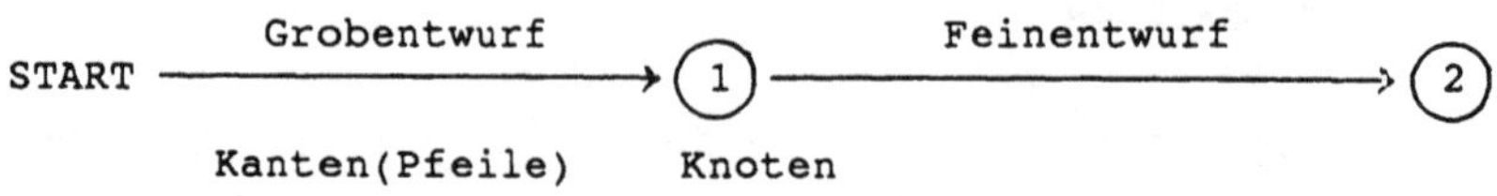

Abb. 9: Vorgangsorientierte Netzplandarstellung

Die Kanten symbolisieren hierbei die durchzuführenden Tätigkeiten, denen eine bestimmte Zeitdauer zugeordnet wird. Die Knoten repräsentieren die Ereignisse und werden als Start- bzw. Endzeitpunkte der Tätigkeiten aufgefaßt. Aus der Darstellung wird ersichtlich, daß mit dem Feinentwurf erst dann begonnen werden kann, wenn der Grobentwurf abgeschlossen ist.

Die Strukturdarstellung erfolgt bei PERT in Form eines Ereignisknoten-Netzplanes. Ereignisse sind hierbei als Zeitpunkte (ohne zeitliche Ausdehnung) definiert, zu denen spezifische Teilaktivitäten abgeschlossen sein oder andere beginnen müssen. Die einzelnen Vorgänge werden im Netzwerk ohne Benennung als Pfeile dargestellt. Die Knoten repräsentieren die spezifischen Ereignisse (vgl. Abb. 10).

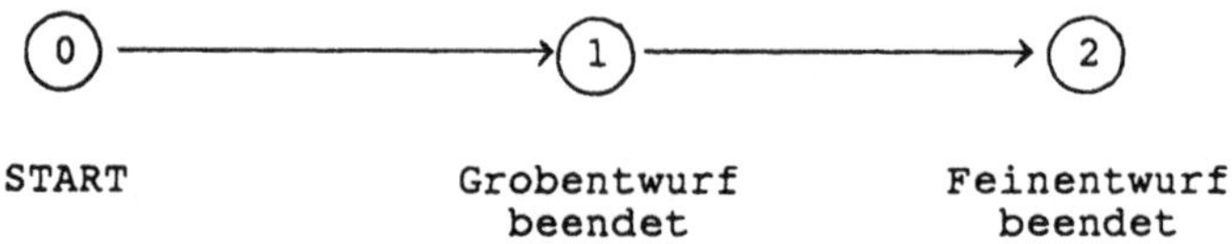

Abb. 10: Ereignisorientierte Netzplandarstellung

Unabhängig von der konzeptionellen Grundidee können vier Phasen der Prozeßplanung mittels Netzplantechnik differenziert werden (vgl. GROSSE-OETRINGHAUS, 1979):

Im Rahmen der *Strukturanalyse* werden die Vorgänge und Termine zur Realisierung des Projektes erfaßt und geordnet. Die Projekt-Ablaufstruktur wird anschließend in Form eines systematischen Netzwerkdiagramms dargestellt.

Daran schließt sich die *Zeitanalyse* an, in der die frühesten und spätesten Start- und Endzeitpunkte (Vorgänge, Ereignisse) durch Schätz- oder Erfahrungswerte (deterministisch) oder durch Angabe von Wahrscheinlichkeitsverteilungen (stochastisch) ermittelt werden. Ziel dieser Teilphase ist die Bestimmung der Gesamtprojektdauer und die Ermittlung von Zeitreserven (Pufferzeiten) bei einzelnen Vorgängen bzw. Ereignissen. Aus der Bestimmung der Pufferzeiten läßt sich der "kritische Weg" eines Projektes analysieren, der sich aus kritischen Vorgängen bzw. Ereignissen zusammensetzt. Ein Vorgang wird als kritisch bezeichnet, wenn die maximal verfügbare Zeit zur Ausführung des Vorgangs gleich dessen Dauer ist, daß heißt, keine Zeitreserven vorhanden sind. Verzögerungen bei den kritischen Vorgängen führen zur Verlängerung der Projektdauer.

Bei der *Kapazitätsanalyse* werden die durchzuführenden Arbeitsvorgänge mit dem vorhandenen Kapazitätspotential verglichen, wobei die Realisierung einer minimalen Projektdauer unter Beachtung etwaiger Belegungsvorgaben angestrebt wird.

Mit der *Kosten- und Gewinnplanung* wird die Erfolgskomponente in das System eingeführt. Durch die Verknüpfung der Teilaktivitäten mit den ausführenden Stellen wird unter Berücksichtigung terminlicher Restriktionen die Maximierung des Projektgewinnes (bzw. die Minimierung der Projektkosten) angestrebt. Während bei der Zeitanalyse davon ausgegangen wurde, daß die Vorgangszeiten nicht beeinflußbar sind, wird nun versucht, etwa durch Zuweisung zusätzlicher Betriebsmittel die kostenoptimale Projektdauer zu bestimmen.

Während die Struktur- und Zeitanalyse als Darstellungs- und Berechnungsphasen bezeichnet werden, stellen Kapazitäts- bzw. Gewinn- und Kostenanalyse die Optimierungselemente der Netzplantechnik dar.

Mit der Bearbeitung der nachfolgenden Problemstellung sollen die Darstellungs- und Berechnungselemente der Netzplantechnik am Beispiel eines kleineren Planungsproblems näher erläutert werden.

(1) Problemstellung

Das Schulungsinstitut "Management Akademie" plant im Zuge der Erweiterung seines Dienstleistungsangebotes die Einführung eines computergestützten Lernprogramms (synonym: CBT, Computer Based Training). Das zu entwickelnde System soll auf der nächsten Fachmesse, die in zwei Monaten stattfindet, präsentiert werden. Zur Realisierung des CBT-Programms hat die Institutsleitung ein Projektteam gebildet, das sich aus zwei DV-Spezialisten und zwei Fachdozenten zusammensetzt. Bevor das Projektteam die Arbeit aufnimmt, wurde bereits ein Phasenschema entwickelt (vgl. CURTH, 1987, S.184 ff.), in dem die grundsätzlich auszuführenden Teilaktivitäten zur Realisierung des CBT-Programms in ihrem chronologischen Ablauf spezifiziert werden (vgl. Abb. 11).

Phasen	**Teilaktivitäten**	**Kurzbezeichnung**
Grobentwurf	Lernzielspezifikation Lehrstoffsammlung Lehrstoffgrobgliederung	A B C
Feinentwurf	Wiederhole, bis alle Module generiert	
	Zuordnung Lehrinhalte-Bildschirme Entwurf der Ablaufsteuerung Planung des Bildschirm-Layouts * Schriftgestaltung * Zeichen-/Symbolbenutzung * Textgestaltung * Farbgestaltung * Bildschirmstrukturierung	D_i E_i F_i
	Fragenkontrolle festlegen	G_i
Realisierung	Realisierung der Bildschirme Verknüpfen der Bildschirme Test/Anpassungen /Änderungen	H_i I_i J_i
	Gesamtanpassung Konsolidierung der Disketten	K L

Abb. 11: Gestaltungsprozeß für das CBT-Programm

(2) Problemlösung - gedanklich/theoretisch

Zunächst sind im Rahmen der Strukturplanung die Anordnungsbeziehungen der Teilaktivitäten A bis K festzulegen.
Nach der Erarbeitung des Grobentwurfs (die Teilaktivitäten A bis C werden sequentiell durchgeführt) sind im Rahmen der Teilaktivitäten D_i bis I_i parallel zwei Module zu erstellen (Grundlagenteil (Modul 1), D_1 bis I_1, Vertiefungsteil (Modul 2), D_2 bis I_2), an die sich die Aktivitäten K und L sequentiell anschließen. Die Reihenfolge der Tätigkeiten und Vorgangsdauern wird in der nachfolgenden Tabelle spezifiziert:

Teilaktivität	Manntage	Vorhergehende Aktivität	Nachfolgende Aktivität
A	3	-	B
B	8	A	C
C	4	B	D_1, D_2, G_1, G_2
D_1	6	C	E_1, F_1, H_1
D_2	5	C	E_2, F_2, H_2
E_1	5	D_1	I_1
E_2	2	D_2	I_2
F_1	4	D_1	I_1
F_2	4	D_2	I_2
G_1	4	C	J
G_2	2	C	J
H_1	12	D_1	I_1
H_2	10	D_2	I_2
I_1	5	E_1, F_1, H_1	J
I_2	4	E_2, F_2, H_2	J
J	5	I_1, I_2, G_1, G_2	K
K	3	K	-

Abb. 12: Strukturplanung des CBT-Projektes

(3) Problemlösung - praktisch/PC-gestützt

Das oben angeführte Planungsproblem wird mit dem Projektmanagement-Programm "Harvard Total Project Manager II" (HTPM) der Software Publishing Corporation gelöst. Mit der Bearbeitung dieser Problemstellung werden die grundlegenden Funktionsweisen der PC-gestützten Projektplanung erläutert:

Befehle

- Aufbau eines projektspezifischen Kalenders
- Eingabe von Projektaktivitäten
- Sequentielle und parallele Anordnung von Projekttätigkeiten
- Erzeugung und Ausdruck eines PERT-Netzplanes
- Erzeugung und Ausdruck einer Liste aller Projekttätigkeiten

1. **Schritt:** Aufruf des Programms

Im Rahmen dieser Beschreibung der Problemlösung wird davon ausgegangen, daß die komplette Diskettenversion auf die Festplatte in das Subdirectory "HTPM" übertragen wurde und die erforderliche Anpassung des Systems an die spezifische Hardware (Drucker, Plotter, Monitor) bereits durchgeführt wurde (vgl. dazu die erforderlichen Arbeitsschritte im Handbuch zu HTPM II auf den Seiten 1-1 bis 1-14). Die Umstellung des Systems von der C-Ebene auf das Subdirectory HTPM erfolgt durch den Befehl: **cd HTPM**. Das Programm kann anschließend auf dieser Systemebene mit dem Befehl **HTPM** geladen werden. Nach Ausführung dieses Befehls erscheint das HTPM-Hauptmenü (vgl. Abb. 13).

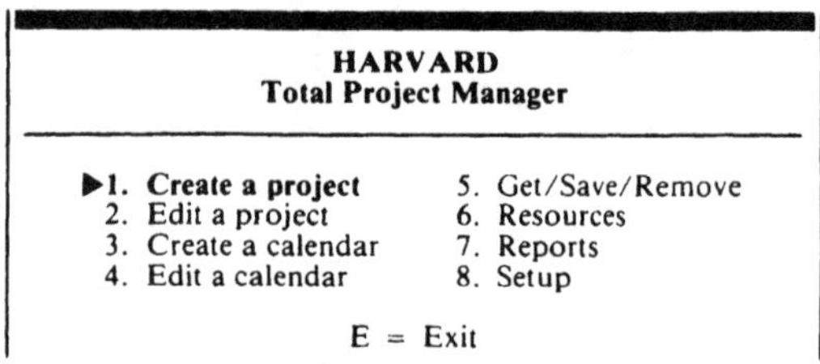

Abb. 13: Das HTPM-Hauptmenü
Quelle: Handbuch zu HTPM II, S. 1-4

Hinweis: Folgende Soft- und Hardwareanforderungen sind zum Betrieb von HTPM erforderlich:

- DOS Version 2.0 oder neuere Version
- ein Diskettenlaufwerk und eine Festplatte
- mindestens 512 KB Hauptspeicherkapazität

2. **Schritt:** Einrichten des projektspezifischen Kalenders

Im Rahmen der Zeitanalyse sollen die frühesten und spätesten Zeitpunkte zum Eintreffen der Ereignisse ermittelt werden. Das

Ergebnis der Zeitanalyse sind kalendermäßig bestimmte Daten, die unter Berücksichtigung der täglichen Arbeitszeit berechnet werden. Bevor die auszuführenden Projekttätigkeiten definiert werden, ist daher ein Kalender zu erstellen, der dem System als Berechnungsgrundlage dient.

In dem Hauptmenü wird zunächst das Untermenü "3. Create a calendar" durch Eingabe der Ziffer **3** aufgerufen. Anschließend erscheint das Fenster "Calender Form", mit dem der Projektkalender spezifiziert werden kann (Vgl. Abb. 14).

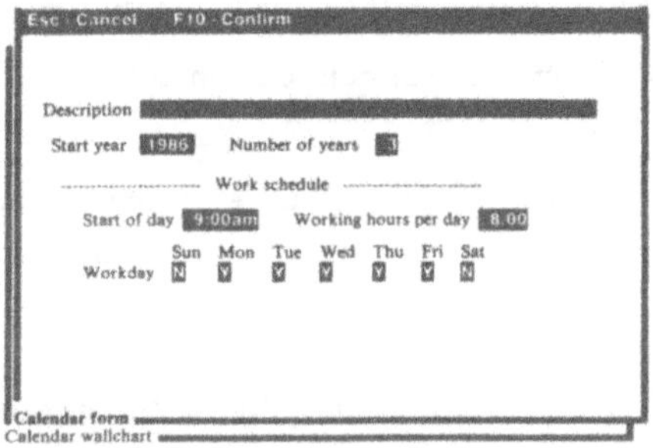

Abb. 14: HTPM-Default-Formblatt zur Erzeugung eines Projektkalenders

Quelle: Handbuch zu HTPM II, S. 2-2

Durch Betätigen der **Tab-Taste** kann der Cursor in die entsprechenden Eingabe-Felder positioniert werden, um die Default-Einstellung zu verändern. Für das obige Planungsproblem wird als Startjahr 1987 eingegeben. Der Kalender soll den Zeitraum eines Jahres umfassen (Number of years = **1**). Die Arbeitszeit soll täglich 8 Stunden betragen und um 8.30 beginnen. Die vorgesehenen Arbeitstage stimmen mit der Default-Einstellung überein. Mit der **F10-Taste** werden die korrekten Eingaben bestätigt und es erscheint eine 6-monatige Gesamtübersicht des eben erstellten Kalenderblattes. Um eventuelle Urlaubs- und Feiertage zu berücksichtigen, können hier einzelne Daten markiert werden. Der Projektstart soll am 1.3.1987 erfolgen, das Projekt soll am 1.5.1987 beendet sein.

Folgende Feier- bzw. Urlaubstage sind in diesem Zeitraum zu berücksichtigen:

2.3.; 17.4.; 20.4.; 1.5.

Um die Tage zu markieren, an denen nicht gearbeitet werden kann, sind folgende Eingaben erforderlich:

F4-Taste	(es erscheint das Untermenü)
1	(der Befehl zum Suchen eines bestimmten Datums wird ausgewählt)
3/2/1987	oder **2-Mar-1987** (das zu markierende Datum wird entweder unter Angabe von Ziffern (Monat/Tag/Jahr) oder Ziffern-Namen Kombinationen (Tag/Monat/Jahr) eingegeben.
F10	(die korrekte Eingabe wird bestätigt)
F4	(es wird erneut das Untermenü eingeblendet)
2	(der Befehl zum Markieren eines Feier- bzw. Ferientages wird ausgewählt)

Nachdem diese Befehlsfolge für alle oben aufgeführten Daten wiederholt wurde, kann der Kalender durch das Betätigen der **ESC-Taste** verlassen werden.

Aus dem Hauptmenü ist anschließend das Untermenü "5. Get/Save/Remove" durch die Eingabe einer **"5"** auszuwählen. Es erscheint die noch leere Projektliste. Mit der **F2-Taste** wird eine Befehlsübersicht aufgerufen, aus der mit **"7"** die Anweisung "7. Save calendar" ausgewählt wird. Anschließend kann der Name (z.B.: **CBT2**) eingetragen werden, unter dem der Projektkalender abgespeichert werden soll. Die Eingabe ist mit der **F10-Taste** zu bestätigen. Durch zweimaliges Betätigen der **ESC-Taste** kehrt HTPM zum Hauptmenü zurück.

3. Schritt: Spezifikation der Projekttätigkeiten

Zur Eingabe der Projektaktivitäten wird aus dem Hauptmenü zunächst der Befehl "1. Create a project" durch Betätigen der **Enter-(Return)-Taste** ausgewählt. In das erscheinende Fenster (vgl. Abb. 15) können nun die grundlegenden Projektdaten (Projektkalender, Start- und Endetermin) eingetragen werden.
Zum Editieren dieser Daten kann der Cursor durch Betätigen der **Tab-Taste** auf die entsprechenden Eingabefelder positioniert werden.

```
Define new project

      Calendar: CBT2
 Planned start: 1-Jan-1987
Planned finish:

Esc-Cancel                    F10-Confirm
```

Abb. 15: Ausgangsfenster zur Projekterstellung

Unter "Calendar" zeigt HTPM den gerade erzeugten und abgespeicherten Projektkalender an. Der Starttermin des Projektes ist in dem Feld "Planned start:" zu verändern. Mit der Tastenkombination **Ctrl-E** wird dazu die "default"-Einstellung (aktuelles Tagesdatum) gelöscht und anschließend 1-Mar-1987 eingegeben. Das Projektenddatum ("Planned finish:") wird zunächst nicht gefüllt, da HTPM dieses Datum aus den nachfolgenden Tätigkeitsdauern berechnen soll. Mit der **F10-Taste** werden die Eingaben erneut bestätigt. HTPM zeigt anschließend das Fenster "work breakdown", welches die Projektaufgaben in Form einer Baumstruktur zerlegt (vgl. Abb. 19).

Zunächst sollen zur Verdeutlichung der Funktionsweise von HTPM drei Teilaktivitäten (A,B und C) eingegeben werden.
Mit der **F4-Taste** (Edit) wird eine Befehlsübersicht zum Editieren der Projektdaten eingeblendet ("pull-down-menue") (vgl. Abb. 16).

F4-Edit

▶	**1. Find task**	**Ctrl F**
	2. Add task	Ctrl A
	3. Move task	Ctrl M
	4. Remove task	Ctrl X
	5. Hide tasks	
	6. Show tasks	

Abb. 16: "Pull-down-menue" zum Editieren der Projektdaten
Quelle: Handbuch zu HTPM II, S. 2-5

Mit der Eingabe **2** wird der Befehl "2. Add task" zum Hinzufügen weiterer Aktivitäten ausgewählt und es erscheint das in Abbildung 17 wiedergegebene Eingabefenster.

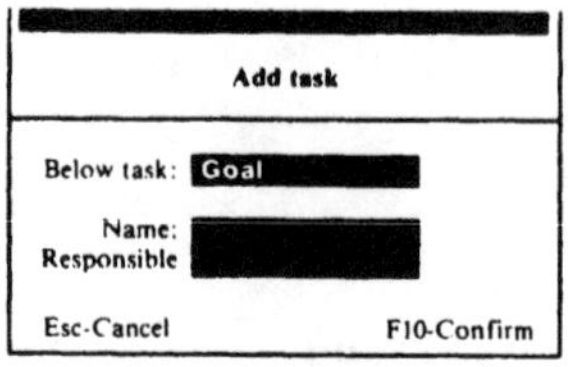

Abb. 17: Eingabefenster zum Editieren der Projekttätigkeiten
Quelle: Handbuch zu HTPM II, S. 2-6

Mit der **Tab-Taste** wird der Cursor zunächst auf das Eingabefeld "Name:" bewegt und anschließend die Bezeichnung der ersten Aktivität (**A**) eingetragen.

Hinweis: Insgesamt darf die Bezeichnung der Aktivität nicht mehr als 12 Stellen umfassen, wobei Buchstaben, Zahlen und Leerzeichen zugelassen sind.

In das nächste Eingabefeld ("Responsible") kann der Name der für die Erledigung der Aufgabe verantwortlichen Person oder Abteilung eingetragen werden. Hierbei handelt es sich um eine optionale Eingabe, die im Rahmen der Projektauswertung in Form von Projektberichten genutzt werden kann. Eine Eingabe kann aufgrund der gemeinsamen Arbeit der Projektgruppe in diesem Fall unterbleiben. Nach der Eingabe der Tätigkeitsbezeichnung wird die korrekte Eingabe mit der **F10-Taste** bestätigt und das System fragt nach der Reihenfolge der Tätigkeiten (vgl. Abb. 18).

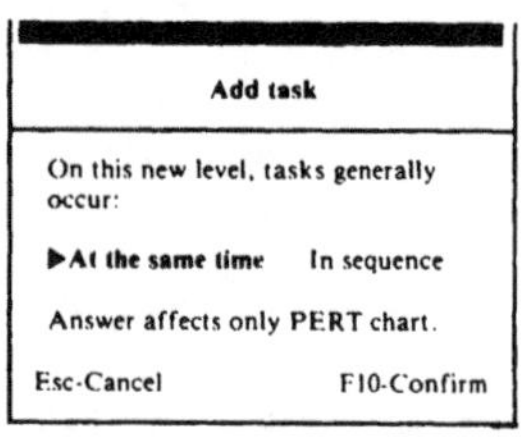

Abb. 18: Eingabefelder zur Definition der Tätigkeitsfolgen
Quelle: Handbuch zu HTPM II, S. 2-6

Es wird unterschieden zwischen parallel ausführbaren Tätigkeiten (z.B. D_1 und D_2 der Problemstellung), hier gekennzeichnet mit "As the same time", und sequentiellen Aktivitäten "In sequence" (z.B. A und B der Problemstellung).

Da bei obigem Planungsproblem die anderen Aktivitäten erst durchgeführt werden können, wenn A abgeschlossen ist, wird der Cursor durch Betätigen der rechten Pfeiltaste auf die sequentielle Tätigkeitsfolge eingestellt; mit der **F10-Taste** ist die Eingabe abzuschließen. Die zweite und dritte Projekttätigkeit (B und C) wird mit der gleichen Befehlsfolge editiert. Die "work break down"-Struktur hat nach Abschluß dieser Eingaben das in Abb. 19 dargestellte Aussehen.

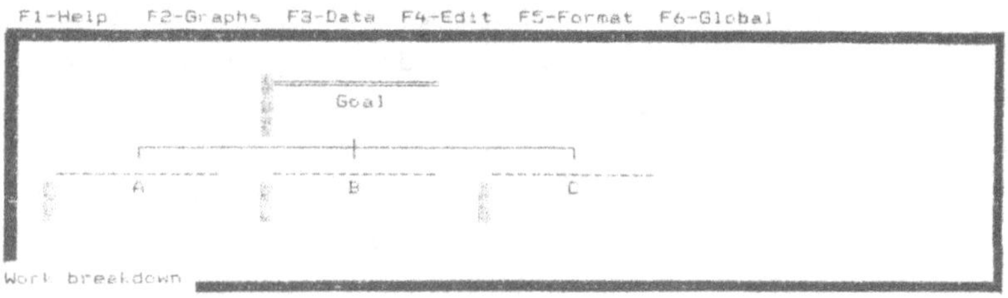

Abb. 19: Work break down-Struktur der ersten Projekttätigkeiten

Die Umsetzung dieser Struktur in einen Netzplan wird von HTPM automatisch vorgenommen und kann etwa durch folgende Befehle angezeigt werden (vgl. Abb. 20).

ESC-Taste (das System kehrt zum Hauptmenü zurück)

2 (Befehl "Edit a project" wird ausgewählt)

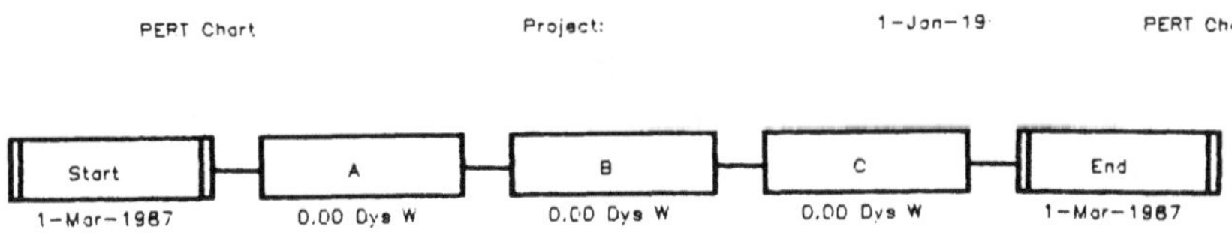

Abb. 20: Netzplan der bisher editierten Projekttätigkeiten

Eine Übersicht aller bisher editierten Projekttätigkeiten kann aus dem Fenster "PERT-Chart" durch Betätigen der **F3-Taste** und der anschließenden Auswahl des Befehls "**1. Task List**" erzeugt werden (vgl. Abb. 21).

Task name	Start date	Finish date	Planned duration	Pln total cost	Actual duration	Act total cost
A	1-Mar-1987	1-Mar-1987	0.00 Dys W	0.00	0.00 Dys W	0.0(
B	1-Mar-1987	1-Mar-1987	0.00 Dys W	0.00	0.00 Dys W	0.0(
C	1-Mar-1987	1-Mar-1987	0.00 Dys W	0.00	0.00 Dys W	0.0(
End	1-Mar-1987	1-Mar-1987				
Start	1-Mar-1987	1-Mar-1987				

Abb. 21: Liste der bisher editierten Projekttätigkeiten

In diese Liste können Eingaben zur weiteren Spezifikation der Aktivitäten eingetragen werden; dazu ist lediglich der Cursor durch Betätigen der Pfeiltasten (bzw. Tab-Tasten) auf die gewünschten Felder zu positionieren. Die Planungsdauer der Aktivitäten (Planned duration) wird jeweils in das vorgesehene Feld in Form von Arbeitstagen eingetragen. Die default-Einheit der Planungsdauer (Arbeitstage) wird hierbei beibehalten, andere Planungseinheiten (Stunden, Monate) können im Fenster "project-form" durch Modifikation der "default-units" eingestellt werden.

Weitere Aktivitäten können optional in den Fenstern "Task List", "Work breakdown" oder direkt im "PERT-Chart" eingegeben werden.

Die Anfügung der Aktivitäten J,K,I_1 und I_2 soll mit dem Fenster "Task List" erfolgen. Der Cursor ist zunächst durch Betätigen der Pfeiltasten unter die Tätigkeit C zu positionieren; anschließend kann in das leere Feld der Vorgang J eingetragen werden. Mit der **Tab-Taste** wird danach der Cursor in das Feld "Planned duration" positioniert und die Vorgangsdauer (**3** Tage) eingetragen. Nach Betätigen der **Enter-Taste** fragt HTPM die vorhergehende (**C**) und nachfolgende (**END**) Projektaktivität ab (vgl. Abb. 22). Mit der **F10-Taste** sind die entsprechenden Eingaben zu bestätigen.

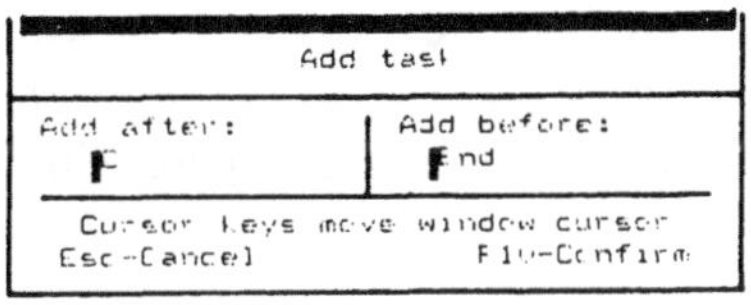

Abb. 22: Eingabefenster zur Reihenfolgebestimmung der Aktivitäten

Für die Tätigkeiten K, I_1 und I_2 sind diese Befehlsfolgen entsprechend zu wiederholen. Die Aktivitäten D_1/G_1 und D_2/G_2 erfolgen parallel im Anschluß an Tätigkeit C. Die Eingabefolge wird hier am Beispiel des Fensters "PERT-Chart" demonstriert.

Mit Betätigen der **ESC-Taste** erscheint die veränderte Struktur des PERT-Netzplanes am Bildschirm.

Durch Betätigen der **Tab-Taste** ist der Cursor auf das Ereignis C zu positionieren. Mit der Tastenkombination **Ctrl-A** wird erneut das Eingabefenster zum Hinzufügen neuer Aktivitäten eingeblendet. In die entsprechenden Eingabefelder wird der Name (zunächst der Tätigkeit **D1**) und die Dauer der Tätigkeit (**4** Tage) eingegeben. Mit der **F10-Taste** ist die korrekte Eingabe zu bestätigen. In das nachfolgende Fenster (vgl. Abb. 22) wird nun die vorhergehende **(C)** und nachfolgende (**I_1**) Tätigkeit von D_1 eingetragen.

Die gleiche Befehlsfolge wird für die Aktivitäten G_1, G_2 und D_2 wiederholt.

In Anschluß an D_1 (D_2) können die Tätigkeiten D_1 , F_1 und H_1 (E_2, F_2, H_2) parallel durchgeführt werden. Mit der oben beschriebenen Befehlsfolge können diese Tätigkeiten sukzessiv in den Netzplan eingetragen werden. Nach Abschluß aller Eingaben präsentiert HTPM den nun kompletten Netzplan mit dem berechneten Tagesdatum des Projektendes.

Die erarbeitete Struktur des Netzplanes ist in Abb. 25 wiedergegeben. Bevor ein Ausdruck erzeugt wird, sollten die bis dahin editierten Daten mit dem Befehl **Ctrl-S** gespeichert werden. HTPM zeigt ein Eingabefenster (vgl. Abb. 23) in das der Name des Projektes (z.B. **CBT 1**) einzutragen ist. Die Eingabe ist mit der **F10-Taste** zu bestätigen.

Abb. 23: Eingabefenster zum Speichern der Projektdaten
Quelle: Handbuch zu HTPM II, S. 2-18

Zum Ausdruck des Netzplanes wird aus dem Hautmenü die Funktion "7. Reports" ausgewählt. Es erscheint eine Übersicht (vgl. Abb. 24) über alle in HTPM möglichen Text- und Graphikausgaben.

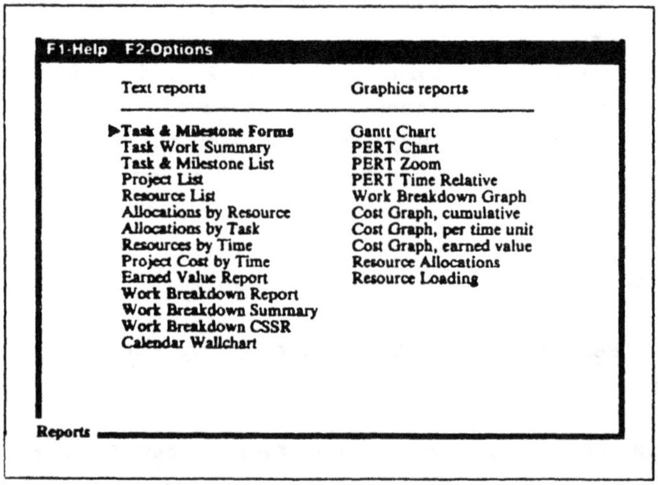

Abb. 24: Übersicht der optionalen Text- und Graphikausgaben
Quelle: Handbuch zu HTPM II, S. 2-19

Aus der Auflistung wird der Befehl "PERT-Chart" ausgewählt, indem der Cursor auf das entsprechende Feld durch Betätigen der **Pfeiltasten** positioniert wird, mit der **F2-Taste** die Optionen gewählt werden (1. Run report; 2. Format report), der Befehl "1. Run report" markiert und mit der **Return-Taste** bestätigt wird. In das nachfolgende Fenster ("Graphics report options") können die Spezifikationen zum Druck eingetragen werden. Für den **Ausdruck** in Abb. 25 wurde lediglich die Überschrift (Header): Ablaufplanung CBT-Projekt eingegeben.

(4) Interpretation der Ergebnisse

Aus dem Netzplan in Abb. 25 können wesentliche planungsrelevante Daten abgelesen werden. Die Aktivitäten A,B,C,D_1,H_1,I_1,J und K beschreiben den kritischen Weg des Projektes. Nur wenn bei diesen Aktivitäten keinerlei Verzögerungen auftreten, ist der berechnete Projektendtermin 6. Mai 1987 nicht gefährdet. Beim Vergleich dieses Termins mit der Zeitvorgabe (1.5.1987) fällt auf, daß die vorgesehene Zeitplanung nicht zielgerecht ist. Es ist daher nach Aktivitäten zu suchen, bei denen die Möglichkeit zur Reduktion der Vorgangsdauer besteht. Besonders interessant sind hierbei die kritischen Vorgänge, da ihre Verkürzung auch mit einer Verkürzung der Projektlaufzeit verbunden ist.

Neben dem Start- und Endtermin und der Ausgabe der Vorgangsdauern sind in dem bisher erzeugten Netzplan keine terminlichen Angaben enthalten. Für die Planung und Kontrolle der Projektaktivitäten sind jedoch weitere Informationen erforderlich. Hierzu zählen z.B. die frühesten/spätesten Start- bzw. Endtermine einzelner Aktivitäten sowie mögliche Pufferzeiten. In HTPM ist die Ausgabe dieser und anderer Informationen optional vorgesehen. Im nachfolgenden Abschnitt wird beschrieben, wie diese Daten erzeugt werden können.

(5) Modifikation und Erweiterung des Netzplanes

Zunächst soll untersucht werden, welche Auswirkung mit einer Verkürzung kritischer Vorgänge verbunden ist. In dem Projektteam ist man sich darüber einig, daß die Lehrstoffsammlung (Aktivität B) von 8 auf 6 Tage verkürzt werden kann. Ebenso wird für die Realisierung der Bildschirme des ersten Moduls (H_1) eine Verkürzung von 2 Tagen für möglich gehalten.

Die Veränderung der Vorgangsdauern kann im Fenster "Task List" durchgeführt werden. HTPM kalkuliert nach Eingabe jeder Ände-

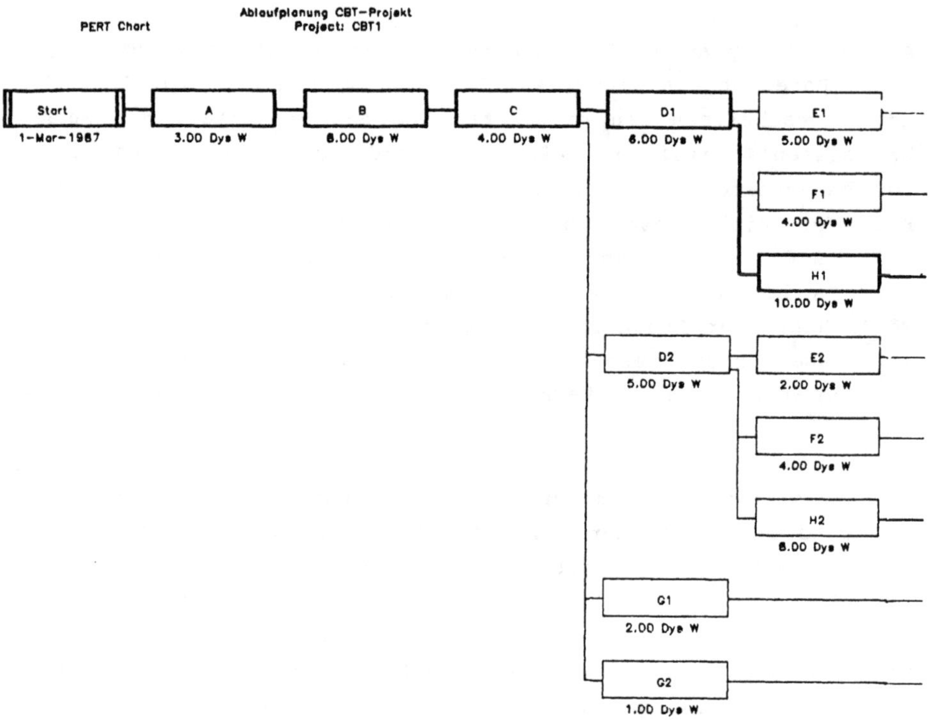

Abb. 25: Netzplan zur Ablaufplanung des CBT-Projektes

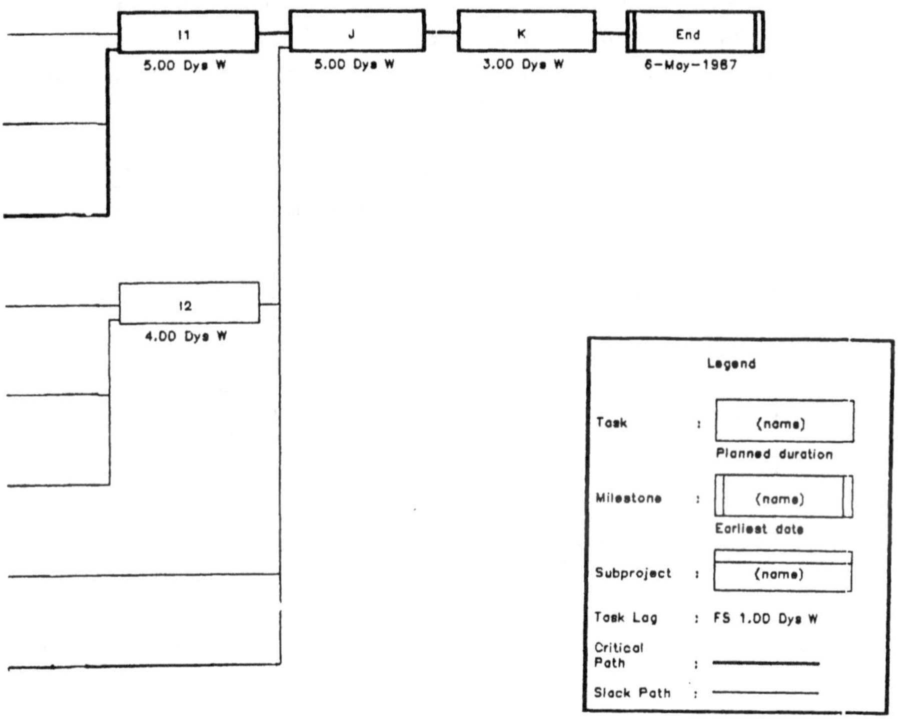
I1
5.00 Dys W
J
5.00 Dys W
K
3.00 Dys W
End
6-May-1987
I2
4.00 Dys W
Legend
Task : (name)
Planned duration
Milestone : (name)
Earliest date
Subproject : (name)
Task Lag : FS 1.00 Dys W
Critical Path :
Slack Path :

rung den Projektendtermin. Bei einer Änderung entsprechend der obigen Überlegung berechnet HTPM den 29.4.1987 als Endtermin.

Der Informationsgrad der bisher durchgeführten Struktur- und Zeitanalyse kann durch zusätzliche Ausgaben planungsrelevanter Daten erhöht werden. Standardmäßig erzeugt HTPM einen Netzplan, in dem Vorgänge mit der Planungsdauer versehen sind (z.B. E_2 mit 2 Tagen) und bestimmte Ereignisse ("milestones") mit den frühesten Startterminen gekennzeichnet sind (z.B. Start mit 1-Mar-1987). In Abb. 26 wird eine Übersicht der optionalen Bezeichnungsmöglichkeiten der Vorgänge wiedergegeben.

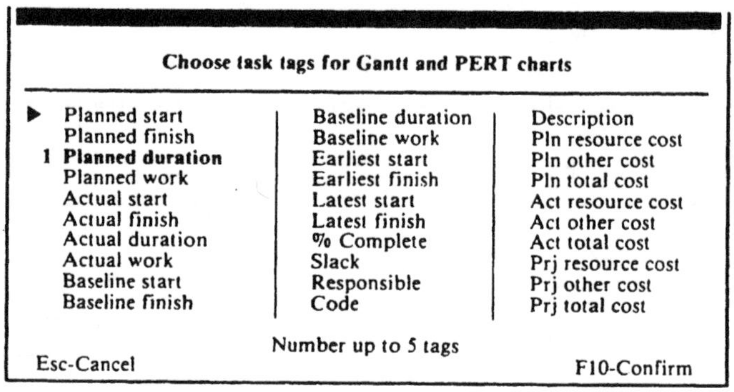

Abb. 26: Übersicht der Kennzeichnungsmöglichkeiten von Projekttätigkeiten

Diese Übersicht wird im Anschluß an folgende Befehlsfolge über das Fenster "PERT-Chart" eingeblendet:

F5-Taste (das Format-Menü wird ausgewählt)
7 (die Übersicht "Tag PERT-Chart" wird gewählt
F10-Taste (die Vorgänge (tasks) werden gewählt).

Innerhalb der Übersicht können bis zu fünf Darstellungsmöglichkeiten gewählt werden, in dem der Cursor auf das entsprechende Feld positioniert (Pfeil- oder Tab-Taste) und eine Ziffer (1 bis 5) abgesetzt wird. Die Ausgabe der Bezeichnungsmöglichkeiten erfolgt im Netzplan in Abhängigkeit von der Ziffer in aufsteigender Reihenfolge.

Für obige Problemstellung sollen folgende Informationen gewählt werden:

- Earliest start = **1** (frühester Anfangszeitpunkt)
- Earliest finish = **2** (frühester Endzeitpunkt)
- Latest start = **3** (spätester Anfangszeitpunkt)
- Latest finish = **4** (spätester Endzeitpunkt)
- Slack = **5** (Pufferzeit)

Sind alle Eingaben korrekt erfolgt, so werden sie durch die **F10-Taste** bestätigt. Die Veränderungen setzt HTPM direkt im Netzplan um (vgl. Abb. 27).

Am Beispiel des Vorganges E_1 sollen die neu ermittelten Daten interpretiert werden.

E_1

31-Mar-1987 : frühester Starttermin
6-Apr-1987 : frühester Endtermin
3-Apr-1987 : spätester Starttermin
9-Apr-1987 : spätester Endtermin
3Dys W : 3 Arbeitstage Pufferzeit

Unter Berücksichtigung des CBT-Kalenders wurden die oben genannten Termine bestimmt. Mit dem Entwurf der Ablaufsteuerung muß spätestens am 3. April begonnen werden, damit das kalkulierte Projektende bzw. die nachfolgenden Tätigkeiten nicht gefährdet sind. Die Kalkulation des spätesten Endtermins (9.4.1987) ergibt sich aus der Berücksichtigung der beiden Wochenendtage (4. und 5. April), die auch bei der Bestimmung der Pufferzeit (3 Tage) nicht berücksichtigt wurden.

Neben den hier dargestellten Auswertungen bietet HTPM weitere sinnvolle Planungs- und Kontrollhilfen, auf die hier nur im Rahmen einer Übersicht eingegangen werden soll.

Neben Netzplan, Baumstruktur und Aufgabenliste kann ein Balkendiagramm (Ganttchart) als optionale Darstellungsform der Projektaktivitäten gewählt werden. Hierbei werden sämtliche Planungsgrundlagen durch Symbole repräsentiert und in einem Zeitdiagramm wiedergegeben, dessen Periodizität über die sog.

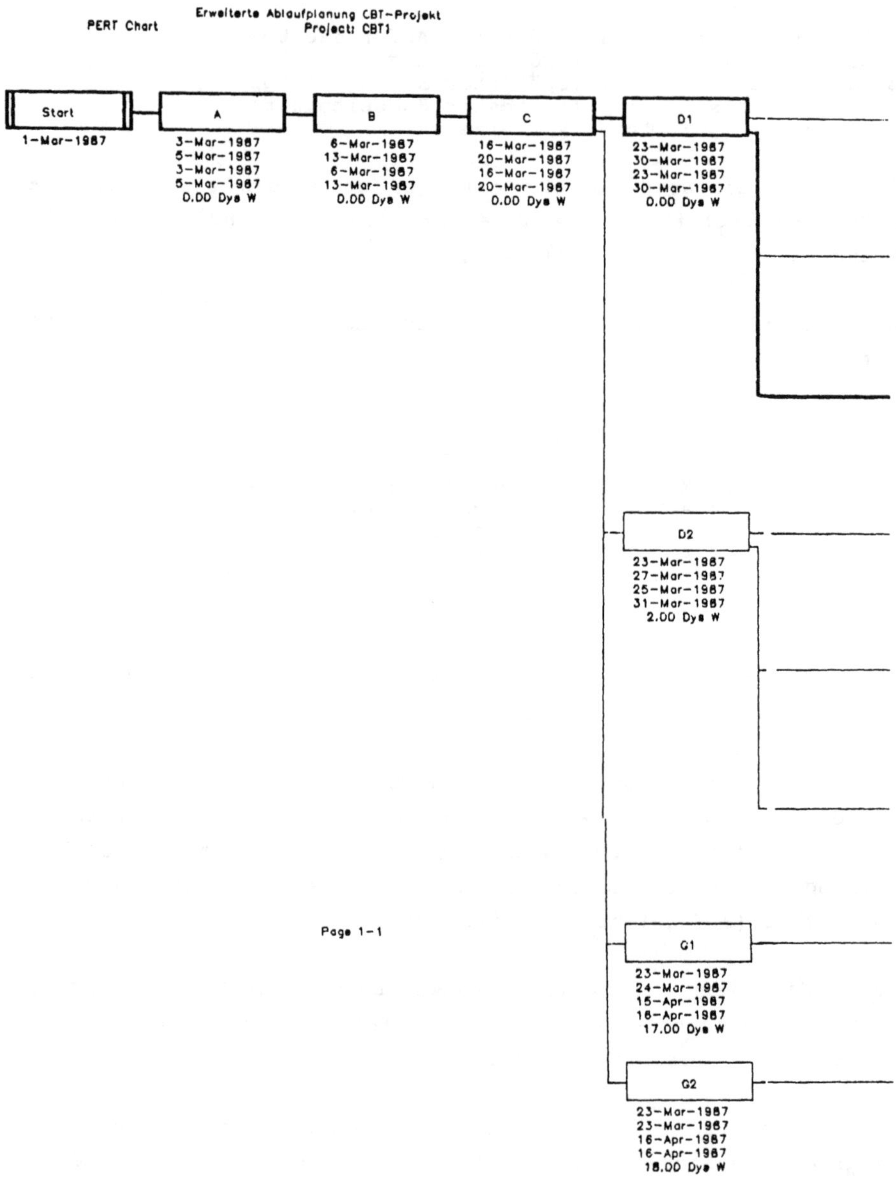

Abb. 27: Erweiterter Netzplan zur Ablaufplanung des CBT-Projektes

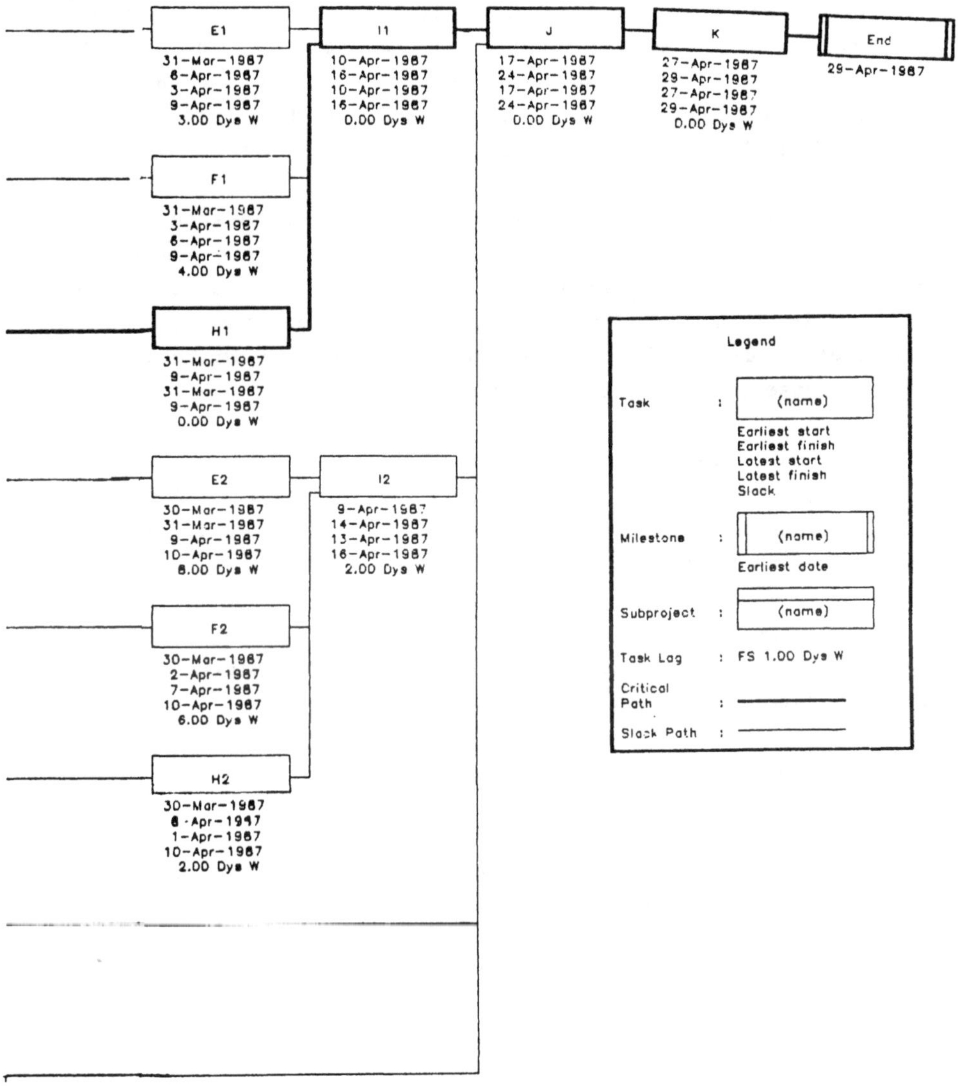
E1
31-Mar-1987
6-Apr-1987
3-Apr-1987
9-Apr-1987
3.00 Dys W
I1
10-Apr-1987
16-Apr-1987
10-Apr-1987
16-Apr-1987
0.00 Dys W
J
17-Apr-1987
24-Apr-1987
17-Apr-1987
24-Apr-1987
0.00 Dys W
K
27-Apr-1987
29-Apr-1987
27-Apr-1987
29-Apr-1987
0.00 Dys W
End
29-Apr-1987
F1
31-Mar-1987
3-Apr-1987
6-Apr-1987
9-Apr-1987
4.00 Dys W
H1
31-Mar-1987
9-Apr-1987
31-Mar-1987
9-Apr-1987
0.00 Dys W
E2
30-Mar-1987
31-Mar-1987
9-Apr-1987
10-Apr-1987
8.00 Dys W
I2
9-Apr-1987
14-Apr-1987
13-Apr-1987
16-Apr-1987
2.00 Dys W
F2
30-Mar-1987
2-Apr-1987
7-Apr-1987
10-Apr-1987
6.00 Dys W
H2
30-Mar-1987
8-Apr-1947
1-Apr-1987
10-Apr-1987
2.00 Dys W
Legend
Task : (name)
Earliest start
Earliest finish
Latest start
Latest finish
Slack
Milestone : (name)
Earliest date
Subproject : (name)
Task Lag : FS 1.00 Dys W
Critical Path :
Slack Path :

"timescale"-Funktion unterschiedlich angezeigt werden kann (z.B. Wochen, Monate oder Jahre).

Zur optimalen Ressourcenallokation ist die Möglichkeit gegeben, vorhandene Produktionsfaktoren (z.B. Maschinen) mit entsprechenden Projekttätigkeiten zu verknüpfen, um so die Kapazitätsauslastung zu bestimmen bzw. zu optimieren. Die Informationsausgabe kann hier in Form von Balkendiagrammen erfolgen.

Im Rahmen der Kostenanalyse können den durchzuführenden Tätigkeiten Plankosten zugeordnet werden, die dann nach Beendigung der Aktivität mit den Ist-Kosten verglichen werden können. HTPM stellt Plan- und Ist-Kosten in einem Balkendiagramm gegenüber und liefert damit wichtige Vergleichsdaten, die im Rahmen der Abweichungsanalyse genutzt werden können.

Zur Planung umfangreicher Projekte können Teilaktivitäten zu Unterprojekten (Subprojects) zusammengefaßt werden. Durch die Nutzung dieser Möglichkeit kann der Grad der Detailliertheit des Projektes gesteuert werden.

Insgesamt kann festgestellt werden, daß Projektmanagementprogramme eine wichtige Hilfe zur Planung und Kontrolle im Rahmen der Projektabwicklung darstellen.

(6) Übungen

Aufgabe 1

In der nachfolgenden Übersicht ist der Systementwicklungsprozeß für den Aufbau eines computergestützten Planspieles wiedergegeben. Erstellen Sie für dieses Projekt einen Netzplan, in dem folgende Informationen enthalten sein sollen:

- Start- und Endtermin des Projektes
- Vorgangsdauer jeder Aktivität
- frühester Starttermin der Aktivitäten
- spätester Starttermin der Aktivitäten
- Pufferzeiten

Phasen und Teilaktivitäten	Kurzbezeichnung	Vorgangsdauer in Tagen
I. Grobentwurf		
Festlegung Realitätsausschnitt	A	4
Festlegung Lernziele	B	1
Festlegung Entscheidungsbereiche	C	2
Festlegung Parameter	D	1
Entwurf der Formulare/Tabellen	E	3
Festlegung der arbeitsmethodischen Hilfsmittel	F	1
II. Feinentwurf		
Entwicklung des mathematischen Modells	G	5
Entwicklung der Bildschirmmasken	H	10
Dialogsteuerung/Benutzeroberfläche	I	3
Daten-/Dateiorganisation	J	4
III. Realisierung		
Programmierung der Module 1,2 und 3	K_1, K_2, K_3	10,12,8
Syntaxprüfung	L_1, L_2, L_3	2, 3,2
Test auf logische Fehlerfreiheit	M	3
Gesamtanpassung	O	2

Abb. 28: Systementwicklungsprozeß des Planspiels

Hinweise zur Zeit- und Strukturplanung

Das Projekt soll am 11.5.1987 gestartet werden. Die Tätigkeiten A bis D müssen sequentiell erfolgen. Im Anschluß an D können E und F parallel entwickelt werden. Mit dem Feinentwurf (alles sequentielle Tätigkeiten) kann erst begonnen werden, wenn der Grobentwurf beendet ist. Die einzelnen Module können im Anschluß an J parallel entwickelt werden. An die jeweilige Programmierung kann sich die entsprechende Syntaxprüfung anschließen. Die Aktivitäten M und O können erst dann sequentiell erfolgen, wenn alle Syntaxprüfungen abgeschlossen sind.

1.2 KENNZAHLENANALYSE

Die Unternehmensanalyse auf der Grundlage von Kennzahlen, die aus Positionen der Bilanz und der Gewinn- und Verlustrechnung gebildet werden, kann unter verschiedenen Zielsetzungen erfolgen. Im Rahmen der *internen* Analyse werden Informationen gewonnen, die von der Unternehmensleitung als Planungs- und Kontrollgrundlage zur Steuerung der Unternehmung herangezogen werden. Die *externe* Analyse wird dagegen von Personen außerhalb der Unternehmung durchgeführt. Potentielle Kapitalgeber (Beteiligung, Kredithingabe) versuchen z.B. durch die Kennzahlenanalyse Informationen über die Sicherheit und Rentabilität ihrer Kapitalanlage zu erhalten. Konkurrenzunternehmen gewinnen im Rahmen des Betriebsvergleichs wichtige Informationen über die Kosten- und Ertragsstruktur des Wettbewerbs.

In Abhängigkeit von der Untersuchungszielsetzung werden unterschiedliche Kennzahlen als Beurteilungsmaßstab verwendet. Eine Kennziffer oder die Kombination von Kennziffern (Kennzahlensysteme), die in allen Fällen eine hohe Prognosegenauigkeit gewährleistet, existiert nicht. In Abb. 29 werden ausgewählte Kennzahlen als Bestands- und Stromgrößen systematisiert.

Die *bestandsorientierten Strukturkennzahlen* (statische Kennzahlen) beschränken sich auf die Analyse der Bilanz. Hier werden bei vertikalen Regeln lediglich die Positionen einer Bilanzseite (Aktiv- oder Passivpositionen) isoliert betrachtet. So wird zum Beispiel bei der Analyse der Vermögensstruktur mit der Kennzahl "Anlageintensität" der Anteil des Anlagevermögens am Gesamtvermögen der Unternehmung bestimmt (Aktiva). Der Verschuldungsgrad, eine Kennzahl zur Beschreibung der Kapitalstruktur, wird durch das Verhältnis von Fremdkapital zu Eigenkapital bestimmt (Passiva). Horizontale Regeln stellen dagegen auf das Verhältnis von Aktiv- zu Passivpositionen ab. Der Deckungsgrad B untersucht z.B., ob die langfristig gebundenen Vermögenspositionen (Aktiva) auch mit langfristigem Kapital (Passiva) finanziert wurden (Goldene Bilanzregel).

Stromgrößenorientierte Kennzahlen (dynamische Kennzahlen) be-

KENNZAHLENANALYSE			
Bestandsorientierte Strukturkennzahlen		**Stromgrößenorientierte Kennzahlen**	
Vertikale Bilanzstruktur	Horizontale Bilanzstruktur	Erfolgskennzahlen	Aktivitätskennzahlen
- Vermögensstruktur - Anlageintensität - Umlaufintensität - Kapitalstruktur - Verschuldungsgrad - Eigenkapitalquote - Fremdkapitalquote	- Langfristige Deckungsrelationen - Deckungsgrad A,B,C - Kurzfristige Deckungsrelationen - Liquiditätsgrade 1,2,3 - Working Capital - Effektivverschuldung	- Absolute Erfolgskennzahlen - Bilanzgewinn - Jahresüberschuß - Cash Flow - Relative Erfolgskennzahlen - Rentabilitätskennziffern - Leverage Faktor - Return on Investment	- Umschlagskoeffizienten - Lagerumschlagshäufigkeit - Umschlagshäufigkeit des Umlaufvermögens - Investitionsquote - Abschreibungsquote - Zahlungsziele - Kundenziele - Lieferantenziele

Abb. 29: Ausgewählte Bestands- und Stromgrößenkennzahlen

ziehen die Gewinn- und Verlustrechnung als zusätzliche Informationsquelle bei der Analyse mit ein. Die Untersuchung der Ertragssituation einer Unternehmung wird mit Hilfe von Erfolgskennziffern durchgeführt. Neben der Berechnung absoluter und relativer Erfolgskennzahlen ist die Analyse der Erfolgskomponenten bedeutsam. Dabei wird häufig das Gesamtergebnis zusätzlich in Betriebs-, Finanz- und außerordentliches Ergebnis aufgeteilt.

Zur Untersuchung der Einsatzeffizienz der vorhandenen Produktivfaktoren können zudem Aktivitätskennziffern abgeleitet werden. Eine große Gruppe dieser Kennziffern bilden die sogenannten Umschlagskoeffizienten, bei denen bestimmte Bilanz- oder Gewinn- und Verlustrechnungspositionen ins Verhältnis zum Umsatz gesetzt werden.

Die Berechnung einzelner Kennzahlen wird anhand der nachfolgenden Problemstellung dokumentiert. Zur ausführlicheren Darstellung, Interpretation und kritischen Würdigung einzelner Kennzahlen wird auf die Spezialliteratur verwiesen. (vgl. BUCHNER, 1981; COENENBERG, 1987; GRÄFER, 1985; SCHULT,1986).

(1) Problembeschreibung

Die Anlagenbau GmbH ist ein Unternehmen der Investitionsgüterindustrie. Unternehmensgegenstand ist die Entwicklung, Fertigung und Montage von computergestützten Transportanlagen, die im Produktions- und Lagerbereich eingesetzt werden. Insbesondere die Aufträge für die Erstellung von Hochregallagersystemen und Unterflurförderern sind durch eine lange Auftragsabwicklungszeit gekennzeichnet. Vom Tag der Auftragserteilung bis zur Endabnahme vergeht bei vielen Aufträgen eine Zeitspanne von bis zu zwei Jahren. Die Verkaufsabteilung der Anlagenbau GmbH versucht bei den Verhandlungen mit den Kunden stets Zahlungsbedingungen zu vereinbaren, die anteilige Vorauszahlungen beinhalten. Die Vorauszahlungen der Kunden dienen der Mitfinanzierung der Herstellkosten und der Sicherung der Abnahme. Die Zahlungsbedingungen sind so strukturiert, daß die Kunden eine Rate bei Vertragsabschluß, eine Rate bei Montagebeginn und eine Abschlußzahlung bei Abnahme des Systems zu leisten haben. In der

Vergangenheit traten wiederholt Konkurse bei den Kunden auf, die zwangsläufig mit der Nichtabnahme der Logistiksysteme verbunden waren. Aufgrund der spezifischen Spezialanfertigung dieser Systeme war es dann nicht immer möglich, die Produkte marktlich zu verwerten.

Die Bonitätsprüfung der Kunden basiert auf Informationen aus Bankauskünften und Krediturteilen von Wirtschaftsauskunfteien. Zusätzlich werden Hinweise von Außendienstmitarbeitern und befreundeten Unternehmen hinzugezogen. Neben der allgemeinen Analyse der wirtschaftlichen Lage der entsprechenden Branchen von potentiellen Kunden wird zudem, wenn zeitnahe Jahresabschlüsse vorliegen, eine spezifische Analyse der Finanz- und Ertragslage durchgeführt. Durch die Einführung des neuen Bilanzrichtlinien-Gesetzes erwartet die Geschäftsführung der Anlagenbau GmbH in Zukunft verbesserte Möglichkeiten, über die Jahresabschlußinformation ihrer Kunden verfügen zu können. Aufgrund der geänderten Publizitätspflicht sind mehr Kunden als bisher gezwungen, ihre Jahresabschlüsse offenzulegen. Während bisher die Jahresabschlüsse "per Hand" ausgewertet wurden, sollen in Zukunft die Berechnungen EDV-gestützt unter Anwendung der PC-Technologie durchgeführt werden.

Zunächst soll deshalb ein einheitliches allgemeines Datenerfassungsschema für die Bilanz und Gewinn- und Verlustrechnung entwickelt werden. Darauf aufbauend soll durch die Verknüpfung der Eingabedaten mit entsprechenden Berechnungsformeln ein Programm zur Ermittlung von Kennzahlen erstellt werden. Die ausgewählten Kennzahlen sollen Aussagen über die Vermögens- und Kapitalstruktur, die Liquiditäts- und Erfolgslage sowie über die Deckungsrelationen und die Aktivitätsstruktur der Unternehmen ermöglichen.

(2) Problemlösung - gedanklich / theoretisch

Grundlage zur Erarbeitung des Datenerfassungsschemas sind die Gliederungen des § 266 HGB für die Bilanz und des § 275 HGB für die Gewinn- und Verlustrechnung. Die rechtlich vorgeschriebene Reihenfolge soll für die Inputerfassung beibehalten werden, da dadurch eine rationelle Erfassung der Jahresabschlußdaten von

Unternehmen aus unterschiedlichen Branchen gewährleistet zu sein scheint. Zu den Grundvorschriften sollen die Vorschriften über die Gliederung und Erweiterung einzelner Positionen (Forderungen, Verbindlichkeiten, Rechnungsabgrenzungsposten, Sonderposten mit Rücklageanteil) weitgehend berücksichtigt werden (vgl. §§ 268ff. HGB).

Bei der Erstellung des Eingabeprogramms sind Eingabefelder für drei Jahresabschlüsse vorzusehen. Die Kennzahlenberechnung soll unter Berücksichtigung der in der Problemstellung vorgegebenen Gliederung erfolgen.

Zur Beschreibung der Vermögensstruktur werden die Kennziffern Anlage- und Umlaufintensität bestimmt:

$$\text{Anlageintensität} = \frac{\text{Anlagevermögen} * 100}{\text{Bilanzsumme}}$$

$$\text{Umlaufintensität} = \frac{\text{Umlaufvermögen} * 100}{\text{Bilanzsumme}}$$

Die Eingabedaten zur Berechnung der Kennzahlen können direkt aus der Bilanz übertragen werden. Das Anlagevermögen setzt sich zusammen aus dem immateriellen Vermögen, den Sachanlagen und den Finanzanlagen. Das Umlaufvermögen ergibt sich als Summe der Vorräte, Forderungen, Wertpapiere des Umlaufvermögens und der flüssigen Mittel (Schecks, Kasse, Bankguthaben).

Die Analyse der Kapitalstruktur soll mit den Kennzahlen Verschuldungsgrad und Eigenkapitalquote durchgeführt werden:

$$\text{Verschuldungsgrad} = \frac{\text{Fremdkapital} * 100}{\text{Eigenkapital}}$$

$$\text{Eigenkapitalquote} = \frac{\text{Eigenkapital} * 100}{\text{Gesamtkapital}}$$

Die Summe des Fremdkapitals einer Unternehmung errechnet sich unter Berücksichtigung der Fristigkeit einzelner Positionen aus dem kurz- und langfristigen Fremdkapital:

```
  Verbindlichkeiten, die vor Ablauf 1 Jahr fällig
+ sonstige Verbindlichkeiten
+ kurzfristige Rückstellungen
--------------------------------------------------
= Kurzfristiges Fremdkapital  (FKkurz)
==================================================

  Verbindlichkeiten, die nach Ablauf 1 Jahr fällig
+ halbe Sonderposten mit Rücklageanteil
+ langfristige Rückstellungen
--------------------------------------------------
= Längerfristiges Fremdkapital  (FKlang)
==================================================
```

Die langfristigen Rückstellungen (Pensionsrückstellungen) werden bei obigem Berechnungsschema in voller Höhe als Fremdkapital verrechnet. Obwohl diese Position rechtlich tatsächlich Schulden der Unternehmung darstellen, wird sie nicht selten auch wie Eigenkapital eingestuft, da Pensionsrückstellungen ähnlich langfristig zur Verfügung stehen, wenn die Pensionszahlungen nicht die Zuführungen zu den Rückstellungen übersteigen.

Die Liquiditätslage der Unternehmen soll mit Hilfe der Liquiditätsgrade 1,2 und 3 untersucht werden.

$$\text{Liquidität 1. Grades} = \frac{\text{Schecks+Kasse+Bankguthaben}}{\text{Kurzfristiges Fremdkapital}} * 100$$

$$\text{Liquidität 2. Grades} = \frac{\text{Monetäres Umlaufvermögen}}{\text{Kurzfristiges Fremdkapital}} * 100$$

$$\text{Liquidität 3. Grades} = \frac{\text{Umlaufvermögen (kurzfristig)}}{\text{Kurzfristiges Fremdkapital}} * 100$$

Das kurzfristige Fremdkapital ist bereits oben bestimmt worden. Das monetäre Umlaufvermögen ergibt sich aus der Differenz von Umlaufvermögen und Vorräten. Bei der Ermittlung des kurzfristigen Umlaufvermögens sind Positionen, die nicht innerhalb eines Jahres liquidiert werden, vom gesamten Umlaufvermögen abzuziehen.

Die Deckungsgrade A und B sollen als Maßstäbe zur Analyse der fristenkongruenten Finanzierung berechnet werden:

$$\text{Deckungsgrad A} = \frac{\text{Eigenkapital}}{\text{Anlagevermögen}} * 100$$

$$\text{Deckungsgrad B} = \frac{\text{Eigenkapital+Langfristiges Fremdkapital}}{\text{Anlagevermögen}} * 100$$

Die Bestimmung der Eingabedaten für die Deckungsgrade wurde oben erläutert.

Zur Analyse des Erfolges werden die Eigen- und Gesamtkapitalrentabilität, der Leverage-Faktor und der Cash Flow berechnet.

$$\text{Gesamtkapitalrentabilität} = \frac{\text{Jahresüberschuß + Zinsaufwand}}{\text{Gesamtkapital}} * 100$$

$$\text{Eigenkapitalrentabilität} = \frac{\text{Jahresüberschuß}}{\text{Eigenkapital}} * 100$$

$$\text{Leverage-Faktor} = \frac{\text{Eigenkapitalrentabilität}}{\text{Gesamtkapitalrentabilität}} * 100$$

Die Inputdaten zur Bestimmung der Rentabilitätskennziffern werden, soweit es sich um die Zählerpositionen handelt, aus der Gewinn- und Verlustrechnung übernommen. Im Rahmen der externen Analyse kann der Cash Flow nach folgendem Berechnungsschema bestimmt werden:

```
  Jahresüberschuß
+ Abschreibungen
  (./. Zuschreibungen)
+ Zuführung zu den langfristigen Rückstellungen
  (./. Verminderung der langfristigen Rückstellungen)
----------------------------------------------------
= Cash Flow
===========
```

Zur Beschreibung der Aktivität der Unternehmen sollen die durchschnittliche Lagerbindung, der Sachanlagenumschlag, die Investitionsquote, die Inanspruchnahme des kurzfristigen Fremdkapitals und das Verhältnis von Cash Flow zur Betriebsleistung berechnet werden:

```
                    Vorräte * 12
Lagerbindung = --------------
                  Umsatzerlöse

                           Umsatzerlöse
Sachanlagenumschlag = --------------
                           Sachanlagen

                        Veränderung d. Sachanlagen + Abschreibung
                        auf Sachanlagen
Investitionsquote = ------------------------------------------
                                   Umsatzerlöse

                                     Cash Flow
Cash Flow/Betriebsleistung = -----------------------------
                                Ergebnis der gewöhnlichen
                                Geschäftstätigkeit
```

Die meisten Inputdaten zur Berechnung der Aktivitätskennziffern können direkt aus der Bilanz bzw. Gewinn- und Verlustrechnung übernommen werden. Das hier verwendete Berechnungsschema zur Bestimmung des Cash Flow und des kurzfristigen Fremdkapitals wurde oben erläutert. Die Veränderung der Sachanlagen ergibt sich aus der Differenz der Sachanlagen zweier aufeinander folgender Jahre.

(3) Problemlösung - praktisch/PC-gestützt

Das PC-gestützte Kennzahlenanalysemodell soll mit Hilfe der Tabellenkalkulation unter Anwendung von Multiplan erarbeitet werden. Die einzelnen Programmierschritte können an den Teilelementen des Gesamtmodells in Abb. 31 bis 34 verfolgt werden.

Mit der Bearbeitung der Problemstellung werden folgende Befehle, Funktionen und Gestaltungstechniken erklärt:

Befehle

- Eingabe von Texten
- Eingabe von Werten und Formeln
- Formatierung von Spalten
- Eingabesperren zum Schutz programmierter Formeln
- Bestimmung des Druckformats
- Kopieren von Zellinhalten
- Ausdruck von Berechnungsformeln

Funktionen

- o Verwendung der Summenfunktion
- o Anwendung von Variablennamen

Gestaltungstechniken

- o Aufbau von Datenerfassungstabellen
- o Strukturierung von Berechnungstabellen

1. Schritt: Aufruf des Programms und Formatierung der Spalten

Das Tabellenkalkulationsprogramm wird von der DOS-Ebene mit dem Befehl **MP** gestartet. Es erscheint anschließend das leere Arbeitstableau (vgl. Abb. 30).

```
#1        1        2        3        4        5        6        7
  1
  2
  3
  4
  5
  6
  7
  8
  9
 10
 11
 12
 13
 14
 15
 16
 17
 18
 19
 20
COMMAND: Alpha Blank Copy Delete Edit Format Goto Help Insert Lock Mo
         Name Options Print Quit Sort Transfer Value Window Xternal
Select option or type command letter
```

Abb. 30: Ausschnitt aus dem Multiplan-Arbeitstableau

Das gesamte Modell zur Berechnung der oben aufgeführten Kennziffern besteht aus drei Elementen:

- Eingabetabelle für die aktiven und passiven Bilanzpositionen
- Eingabetabelle für die Gewinn- und Verlustrechnung
- Berechnungstabelle für die Kennzahlenermittlung

Die drei Tabellen sollen jeweils insgesamt 11 Spalten umfassen, wobei Spalte 1 und 2 als Eingangsspalte zur Kennzeichnung der

Tabellenpositionen dienen. Spalte 3, 5, 7, 9 und 11 sollen zur Abgrenzung der Spalten und 4, 6 und 8 als Eingabe- bzw. Berechnungsspalten vorgesehen werden. In Spalte 10 werden die Abkürzungen der Namen einzelner Inputwerte (vgl. Schritt 5) eingetragen.

Mit dem Format-Befehl werden zunächst die Spalten auf die erforderliche Breite formatiert. Standardmäßig ist in Multiplan die Spaltenbreite auf 10 Zeichen eingestellt. Durch entsprechende Formatierung kann die "default"-Einstellung in minimal 3 und maximal 32 Zeichen je Spalte geändert werden. Die allgemeine Befehlsfolge zur Formatierung der Spaltenbreite lautet: Format, Breite, Eingabe der Spaltenbreite, von Spaltennummer, bis Spaltennummer, R-Taste.

Neben der Eingabe der gewünschten Spaltenbreite kann also auch der Bereich der zu formatierenden Spalten (von-bis) angegeben werden. Dadurch wird eine weitgehende Flexibilität bei der Gestaltung der Tabellen erreicht.

Zur Formatierung der drei Tabellenelemente sollen die Spalten 1 auf 32 sowie 3, 5, 7, 9 und 11 auf drei Zeichen geändert werden. Die speziellen Befehlsfolgen dazu lauten:
Format, **B**reite, **32**, **1**, **1**, R-Taste
Format, **B**reite, **3**, **3**, **3**, R-Taste
Die letzte Befehlsfolge ist für die Spalten 5, 7, 9 und 11 zu wiederholen. Nach Ausführung der Befehle werden die Spalten 1 bis 7 am Bildschirm in geänderter Form angezeigt.

2. Schritt: Eingabe der Textelemente in die Eingangszeile und -spalte der Datenerfassungstabellen

Mit dem Befehl TEXT können die erforderlichen Spalten- und Zeilenbezeichnungen der Arbeitstabellen eingelesen werden. So wird z. B. in Feld Z1S1 die Gesamtüberschrift der ersten Teiltabelle ("Bilanz") eingegeben mit:
Text, **BILANZ**, R-Taste

Die Teilüberschrift ("AKTIVA" und die Jahreszahlen) werden entsprechend eingetragen, dazu ist lediglich der Cursor auf die jeweiligen Zellen zu positionieren und die Textfunktion aufzurufen (vgl. Abb. 31).

In Z3S3 wird die erste Spaltenbegrenzung (I) eingegeben:
Text, **I**, R-Taste
Die zentrische Ausrichtung der Spaltenbegrenzung erfolgt anschließend mit dem Befehl:
Format, **Zelle**, T-Taste, **Mitte**, R-Taste
und kann in die Zielfelder kopiert werden:
Kopie, **von**, **Z3S5;Z3S7;Z3S9;Z3S11**,R-Taste

Zeile vier wird zur Unterstreichung der Tabellenüberschrift belegt. Der Cursor wird dazu auf Z4S1 positioniert, anschließend kann der Unterstreichungsstrich in entsprechender Anzahl eingegeben werden. Um diese Eingabe für die nachfolgenden Felder zu vereinfachen, kann der Zellinhalt von Z4S1 in die Felder Z4S2 bis Z4S11 kopiert werden. Die entsprechende Befehlsfolge lautet:
Kopie, **Rechts**, **10**, T-Taste, **Z4S2**
Die Eingabe der Ziffer 10 bewirkt die Erzeugung von 10 Kopien, wobei Z4S2 das erste Zielfeld kennzeichnet.

In die Eingangspalte können anschließend die Textelemente entsprechend dem vorgesehenen Gliederungsschema eingegeben werden. Dabei ist zu beachten, daß die Spaltenbreite (32 Zeichen) nicht immer zur Wiedergabe des gesamten Textes ausreicht. Wenn z. B. in Feld Z6S1 nach Aufruf der Textfunktion "A. AUFWEND.F.INGANGSETZUNG O. ERWEITERUNG" eingegeben wird, erscheint am Bildschirm lediglich "A. AUFWEND.F.INGANGSETZUNG O. ERW" der Rest kann aufgrund der begrenzten Spaltenbreite nicht wiedergegeben werden. Allerdings kann diese Begrenzung umgangen werden, indem der restliche Text in das nächste Feld übertragen wird. Die Spalte 2 ist für diesen Zweck bei der Strukturierung der Tabelle vorgesehen worden, um weitgehend Abkürzungen in der Zeilenbeschriftung zu vermeiden, da nunmehr 42 Zeichen zur Verfügung stehen. Der entsprechende Befehl zur gleichzeitigen Formatierung aller Felder der Spalte 1 und 2 lautet:
Format, **Felder**, R-Taste, **Z1S1:Z255S2**, T-Taste, T-Taste, **Zusamm**, R-Taste
Nach Ausführung dieser Befehlsfolge können in den Feldern der

	1	2	3	4	5	6	7	8	9	10	11
1	BILANZ										
2											
3	AKTIVA		I	1987	I	1986	I	1985	I	Namen	I
4	--								I	----------	I
5			I		I		I		I		I
6	A. AUFWEND.F.INGANGSETZUNG O. ERWEITERUNG		:		I		I		I		I
7			I		I		I		I		I
8	B. ANLAGEVERMÖGEN:		I	0	I	0	I	0	I	AVjahr	I
9			I		I		I		I		I
10	I. Immaterielles Vermögen:		I	0	I	0	I	0	I	IVjahr	I
11	1. Konzessionen,Schutz- u.ä. Rechte		:		I		I		I		I
12	2. Geschäfts- oder Firmenwert		:		I		I		I		I
13	3. geleistete Anzahlungen		:		I		I		I		I
14			I		I		I		I		I
15	II. Sachanlagen:		I	0	I	0	I	0	I	SAjahr	I
16	1. Grundstücke und Bauten		:		I		I		I		I
17	2. techn. Anlagen u. Maschinen		:		I		I		I		I
18	3. Betriebs-u.Geschäftsausst.		:		I		I		I		I
19	4. geleist.Anzahlungen.u. Anlagen i.Bau		:		I		I		I		I
20			I		I		I		I		I
21	III.Finanzanlagen:		I	0	I	0	I	0	I	FAjahr	I
22	1. Anteile a. verbundene Unternehmen		:		I		I		I		I
23	2. Ausleihungen a. verb. Unternehmen		:		I		I		I		I
24	3. Beteiligungen		:		I		I		I		I
25	4. Ausleihungen m. Beteiligungsverhältnis		:		I		I		I		I
26	5. Wertpapiere des Anlagevermögens		:		I		I		I		I
27	6. sonstige Ausleihungen		:		I		I		I		I
28			I		I		I		I		I
29	C. UMLAUFVERMÖGEN		I	0	I	0	I	0	I	UVjahr	I
30			I		I		I		I		I
31	I. Vorräte		I	0	I	0	I	0	I	VOjahr	I
32	1. Roh-,Hilfs-u.Betriebsstoffe		:		I		I		I		I
33	2. unfertige Erzeugnisse		:		I		I		I		I
34	3. fertige Erzeugnisse		:		I		I		I		I
35	4. geleistete Anzahlungen		:		I		I		I		I
36			I		I		I		I		I
37	II. Forderungen u. sonst.Vermögensgegenst.		I	0	I	0	I	0	I	FOjahr	I
38	1. Ford. a. Lieferungen u. Leistungen		:		I		I		I		I
39	davon m. Restlaufzeit > 1 Jahr		:		I		I		I		I
40	2. Ford. gegen verb. Unternehmen		:		I		I		I		I
41	davon m. Restlaufzeit > 1 Jahr		:		I		I		I		I
42	3. Ford.g.Untern.m.Beteiligungsverhältnis		:		I		I		I		I
43	davon m. Restlaufzeit > 1 Jahr		:		I		I		I		I
44	4. sonstige Vermögensgegenstände		:		I		I		I		I
45			I		I		I		I		I
46	III. Wertpapiere:		I	0	I	0	I	0	I	WEjahr	I
47	1. Anteile an verbunden Unternehmen		:		I		I		I		I
48	2. eigene Anteile		:		I		I		I		I
49	3. sonstige Wertpapiere		:		I		I		I		I
50			I		I		I		I		I
51	IV. Schecks, Kasse, Bankguthaben		:		I		I		I	SKBjahr	I
52			I		I		I		I		I
53	D. RECHNUNGSABGRENZUNGSPOSTEN		:		I		I		I	ARAjahr	I
54			I		I		I		I		I
55	E. NICHT D. EIGENK. GEDECKTER FEHLBETRAG		I		I		I		I		I
56			I		I		I		I		I
57	SUMME DER AKTIVA		I	0	I	0	I	0	I		I
58	==								I		I

Abb. 31: Datenerfassungsschema der Bilanz (AKTIVA)

Spalte 1 jeweils 42 Zeichen eingegeben und am Bildschirm dargestellt werden. In den Zeilen 6 bis 56 der Spalte 1 werden nun nacheinander alle aktivischen Bilanzpositionen eingetragen. Zeile 57 dient der Summenbildung und Zeile 58 der Unterstreichung bzw. Abgrenzung von Aktiva und Passiva. In Zeile 60 wird nach gleichem Muster, wie oben beschrieben die Überschrift der passivischen Bilanzpositionen eingegeben. In den nachfolgenden Zeilen erfolgt dann die Eingabe der Passiva (vgl. Abb. 32). Von Zeile 108 bis 145 werden anschließend die Überschrift und die Positionen der Gewinn- und Verlustrechnung nach dem Gesamtkostenverfahren (vgl. Abb. 33a) eingetragen. Abb. 33b gibt das optionale GuV-Datenerfassungsschema nach dem Umsatzkostenverfahren wieder.

3. Schritt: Erzeugung der Spaltenbegrenzungen

Spalte 3, 5, 7, 9 und 11 sind zur Begrenzung der einzelnen Tabellenelemente vorgesehen. In Z3S3 wurde bereits eine Spaltenbegrenzung (I) eingegeben und formatiert sowie anschließend in die entsprechenden Felder der Zeile 3 kopiert. Der Zellinhalt kann unter Verwendung der Kopierfunktion in beliebige Zielzellen übertragen werden. So wird z. B. mit dem Befehl
Kopie, von, Z3S3, T-Taste, **Z5S3:Z231S3**
der Feldinhalt von Z3S3 in die Zellen von Z5 bis Z231 der Spalte 5 kopiert. Entweder ist dieser Kopierbefehl für die entsprechenden anderen Zellen der Spalten 5, 7, 9 und 11 zu wiederholen oder durch die Angabe mehrerer Zielbereichadressen in einem Befehl wie folgt zu vereinfachen:
Kopie, von, Z3S3, T-Taste,
Z5:Z231S5,Z5:Z231S7,Z5:Z231S9,Z5:Z231S11, R-Taste
Nach der Ausführung dieses Befehls ist der strukturelle Aufbau der Eingabetabellen abgeschlossen und die ersten Berechnungsfunktionen können eingegeben werden.

4. Schritt: Eingabe von Berechnungsformeln in den Datenerfassungstabellen unter Verwendung der Standardfunktion SUMME

Neben der Erfassung der Jahresabschlußdaten sollen die Eingabe-

	1	2	3	4	5	6	7	8	9	10	11
60	PASSIVA		I	1987	I	1986	I	1985	I		I
61	--								I		I
62			I		I		I		I		I
63	A. EIGENKAPITAL		I	0	I	0	I	0	I	EKjahr	I
64	I. Gezeichnetes Kapital		:		I		I		I		I
65			I		I		I		I		I
66	II. Kapitalrücklage		:		I		I		I		I
67			I		I		I		I		I
68	III. Gewinnrücklage:		I		I		I		I		I
69	1. gesetzliche Rücklagen		:		I		I		I		I
70	2. Rücklage für eigene Anteile		:		I		I		I		I
71	3. satzungsmäßige Rücklagen		:		I		I		I		I
72	4. andere Gewinnrücklagen		:		I		I		I		I
73			I		I		I		I		I
74	IV. Bilanzgewinn / -verlust:		:		I		I		I		I
75			I		I		I		I		I
76	B. SONDERPOSTEN M. RÜCKLAGEANTEIL		:		I		I	SRjahr	I		I
77			I								I
78	C. RÜCKSTELUNGEN		I	0	I	0	I	0	I	RÜjahr	I
79	1. Rückst. für Pensionen u.ä.Verpflichtg.		:		I		I		I	PRjahr	I
80	2. Steuerrückstellungen		:		I		I		I		I
81	3. sonstige Rückstellungen		:		I		I		I		I
82			I		I		I		I		I
83	D. VERBINDLICHKEITEN		I	0	I	0	I	0	I	VBjahr	I
84	1. Anleihen, davon konvertibel		:		I		I		I		I
85	davon m. Restlaufzeit <= 1 Jahr		:		I		I		I		I
86	2. Verbindlichkeiten g. Kreditinstituten		:		I		I		I		I
87	davon m. Restlaufzeit <= 1 Jahr		:		I		I		I		I
88	3. erhaltene Anzahlungen a. Bestellungen		:		I		I		I		I
89	davon m. Restlaufzeit <= 1 Jahr		:		I		I		I		I
90	4. Verbindl. a. Lieferungen u. Leistungen		:		I		I		I		I
91	davon m. Restlaufzeit <= 1 Jahr		:		I		I		I		I
92	5. Verbindl.a.A.Wechsel/Aust.eig. Wechsel		:		I		I		I		I
93	davon m. Restlaufzeit <= 1 Jahr		:		I		I		I		I
94	6. Verbindl. gegenü. verb. Unternehmen		:		I		I		I		I
95	davon m. Restlaufzeit <= 1 Jahr		:		I		I		I		I
96	7. Verbindl. g.U. mit Beteiligungsv.		:		I		I		I		I
97	davon m. Restlaufzeit <= 1 Jahr		:		I		I		I		I
98	8. sonstige Verbindlichkeiten		:		I		I		I		I
99	davon aus Steuern		:		I		I		I		I
100	davon im Rahmen der soz. Sicherheit		:		I		I		I		I
101			I		I		I		I		I
102	E. RECHNUNGSABGRENZUNGSPOSTEN		:		I		I		I	PRAjahr	I
103			I		I		I		I		I
104	SUMME DER PASSIVA		I	0	I	0	I	0	I	GKjahr	I
105	==										I

Abb. 32: Datenerfassungsschema der Bilanz (PASSIVA)

	1	2	3	4	5	6	7	8	9	10	11
106									I		I
107	GEWINN- UND VERLUSTRECHNUNG										I
108	Anwendung des Gesamtkostenverfahrens		I	1987	I	1986	I	1985	I		I
109	----------								-I		I
110	1. Umsatzerlöse		I		I		I		I	UEjahr	I
111	2. Bestanderhöhung o. -verminderung		:		I		I		I		I
112	3. andere aktivierte Eigenleistungen		:		I		I		I		I
113	4. sonstige betriebliche Erträg		:		I		I		I		I
114	5. Materialaufwand:		I		I		I		I		I
115	a. Roh-, Hilfs-u. Betriebsstoffe		:		I		I		I		I
116	b. Aufwendungen für bezogene Leist.		:		I		I		I		I
117	6. Personalaufwand		I		I		I		I		I
118	a. Löhne und Gehälter		:		I		I		I		I
119	b. soziale Abgaben		:		I		I		I		I
120	davon für Alterversorgung		:		I		I		I		I
121	7. Abschreibungen		I		I		I		I		I
122	a. auf Immaterielle- u. Sachanlagen		:		I		I		I	AAVjahr	I
123	b. auf Umlaufvermögen		:		I		I		I		I
124	8. sonstige betriebliche Aufwendungen		:		I		I		I		I
125	9. Erträge aus Beteiligungen		:		I		I		I		I
126	davon aus verb. Unternehmen		:		I		I		I		I
127	10. Erträge aus anderen Finanzanlagen		:		I		I		I		I
128	davon aus verb. Unternehmen		:		I		I		I		I
129	11. sonstige Zinsen u.ä. Erträge		:		I		I		I		I
130	davon aus verb. Unternehmen		:		I		I		I		I
131	12. Abschr. auf Finanzanl. u. Wertpap.d.UV		:		I		I		I		I
132	13. Zinsen u. ä. Aufwendungen		:		I		I		I	FKZjahr	I
133	davon an verb. Unternehmen		:		I		I		I		I
134	14. Ergebnis d. gewöhnl. Geschäftstätigk.		:		I		I		I	EGGjahr	I
135	15. außerordentliche Erträge		:		I		I		I		I
136	16. außerordentliche Aufwendungen		:		I		I		I		I
137	17. außerordentliches Ergebnis		:		I		I		I		I
138	18. EEV-Steuern		:		I		I		I		I
139	19. sonstige Steuern		:		I		I		I		I
140	20. Jahresüberschuß-/-fehlbetrag		:		I		I		I	JÜjahr	I
141	21. Gewinn-/Verlustvortrag		:		I		I		I		I
142	22. Entnahmen aus Rücklagen		:		I		I		I		I
143	23. Einstellungen in die Rücklagen		:		I		I		I		I
144	24. Bilanzgewinn/-verlust		:		I		I		I		I
145	==========										=I

Abb. 33a: Datenerfassungsschema der GuV (Gesamtkostenverfahren)

	1	2	3	4	5	6	7	8	9	10	11
106									I		I
107	GEWINN- UND VERLUSTRECHNUNG										I
108	Anwendung des Umsatzkostenverfahrens		I	1987	I	1986	I	1985	I		I
109	------------------------------------		----	----	----	----	----	----	-I		I
110	1. Umsatzerlöse		:		I		I		I	UEjahr	I
111	-2. Herstellungskosten f. Leist. d. Umsatz		:		I		I		I		I
112	A3. Bruttoergebnis vom Umsatz		:		I		I		I		I
113	-4. [illegible]ebsko[illegible]		:		I		I		I		I
114	5. [illegible]meine Verwaltungskosten		I		I		I		I		I
115	6. sonstige betriebliche Erträge		I		I		I		I		I
116	7. sonstige betriebliche Aufwendungen		:		I		I		I		I
117	8. Erträge aus Beteiligungen		:		I		I		I		I
118	davon aus verb. Unternehmen		:		I		I		I		I
119	9. Erträge aus anderen Finanzanlagen		:		I		I		I		I
120	davon aus verb. Unternehmen		:		I		I		I		I
121	10. sonstige Zinsen u.ä. Erträge		:		I		I		I		I
122	davon aus verb. Unternehmen		:		I		I		I		I
123	11. Abschr. auf Finanzanl. u. Wertpap.d.UV		:		I		I		I		I
124	12. Zinsen u. ä. Aufwendungen		:		I		I		I	FKZjahr	I
125	davon an verb. Unternehmen		:		I		I		I		I
126	13. Ergebnis d. gewöhnl. Geschäftstätigk.		:		I		I		I	EGGjahr	I
127	14. außerordentliche Erträge		:		I		I		I		I
128	15. außerordentliche Aufwendungen		:		I		I		I		I
129	16. außerordentliches Ergebnis		:		I		I		I		I
130	17. EEV-Steuern		:		I		I		I		I
131	18. sonstige Steuern		:		I		I		I		I
132	19. Jahresüberschuß-/-fehlbetrag		:		I		I		I	JÜjahr	I
133	21. Gewinn-/Verlustvortrag		:		I		I		I		I
134	22. Entnahmen aus Rücklagen		:		I		I		I		I
135	23. Einstellungen in die Rücklagen		:		I		I		I		I
136	24. Bilanzgewinn/-verlust		:		I		I		I		I
137	====================================		====	====	====	====	====	====	====	====	=I
138	Abschreibungen lt. Anlage		:		I		I		I	AAVjahr	I
139	====================================		====	====	====	====	====	====	====	====	I

Abb. 33b: Datenerfassungsschema der GuV (Umsatzkostenverfahren)

```
                     1                    2      3      4      5      6      7      8      9    10       11
146                                                                                        I              I
147 KENNZAHLENBERECHNUNG für die Jahre:          I    1987     I    1986     I    1985     I              I
148 ------------------------------------------------------- I ---------- I ---------- I ---------- I
149 Kennziffer                         Formel    I             I             I             I Dimension    I
150 ---------------------------------------------------------------------------------- I ---------- I
151 1. Vermögensstruktur                         I             I             I             I              I
152                                 AV * 100     I             I             I             I              I
153 a) Anlageintensität            ---------- :     DIV/0!     I   DIV/0!    I   DIV/0!    I     %        I
154                                    GK        I             I             I             I              I
155                                              I             I             I             I              I
156                                 UV * 100     I             I             I             I              I
157 b) Umlaufintensität            ---------- :     DIV/0!     I   DIV/0!    I   DIV/0!    I     %        I
158                                    GK        I             I             I             I              I
159                                              I             I             I             I              I
160 2. Kapitalstruktur                           I             I             I             I              I
161                                 FK * 100     I             I             I             I              I
162 a) Verschuldungsgrad           ---------- :     DIV/0!     I   DIV/0!    I   DIV/0!    I     %        I
163                                    EK        I             I             I             I              I
164                                              I             I             I             I              I
165                                 EK * 100     I             I             I             I              I
166 b) Eigenkapitalquote           ---------- :     DIV/0!     I   DIV/0!    I   DIV/0!    I     %        I
167                                    GK        I             I             I             I              I
168                                              I             I             I             I              I
169 3. Liquidität                  (FKkurz)      I     0,00    I     0,00    I     0,00    I     DM       I
170                                              I             I             I             I              I
171                                 SKB * 100    I             I             I             I              I
172 a) Liquidität 1.Grades         ---------- :     DIV/0!     I   DIV/0!    I   DIV/0!    I     %        I
173                                  FKkurz      I             I             I             I              I
174                                              I             I             I             I              I
175                          (SKB+We+Fo)*100     I             I             I             I              I
176 b) Liquidität 2.Grades         ---------- :     DIV/0!     I   DIV/0!    I   DIV/0!    I     %        I
177                                  FKkurz      I             I             I             I              I
178                                              I             I             I             I              I
179                                 UV * 100     I             I             I             I              I
180 c) Liquidität 3.Grades         ---------- :     DIV/0!     I   DIV/0!    I   DIV/0!    I     %        I
181                                  FKkurz      I             I             I             I              I
182                                              I             I             I             I              I
183 4. Deckungsrelationen          (FKlang)      :     0,00    I     0,00    I     0,00    I     DM       I
184                                              I             I             I             I              I
185                                 EK * 100     I             I             I             I              I
186 a) Deckungsgrad A              ---------- :     DIV/0!     I   DIV/0!    I   DIV/0!    I     %        I
187                                    AV        I             I             I             I              I
188                                              I             I             I             I              I
189                           (EK+FKlang)100     I             I             I             I              I
190 b) Deckungsgrad B              ---------- :     DIV/0!     I   DIV/0!    I   DIV/0!    I     %        I
191                                    AV        I             I             I             I              I
```

Abb. 34: Struktur des Kennzahlenberechnungsprogramms

```
192                                            I          I          I          I          I
193 5. Erfolgskennzahlen                       I          I          I          I          I
194                                            I          I          I          I          I
195                           (JÜ+FKzins)100   I          I          I          I          I
196 a) Gesamtkapitalrentabilität  ----------   :  DIV/0!  I  DIV/0!  I  DIV/0!  I     %    I
197                                       GK   I          I          I          I          I
198                                            I          I          I          I          I
199                                 JÜ * 100   I          I          I          I          I
200 b) Eigenkapitalrentabilität   ----------   :  DIV/0!  I  DIV/0!  I  DIV/0!  I     %    I
201                                       EK   I          I          I          I          I
202                                            I          I          I          I          I
203                                 JÜ * 100   I          I          I          I          I
204 c) Umsatzrentabilität         ----------   :  DIV/0!  I  DIV/0!  I  DIV/0!  I     %    I
205                                       UE   I          I          I          I          I
206                                            I          I          I          I          I
207                                            I          I          I          I          I
208 c) Cash Flow                 JÜ+AAV+dPr    :    0,00  I    0,00  I          I CFjahr (DM I
209                                            I          I          I          I          I
210 6. Aktivitätskennzahlen                    I          I          I          I          I
211                                            I          I          I          I          I
212                                       VO   I          I          I          I          I
213 a) Lagerbindung               ----------   I  DIV/0!  I  DIV/0!  I  DIV/0!  I  Monate  I
214                                  UE / 12   I          I          I          I          I
                  1                        2   3     4    5     6    7     8    9    10   11
215                                            I          I          I          I          I
216                                       UE   I          I          I          I          I
217 b) Sachanlagenumschlag        ----------   I  DIV/0!  I  DIV/0!  I  DIV/0!  I          I
218                                       SA   I          I          I          I          I
219                                            I          I          I          I          I
220                               dSA + AAV    I          I          I          I          I
221 c) Investitionsquote          ----------   I  DIV/0!  I  DIV/0!  I          I          I
222                                       UE   I          I          I          I          I
223                                            I          I          I          I          I
224                                   FKkurz   I          I          I          I          I
225 d) FKkurz-Inanspruchnahme     ----------   I  DIV/0!  I  DIV/0!  I  DIV/0!  I  Monate  I
226                                  UE / 12   I          I          I          I          I
227                                            I          I          I          I          I
228                                       CF   I          I          I          I          I
229 e) Cash-Flow/Betriebsleistung ----------   I  DIV/0!  I  DIV/0!  I  DIV/0!  I          I
230                                      EGG   I          I          I          I          I
231                                            I          I          I          I          I
232 ========================================================================================I
```

(Fortsetzung der Abb. 34: Struktur des Kennzahlenberechnungs-programms)

tabellen zur Konsolidierung einzelner Positionen genutzt werden. Im Rahmen der Kennzahlenberechnung werden später zusammengefaßte Größen verarbeitet. So erfordert z. B. die Anlageintensität die Summe aller Anlagepositionen, die sich aus Sach- und Finanzanlagen und aus immateriellem Vermögen zusammensetzt. Am Beispiel des Anlagevermögens wird hier die Addition einzelner Positionen dargestellt. Alle übrigen Additionsvorgänge (alle Postitionen der Bilanz, die in den Abbildungen 31 und 32 den Wert 0 aufweisen) sind analog zu programmieren.

Das immaterielle Vermögen (Bilanzposition B.I.) setzt sich aus den Positionen B.I.1 bis B.I.3 zusammen. Zur Summenbildung ist der Cursor in Zelle Z10S4 zu positionieren. Nach Aufruf des Befehls **WERT** erfolgt die Eingabe
SUMME(Z+1S:Z+3S)
Umständlicher wäre hier die Programmierung absoluter Adressen mit der Formel SUMME(Z11S4:Z13S4), da aufgrund der Angabe relativer Adressen (z. B. "Z+1S") die Berechnungsfunktion auch für weitere Eingabefelder genutzt werden kann. Dazu ist der Feldinhalt aus Z10S4 mit dem Kopierbefehl in die Felder Z10S6 bzw. S8 zu übertragen:
Kopie, **R**echts, **Z10S6,Z10S8**, **R-Taste**

Für Sach- und Finanzanlagen sind die oben aufgeführten Befehle unter Modifikation der Berechnungs- bzw. Zieladressen zu wiederholen. Das Anlagevermögen ergibt sich dann aus der Summe der eben berechneten Zellen in Feld Z8S4 bzw. S6 und S8 mit:
SUMME(Z+2S,Z+7S,Z+13S)

Sofern alle Positionen des Umlaufvermögens ebenfalls summiert wurden, kann die Summe der Aktiva in Feld Z57S4 bestimmt und nach Z57S6 bzw. S8 kopiert werden:
(Z-2S+Z-4S+Z-28S+Z-49S+S-51S)

5. Schritt: Kennzeichnung einzelner Feldinhalte mit Namen

Neben der Berechnung sollen die konsolidierten Positionen Namen erhalten, die später bei der Programmierung der Kennzahlen verwendet werden. Die Benennung der Variablen hat den Vorteil, daß

in jeder beliebigen Tabellenposition der aktuelle Wert durch den Aufruf des zuvor bestimmten Namens wiedergegeben wird. In den Abbildungen sind in der letzten Eingabespalte die allgemeinen Namen für die Tabellenpositionen zur Orientierung aufgeführt. So ist z. B. die Tabellenposition Anlagevermögen mit "AVjahr" gekennzeichnet worden. Die Eingabe des Namens wird für die Zelle Z8S4 wie folgt programmiert:
Name, **AV1987**, T-Taste, **Z8S4**, R-Taste

Alle übrigen Variablennamen sind mit der gleichen Befehlsfolge unter Modifikation des Namens und der Bereichsangabe zu programmieren.

6. Schritt: Programmierung des Kennzahlen-Berechnungsprogramms

In Zeile 147 des Arbeitsblattes beginnt die Kennzahlenberechnung (vgl. Abb. 34). Die Spaltenbegrenzungen sind durch die oben erzeugten Kopien bereits vorhanden. Die Zeilen 147 bis 150 dienen der Tabellenüberschrift, die analog der Abbildung nach Aufruf der Textfunktion eingetragen wird. Der Beginn der ersten Kennzahlengruppe wird in Z151S1 durch den Text "**1. Vermögensstruktur**" gekennzeichnet. Die Formel zur Berechnung der Kennzahl Anlagenintensität ist in den Zellen Z152 bis Z154 der zweiten Spalte zur Benutzerorientierung wiedergegeben worden. Da in Multiplan eine halbzeilige Schreibweise nicht möglich ist, muß die Formelbeschreibung über drei Zeilen der Spalte 2 dargestellt werden.

In Z153S4 wird nach Aufruf des Befehls Wert die Berechnungsformel der Anlageintensität unter Verwendung der Variablennamen eingegeben:
AV1987*100/GK1987
Wenn die hier verwendeten Namen im Bilanzerfassungsprogramm gleichlautend belegt sind, erscheint in Z153S4 die Systemmeldung "DIV/0!", da bisher keine numerischen Werte verarbeitet werden können. Gibt das System als Rückmeldung auf die Formeleingabe "NAME?" aus, so wird hiermit angezeigt, daß die programmierten Namen noch nicht definiert wurden. In diesem Fall sind Abweichungen in der Variablenbezeichnung in den Eingabe-

tableaus zu überprüfen. Eine Liste aller definierten Namen erhält man durch den Befehl
Gehezu, Name, Taste "Pfeil nach unten"
Zur Untersuchung der Variablenposition wird nach **Gehezu, Name** der definierte Variablenname (z.B. AV1987) eingegeben. Der Cursor springt anschließend in die entsprechende Zelle der Tabelle. Meldet sich das System mit einem Warnton, so ist der gesuchte Variablenname nicht vorhanden.

Alle weiteren Kennziffern sind unter Verwendung der jeweiligen Variablennamen analog zu programmieren. Eine Übersicht über die Formeleingaben wird in Abb. 35 gegeben, die mit folgenden Befehlsfolgen erzeugt wurde:
(a) **D**ruck, **O**ptionen, **Z144S4:Z223S8**, T-Taste, T-Taste, **Ja**, **Ja**
(b) **D**ruck, **R**andbegrenzung, **5**,T-Taste, **6**,T-Taste, **132**, T-Taste, **54**, T-Taste, **66**, R-Taste
(c) **D**ruck, **D**rucker

Mit der ersten Befehlsfolge werden unter Verwendung des Optionsbefehls der Druckbereich der Tabelle (Z144S4:Z223S8), die Ausgabe der Formeln (erstes "Ja") und die Ausgabe der Zeilen- und Spaltennummern eingestellt. Der zweite Befehl dient der Bestimmung des Druckbildes (5 Zeichen Randbegrenzung links, 6 Zeilen Randbegrenzung oben, Druckbreite 132 Zeichen, Drucklänge 54 Zeilen und Seitenlänge 66 Zeilen). Sofern eine komprimierte Druckausgabe erwünscht wird, ist der Drucker entsprechend den Vorgaben des Herstellers einzustellen.

Schritt 7: Verwaltung des Modells

Um ein unbeabsichtigtes Löschen der programmierten Formeln zu verhindern, sollten sie mit der Befehlsfolge
Schutz, **R**echenformeln, **Ja**
geschützt werden. Nach Eingabe dieses Befehls können keine Änderungen an den Formeln vorgenommen werden. Der Felderschutz kann wieder aufgehoben werden mit den Befehlen
Schutz, **F**elder, **Z153S4:Z229S6**, T-Taste, **U**ngeschützt

Das erstellte Modell kann durch **Ü**bertragen, **S**peichern,

```
144                       " I"                       " I"
145                       " I"                       " I"
146 (AV1987*100)/gk1987   " I"  av1986/gk1986*100    " I"  av1985/gk1985*100
147                       " I"                       " I"
148                       " I"                       " I"
149                       " I"                       " I"
150 uv1987/gk1987*100     " I"  uv1986/gk1986*100    " I"  uv1985/gk1985*100
151                       " I"                       " I"
152                       " I"                       " I"
153                       " I"                       " I"
154                       " I"                       " I"
155 (vb1987+sr1987/2+rü   " I"  (vb1986+sr1986/2+rü  " I"  (vb1985+sr1985/2+rü
    1987)*100/ek1987          1986)*100/ek1986           1985)*100/ek1985
156                       " I"                       " I"
157                       " I"                       " I"
158                       " I"                       " I"
159 (ek1987*100)/gk1987   " I"  (ek1986*100)/gk1986  " I"  (ek1985*100)/gk1985
160                       " I"                       " I"
161                       " I"                       " I"
162 R85C4+R87C4+R89C4+R   " I"  R85C6+R87C6+R89C6+R  " I"  R85C8+R87C8+R89C8+R
    91C4+R93C4+R95C4+R9         91C6+R93C6+R95C6+R9        91C8+R93C8+R95C8+R9
    7C4+R98C4+R80C4+R81         7C6+R98C6+R80C6+R81        7C8+R98C8+R80C8+R81
    C4                          C6                         C8
163                       " I"                       " I"
164                       " I"                       " I"
165 (skb1987*100)/fkk19   " I"  skb1986*100/fkk1986  " I"  skb1985*100/fkk1985
    87
166                       " I"                       " I"
167                       " I"                       " I"
168                       " I"                       " I"
169 (skb1987+we1987+fo1   " I"  (skb1986+we1986+fo1  " I"  (skb1985+we1985+fo1
    987)*100/fkk1987            986)*100/fkk1986           985)*100/fkk1985
170                       " I"                       " I"
171                       " I"                       " I"
172                       " I"                       " I"
173 (uv1987*100)/fkk198   " I"  (uv1986*100)/fkk198  " I"  (uv1985*100)/fkk198
    7                           6                          5
174                       " I"                       " I"
175                       " I"                       " I"
176 vb1987+sr1987/2+rü1   " I"  vb1986+sr1986/2+rü1  " I"  vb1985+sr1985/2+rü1
    987-fkk1987                 986-fkk1986                985-fkk1985
177                       " I"                       " I"
178                       " I"                       " I"
179 (ek1987*100)/AV1987   " I"  (ek1986*100)/av1986  " I"  (ek1985*100)/av1985
180                       " I"                       " I"
181                       " I"                       " I"
182                       " I"                       " I"
183 (ek1987+fkl1987)*10   " I"  (ek1986+fkl1986)*10  " I"  (ek1985+fkl1985)*10
    0/AV1987                    0/av1986                   0/av1985
184                       " I"                       " I"
```

Abb. 35: Listing zum Kennzahlenberechnungsprogramm

```
185                         " I"                        " I"
186                         " I"                        " I"
187                         " I"                        " I"
188                         " I"                        " I"
189 (jü1987+fkz1987)/gk     " I"  (jü1986+fkz1986)/gk   " I"  (jü1985+fkz1985)/gk
    1987                          1986                        1985
190                         " I"                        " I"
191                         " I"                        " I"
192                         " I"                        " I"
193 (jü1987*100)/ek1987     " I"  (jü1986*100)/ek1986   " I"  (jü1985*100)/ek1985
194                         " I"                        " I"
            4                 5             6             7             8
195                         " I"                        " I"
196                         " I"                        " I"
197 jü1987*100/ue1987       " I"  jü1986*100/ue1986     " I"  jü1985*100/ue1985
198                         " I"                        " I"
199                         " I"                        " I"
200                         " I"                        " I"
201 jü1987+aav1987+pr19     " I"  jü1986+aav1986+pr19   " I"
    87-pr1986                     86-pr1985
202                         " I"                        " I"
203                         " I"                        " I"
204                         " I"                        " I"
205                         " I"                        " I"
206 vo1987/(ue1987/12)      " I"  vo1986/(ue1986/12)    " I"  vo1985/(ue1985/12)
207                         " I"                        " I"
208                         " I"                        " I"
209                         " I"                        " I"
210 ue1987/sa1987           " I"  ue1987/sa1987         " I"  ue1987/sa1987
211                         " I"                        " I"
212                         " I"                        " I"
213                         " I"                        " I"
214 (sa1987-sa1986+aav1     " I"  (sa1986-sa1985+aav1   " I"
    987)/ue1987                   986)/ue1986
215                         " I"                        " I"
216                         " I"                        " I"
217                         " I"                        " I"
218 fkk1987/(ue1987/12)     " I"  fkk1986/(ue1986/12)   " I"  fkk1985/(ue1985/12)
219                         " I"                        " I"
220                         " I"                        " I"
221                         " I"                        " I"
222 cf1987/egg1987          " I"  cf1986/egg1986        " I"  cf1985/egg1985
223                         " I"                        " I"
```

(Fortsetzung der Abb. 35: Listing zum Kennzahlenberechnungs-programm)

A:KZMaske auf Diskette (Laufwerk A) unter dem Namen KZMaske **abgespeichert** werden. Bei Abspeicherung auf anderen Laufwerken ist die Laufwerkskennung zu modifizieren.
Zur Dateneingabe sollte das Programm so eingestellt werden, daß das sofortige Rechnen nach jeder Dateneingabe unterdrückt wird, da hiermit der Dateninput beschleunigt werden kann. Mit dem Befehl
Zusätze, Nein
wird Multiplan angewiesen, lediglich die Daten einzulesen. Erst nachdem alle Daten eingegeben sind, erfolgt die Berechnung mit dem Befehl
Zusätze, Ja

(5) Erweiterung und Modifikation des Modells

In das Grundmodell können weitere Kennzahlen eingefügt werden. Eine Begrenzung ist der vorliegenden Version MP1.1 durch die vorhandenen 255 Zeilen gegeben, wenn die vorgesehene vertikale Tabellenstruktur beibehalten wird.

Die Spaltenbegrenzung (63 Spalten je 10 Zeichen) ermöglicht hingegen hier weitere Text oder Berechnungsfelder vorzusehen. So ist es z. B. denkbar, den Trend einzelner Kennzahlen zu berechnen oder den prozentualen Anteil einzelner Bilanz- bzw. GuV-Positionen an einer bestimmten Basisgröße (z. B. Bilanzsumme) zu bestimmen.

(6) Übungen

Aufgabe 2
Geben Sie die nachfolgend aufgeführte Bilanz und GuV-Rechnung in das Datenerfassungschema ein und speichern Sie das Modell unter KZProbe ab.

Aufgabe 3
Erzeugen Sie einen Ausdruck der berechneten Kennzahlen.

Aufgabe 4

Erweitern Sie das Modell durch die Berechnung der prozentualen Anteile der Positionen A, B, C, D, und E an der Bilanzsumme.

Bilanz der Schering AG (in Tausend DM)

Aktiva	Anhang	31. 12. 1986		31. 12. 1985	
Immaterielle Vermögensgegenstände	(7)		**1.525**		**2.135**
Sachanlagen	(8)		**865.826**		**800.704**
Anteile an verbundenen Unternehmen	(9)	761.023		773.419	
Übrige Finanzanlagen	(10)	95.058		82.796	
Finanzanlagen			**856.081**		**856.215**
Anlagevermögen	(6)		**1.723.432**		**1.859.054**
Vorräte	(11)		**689.822**		**724.049**
Forderungen aus Lieferungen und Leistungen	(12)	172.108		189.626	
Forderungen gegen verbundene Unternehmen	(13)	298.260		348.844	
Übrige Forderungen und Vermögensgegenstände	(14)	134.385		101.647	
Forderungen und sonstige Vermögensgegenstände			**604.753**		**640.117**
Wertpapiere	(15)	**615.933**		**388.673**	
Flüssige Mittel	(16)	**5.595**		**37.258**	
			621.528		**425.931**
Umlaufvermögen			**1.915.903**		**1.790.097**
			3.639.335		**3.449.151**

Passiva	Anhang	31. 12. 1986		31. 12. 1985	
Gezeichnetes Kapital*)	(17)	**283.001**		**283.000**	
Kapitalrücklage	(18)	**526.530**		**526.527**	
Gewinnrücklage	(19)	**328.000**		**288.000**	
Bilanzgewinn		**67.920**		**64.365**	
Eigenkapital			**1.205.451**		**1.161.892**
Sonderposten mit Rücklageanteil	(20)		**446.732**		**421.861**
Rückstellungen für Pensionen und ähnliche Verpflichtungen		923.353		834.644	
Übrige Rückstellungen	(21)	422.251		421.000	
Rückstellungen			**1.345.604**		**1.255.644**
Verbindlichkeiten mit einer Restlaufzeit von mehr als 5 Jahren	(22)	22.321		21.375	
Übrige Verbindlichkeiten	(23)	619.227		588.379	
davon mit einer Restlaufzeit bis zu einem Jahr 520.104					
Verbindlichkeiten	(24)		**641.548**		**609.754**
			3.639.335		**3.449.151**

Abb. 36: Bilanz der Schering AG
Quelle: Schering AG, Geschäftsbericht 1986, S. 40 f.

Gewinn- und Verlustrechnung der Schering AG (in Tausend DM)

	Anhang	1986	19
Umsatzerlöse	(26)	**2.205.895**	**2.201.1**
Kosten der umgesetzten Leistungen	(27)	·/. 1.118.237	·/. 1.063.9
Bruttoergebnis vom Umsatz	(27)	**1.087.658**	**1.137.2**
Kosten für			
Vertrieb		·/. 404.743	·/. 374.8
Verwaltung		·/. 302.966	·/. 301.6
Forschung und Entwicklung		·/. 378.295	·/. 381.5
Sonstige betriebliche Erträge	(28)	418.937	381.8
Sonstige betriebliche Aufwendungen	(29)	·/. 317.635	·/. 270.6
Betriebsergebnis		**102.956**	**190.3**
Beteiligungsergebnis	(30)	50.105	19.5
Abschreibungen auf Finanzanlagen und auf Wertpapiere des Umlaufvermögens		·/. 14.341	·/. 17.0
Zinsergebnis	(31)	22.333	7.0
Ergebnis der gewöhnlichen Geschäftstätigkeit		**161.053**	**199.8**
Steuern vom Einkommen und vom Ertrag	(33)	·/. 53.133	·/. 87.5
Jahresüberschuß		**107.920**	**112.3**

Gewinnverwendung		
Jahresüberschuß	107.920	112.3
Einstellung in die Gewinnrücklage	·/. 40.000	·/. 48.0
Bilanzgewinn (zur Ausschüttung vorgeschlagen)	**67.920**	**64.3**

Abb. 37: Gewinn- und Verlustrechnung der Schering AG
Quelle: Schering AG, Geschäftsbericht 1986, S. 39

Entwicklung des Anlagevermögens (in Tausend DM)

Schering AG

	Anschaffungs- und Herstellungskosten 1. 1. 1986	Zugänge	Abgänge	Umbuchungen	31. 12. 1986
Gewerbliche Schutzrechte und ähnliche Rechte und Werte	2.440				2.440
Immaterielle Vermögensgegenstände	**2.440**				**2.440**
Grundstücke, grundstücksgleiche Rechte und Bauten einschließlich der Bauten auf fremden Grundstücken	853.189	26.264	624	10.890	889.719
Technische Anlagen und Maschinen	1.093.480	100.028	16.947	10.133	1.186.694
Andere Anlagen, Betriebs- und Geschäftsausstattung	389.357	72.216	12.481	246	449.338
Geleistete Anzahlungen und Anlagen im Bau	21.607	28.917	1	·/. 21.269	29.254
Sachanlagen	**2.357.633**	**227.425**	**30.053**	**-**	**2.555.005**
Anteile an verbundenen Unternehmen	979.094	926	13.451		966.569
Beteiligungen	71.511	26.106			97.617
Ausleihungen an Unternehmen, mit denen ein Beteiligungsverhältnis besteht	6.300				6.300
Sonstige Ausleihungen	30.390	3.565	4.730		29.225
Finanzanlagen	**1.087.295**	**30.597**	**18.181**	**-**	**1.099.711**
Anlagevermögen der Schering AG	**3.447.368**	**258.022**	**48.234**	**-**	**3.657.156**

305	610			915	1.525	2.135
305	**610**			**915**	**1.525**	**2.135**
348.129	29.096	427		376.798	512.921	505.060
904.713	81.239	16.027	19	969.944	216.750	188.767
304.087	50.133	11.764	·/. 19	342.437	106.901	85.270
					29.254	21.607
1.556.929	**160.468**	**28.218**	**-**	**1.689.179**	**865.826**	**800.704**
205.675	322	451		205.546	761.023	773.419
9.536	11.621			21.157	76.460	81.975
5.040	1.260			6.300	-	1.260
10.829	727	929		10.627	18.598	19.561
231.080	**13.930**	**1.380**	**-**	**243.630**	**856.081**	**856.215**
1.788.314	**175.008**	**29.598**	**-**	**1.933.724**	**1.723.432**	**1.659.054**

Abb. 38: Entwicklung des Anlagevermögens der Schering AG
Quelle: Schering AG, Geschäftsbericht 1986, S. 42f.

1.3 ABC-ANALYSE

Im Rahmen der Beschaffungsplanung kann es vorteilhaft sein, beim Einsatz der beschaffungspolitischen Instrumente Schwerpunkte zu setzen. Dies ist immer dann gegeben, wenn die wertmäßige Zusammensetzung der zu beschaffenden Güter sehr heterogen ist. Insbesondere die Güter, deren Wertanteil am gesamten Beschaffungsbedarf sehr groß ist, sollten im Rahmen der Beschaffungsplanung besondere Aufmerksamkeit erhalten. Ebenso kann durch eine Konzentration der Aktivitäten auf wenige Güter, die den wertmäßigen Hauptteil des gesamten Lagerbestandes repräsentieren, die Lagerhaltung optimiert werden.

Ein wichtiges Instrument zur Beschreibung und Lösung der Bereitstellungsmaßnahmen ist die *ABC-Analyse*. Mit diesem Analyseverfahren wird das Ziel verfolgt, eine Klassifikation des Einsatzmaterials vorzunehmen, um entsprechende Materialbereitstellungsmaßnahmen und Lagerverwaltungsaufgaben differenziert anwenden zu können. Die vorzunehmende Klassenbildung orientiert sich dabei an der Mengen- und Wertdimension des jährlichen Materialverbrauches.

Häufig werden bei der *Materialklassifikation* drei Gruppen gebildet. Klasse A beinhaltet Materialien, die durch einen hohen Anteil am Gesamtwert, bei geringem Mengenanteil charakterisiert sind. In Klasse B sind Güter zusammengefaßt, bei denen das Mengen-Wert-Verhältnis ausgeglichen ist. Klasse C enthält Materialien, die bei einem geringen Wertanteil einen hohen Mengenanteil aufweisen. Die Materialien der A-Klasse erhalten im Rahmen der Beschaffungsprogrammplanung und der Lagerkontrolle besondere Beachtung. Die Bestellpraxis wird für A-Materialien besonders exakt geplant und kontrolliert, die Aufzeichnung der Lagerbewegungen und deren Überprüfungen werden sehr genau durchgeführt. Dagegen ist bei C-Gütern eine Vereinfachung bezüglich der Beschaffungsplanung und Lagerverwaltung vorgesehen, um Kosteneinsparungen zu ermöglichen. Für B-Güter ist eine Mittelstellung denkbar. In Abb. 39 ist am Beispiel der Kriterien Bestellzeitpunkt und Zeitpunkte der Lagerkontrolle eine mögliche Auswirkung auf Beschaffungs- und Lageraktivitäten basierend auf der Grundlage der ABC-Klassifikation dargestellt.

Planmonate	J	F	M	A	M	J	J	A	S	O	N	D
Bestellzeitpunkte	A		A		A		A		A		A	
			B			B			B			B
		C						C				
Lagerkontrollen	A	A	A	A	A	A	A	A	A	A	A	A
			B			B			B			B
												C

Abb. 39: Differenzierte Beschaffungs- und Lagerhaltungspolitik

Die Durchführung der ABC-Analyse ist insbesondere bei zahlreichen Güterarten sehr rechenaufwendig. Andererseits ist der Aufwand für eine Großrechnerlösung derartiger Problemstellungen nicht unbeachtlich. Mit der Bearbeitung der nachfolgenden Problemstellung wird verdeutlicht, wie der PC im Rahmen der Beschaffungs- und Lagerhaltungsplanung und -kontrolle sinnvoll eingesetzt werden kann.

(1) Problembeschreibung

Die Metall-GmbH setzt im Rahmen ihrer Produktion 15 Güterarten ein. Die bisherigen Beschaffungsaktivitäten wurden unselektiert auf der Grundlage vorhandener Beschaffungsrichtlinien durchgeführt, die für alle Produkte einheitlich anzuwenden waren. Ebenso wurden die Lageraufzeichnungen nach einheitlichen Kriterien vollzogen. Um die Materialwirtschaft effizienter zu gestalten, soll zunächst eine ABC-Analyse durchgeführt werden, deren Ergebnisse die Grundlage für spätere Umstellungsmaßnahmen bilden soll. Ziel der durchzuführenden Analyse ist die Klassifikation der Einsatzgüter, um zukünftige Bestellvorgänge rationeller durchführen zu können und Kosteneinsparungen in der Lagerverwaltung zu ermöglichen. Die Klassenbildung soll nach folgender Vorgabe erfolgen:
Güter der Kategorie A sollen 75%, Güter der Kategorie B sollen 15% und Güter der Kategorie C sollen 10% des jährlichen Materialverbrauches umfassen.

Über den jährlichen Verbrauch der 15 Güterarten liegt folgende Materialliste vor:

Gut	Verbrauch Stück p.a.	Stückpreis DM
1	1000	0,51
2	20000	0,14
3	200	54,30
4	850	11,52
5	320	498,00
6	15500	2,10
7	21000	1,80
8	5860	12,50
9	350	617,00
10	120	315,00
11	3250	3,20
12	110	68,80
13	60	917,20
14	500	26,80
15	2500	8,10

Abb. 40: Materialliste der Metall-GmbH

(2) Problemlösung - gedanklich/theoretisch

Zunächst ist der wertmäßige Verbrauch pro Jahr für die einzelnen Gütergruppen zu bestimmen (Verbrauch p.a. * Stückpreis). Anschließend können die Güterarten in eine Rangfolge gebracht werden, in der das Gut mit dem wertmäßig höchsten Verbrauch den Rang 1 erhält. Der Anteilswert der jeweiligen Güter am Gesamtwert des Lagers ergibt sich durch Bestimmung des Quotienten:

$$\frac{\textbf{Verbrauchswert des Gutes i}}{\textbf{Verbrauchswert aller Güter}} * 100$$

In die Gruppe A werden solange Güter aufgenommen, bis 75% des Gesamtlagerwertes erreicht sind. In Gruppe B werden anschließend die Güter bis zu einem relativen Gesamtwert von 90% klassifiziert. Alle anderen Materialien werden in Gruppe C zusammengefaßt.

(3) Problemlösung - praktisch / PC-gestützt

Die PC-gestützte Durchführung der ABC-Analyse wird in den nachfolgenden Schritten an dem Softwareprodukt Multiplan dargestellt. Mit der Erarbeitung der PC-gestützten Lösung werden folgende Befehle, Funktionen und Gestaltungstechniken erklärt:

Befehle

- Formatieren der Spaltenbreite
- Formatieren von Feldern
- Eingabe von Texten
- Eingabe von Werten und Formeln
- Kopieren von Zellinhalten
- Laden und Speichern von Dateien

Funktionen

- Summenbildung
- Wenn-Anweisungen
- Sortieren

Gestaltungstechniken

- Strukturierung von Tabellen
- Rahmen der Tabelle
- Eingabe von Tabellenüberschriften
- Eingabe von Spaltenbegrenzugnen

1. Schritt: Aufruf und Strukturierung der Tabelle

Nach der Eingabe von **MP** auf Betriebssystemebene erscheint das leere Arbeitstableau.
Die gesamte Arbeitstabelle soll 23 Zeilen und 15 Spalten umfassen, wobei Zeile 1 und 23 sowie Spalte 1 und 15 für den Tabellenrahmen vorgesehen ist. Spalte 1 wird zunächst auf die minimale Spaltenbreite (3) reduziert. Dazu wird der Cursor in Spalte 1 positioniert und folgende Befehlsfolge eingegeben:
Format, **B**reite, **3**, R-Taste
Die gleiche Befehlsfolge ist für alle ungeraden Spaltennummern bis Spalte 15 zu wiederholen.

Spalte 2 soll auf die Spaltenbreite von 6 Zeichen begrenzt werden. Dazu wird der Cursor auf Spalte 2 positioniert, anschließend erfolgt die Eingabe:
Format, **B**reite, **6**, R-Taste

In Zeile 2 wird zunächst die Überschrift der Tabelle "ABC-Analyse" eingegeben. Dazu wird der Cursor auf Z2S7 positioniert, nach Aufruf der Funktion **Text** wird die Überschrift eingegeben und mit der R-Taste bestätigt. In dem Feld erscheint lediglich "ABC". Multiplan unterdrückt den Rest der Überschrift, da die Spaltenbreite zur Darstellung nicht ausreicht. Mit einem entsprechenden Formatbefehl wird erreicht, daß der Text in den nachfolgenden Feldern weitergeschrieben wird. Die dazu erforderlichen Befehle lauten:
Format, **F**elder, **Z2S7:9**, T-Taste, T-Taste, **Z**usamm, R-Taste

In den Zeilen 3 und 4 werden anschließend die entsprechenden Spaltenüberschriften mit dem Befehl **T**ext eingegeben. In Zeile 5 werden die Spaltenüberschriften jeweils nach Aufruf des Befehls **T**ext unterstrichen. Die Eingabe unter Verwendung des Befehls Wert würde vom System als fehlerhaft zurückgewiesen. Die Eingabe "----------" muß lediglich im Zelle Z5S2 erfolgen und kann dann entsprechend häufig kopiert werden.Die Befehlsfolge zum Kopieren lautet:
Kopie, **R**echts, **14**, R-Taste
Diese Eingabefolge ist in Zeile 21 zur Erzeugung einer unteren Spaltenbegrenzung zu wiederholen.

Der Rahmen der Tabelle wird ähnlich der obigen Befehlsfolge erstellt. In Z1S1 wird nach Aufruf des Befehls **T**ext ein "*" eingegeben. Mit folgender Befehlsfolge wird das Zeichen dann nach rechts ausgerichtet:
Format, **F**elder, **Z1S1**, T-Taste, **R**echts, R-Taste
Anschließend wird durch Kopieren der linke Rand der Tabelle erzeugt. Die entsprechenden Befehle lauten:
Kopie, **N**ach_Unten, **22**, R-Taste
Entsprechende Eingaben führen zur Erstellung des oberen, rechten und unteren Randes der Arbeitstabelle.

Die Begrenzung zwischen den Spalten wird durch den Großbuchstaben "I" erzeugt. In Feld Z3S3 wird dazu nach Aufruf des Befehls **T**ext zunächst das entsprechende Zeichen eingegeben. Mit der

nächsten Befehlsfolge wird "I" auf die Spaltenmitte zentriert:
Format, **Felder**, **Z3S3**, T-Taste, **Mitte**, R-Taste
Anschließend kann der Text nach unten kopiert werden. Dieser Ablauf ist für alle ungeraden Spaltennummern von 5 bis 13 zu wiederholen. Zur Vereinfachung kann der Feldinhalt unter Verwendung von Zieladressen kopiert werden:
Kopie, **Von**, **Z3S3**, T-Taste, **Z3S5;Z3S7;Z3S9;Z3S11;Z3S13**, R-Taste

2. Schritt: Eingabe der Ausgangsdaten

In Zelle Z6S8 ist die Formel zur Berechnung des wertmäßigen Jahresverbrauchs zu programmieren. Die multiplikative Verknüpfung wird mit relativen Adressen durchgeführt. Nach Aufruf des Befehls **Wert**, erfolgt die Eingabe:
ZS(-4)*ZS(-2), R-Taste
Optional kann die Eingabe auch durch die Positionierung des Cursors auf die entsprechenen Zellen unter Eingabe des Berechnungsoperators durchgeführt werden. Durch die Verwendung der relativen Adressen ist ein problemloses Kopieren der Formel möglich. Um eine Anzeige von zwei Nachkommastellen zu erreichen, wird der berechnete Wert anschließend formatiert:
Format, **Felder**, T-Taste, T-Taste, **Fest**, T-Taste, **2**, R-Taste
Die Formel wird anschließend nach unten kopiert.

Der Gesamtjahresverbrauch wird in Z22S8 berechnet. Nach Aufruf des Befehls **Wert** wird die Standardfunktion zur Summenbildung aufgerufen:
Summe(Z6S8:Z20S8)

In Zelle Z6S10 wird der relative Wertanteil des Gutes 1 am Gesamtverbrauch bestimmt mit:
ZS(-2)/Z22S8
Die Angabe der Anteilswerte soll mit drei Nachkommastellen und als %-Wert erfolgen. Die entsprechende Befehlsfolge dazu lautet:
Format, **Felder**, **Z6S10**, T-Taste, T-Taste, **%**, T-Taste, **3**, R-Taste
Die Berechnungsfunktion kann anschließend nach unten kopiert werden.

In Spalte 12 werden die Anteilswerte kumuliert; dazu ist **zunächst in Z6S12 der Wert aus** ZS(-2) **zu übertragen.** In Z7S12 **erfolgt dann die erste** Summierung :
Z(-1)S+ZS(-2)
Diese Formel ist mit dem Kopierbefehl in die nächsten 13 unteren Felder zu kopieren.

3. Schritt: Sortieren der Tabelle

Die Anteile am Gesamtwert der Güter 1 bis 15 sollen in absteigender Reihenfolge sortiert werden. Der Sortierbefehl lautet:
Ordnen, T-Taste, **10**, T-Taste, **6**, T-Taste, **20**, T-Taste, **<**, R-Taste
Nach Eingabe des Sortierbefehls berechnet MP die neue Reihenfolge der Güter.

4. Schritt: Programmierung der "Wenn"-Anweisung

In Abhängigkeit von den in der Problemstellung vorgegebenen Grenzen zur Klassifikation der Güter soll das Programm automatisch die Gütergruppen A, B und C identifizieren. Das ranghöchste Gut (Feld Z6S14) erhält immer die Bezeichnung A. Das Berechnungsergebnis in Z7S14 wird in Abhängigkeit von der Belegung der Zelle in Z7S12 bestimmt. Ist dieser Wert kleiner oder gleich 75%, so wird das Gut der Klasse A, ist er größer als 90%, so wird es der Klasse C zugeordnet. In allen anderen Fällen erfolgt eine Klassifizierung zu B. Die Umsetzung des letzten Satzes in MP-Notation lautet:
Wenn(ZS(-2)<=75;"A";wenn(ZS(-2)>90;"C";"B"))
Das Ergebnis soll in Zelle Z7S14 zentriert ausgerichtet werden. Für alle nachfolgenden Zellen kann die Formel anschließend kopiert werden. Nach kurzer Berechnungszeit liegen die Ergebnisse der erstellten ABC-Analyse vor. Die gesamte Arbeitstabelle ist in Abb. 41 dargestellt.

```
     1   2  3      4      5        6       7        8        9      10     11      12      13      14      15
 1   ******************************************************************************************************
 2   *                                      ABC-Analyse                                                   *
 3   *Gut-Nr I Verbrauch   I Preis je    I Verbrauch   I Anteil am   I Gesamtwert I ABC-Klasse             *
 4   *       I Stück p.a.  I Stück       I DM p.a.     I Gesamtwert  I kumuliert  I                        *
 5   *------ I ----------  I ----------  I ----------  I ----------  I ---------- I ----------             *
 6   *     9 I        350  I        617  I 215950,00   I   27,428%   I    27,428  I     A                  *
 7   *     5 I        320  I        498  I 159360,00   I   20,241%   I    47,669  I     A                  *
 8   *     3 I        200  I      554,3  I 110860,00   I   14,081%   I    61,750  I     A                  *
 9   *     8 I       5860  I       12,5  I  73250,00   I    9,304%   I    71,054  I     A                  *
10   *    13 I         60  I      917,2  I  55032,00   I    6,990%   I    78,043  I     B                  *
11   *     7 I      21000  I        1,8  I  37800,00   I    4,801%   I    82,844  I     B                  *
12   *    10 I        120  I        315  I  37800,00   I    4,801%   I    87,645  I     B                  *
13   *     6 I      15500  I        2,1  I  32550,00   I    4,134%   I    91,780  I     C                  *
14   *    15 I       2500  I        8,1  I  20250,00   I    2,572%   I    94,352  I     C                  *
15   *    14 I        500  I       26,8  I  13400,00   I    1,702%   I    96,054  I     C                  *
16   *    11 I       3250  I        3,2  I  10400,00   I    1,321%   I    97,375  I     C                  *
17   *     4 I        850  I      11,52  I   9792,00   I    1,244%   I    98,618  I     C                  *
18   *    12 I        110  I       68,8  I   7568,00   I    0,961%   I    99,580  I     C                  *
19   *     2 I      20000  I       0,14  I   2800,00   I    0,356%   I    99,935  I     C                  *
20   *     1 I       1000  I       0,51  I    510,00   I    0,065%   I   100,000  I     C                  *
21   *---------------------------------------------------------------------------------------------------*
22   *                                         787322                                                     *
23   ******************************************************************************************************
```

Abb. 41: Grundmodell der ABC-Analyse

5. Schritt: Verwaltung der Ergebnisse

Das erstellte Modell wird unter dem Namen ABC auf Festplatte (Diskette) gespeichert:
Übertragen, **S**peichern, **C:ABC** (A:ABC oder B:ABC)

(4) Interpretation der Ergebnisse

Das System führt die Klassifikation der Einsatzgüter automatisch durch. Mit dieser Analyse wurde die rechnerische Basis für weitergehende Rationalisierungsansätze geschaffen. Die Materialgruppen A, B und C können nun differenziert im Rahmen der Beschaffungs- und Lagerhaltungspolitik entsprechend ihrer wertmäßigen Bedeutung bearbeitet werden.

(5) Erweiterung und Modifikation des Modells

Preis- und Mengenänderungen können beliebig in das Modell eingegeben werden. Weiterhin kann das erstellte Modell durch Anfügung weiterer Zeilen vergrößert werden, um zusätzliche Produkte in die Berechnung einbeziehen zu können.

Bei einer Änderung der Klassifikationsgrenzen sind sämtliche Formeln der Spalte 14 anzupassen. Ein variabler Modellaufbau kann jedoch dadurch erreicht werden, daß in diesen Formeln nicht konstante Wertgrenzen programmiert werden, sondern auf Zellen verwiesen wird, aus denen die Klassifikationsgrenzen bei der Berechnung übertragen werden (vgl. Übungsaufgabe 6).

(6) Übungen

Aufgabe 5

Aufgrund einer Produktionsumstellung wird das Gut 8 durch zwei neue Vormaterialien ersetzt. Die Mengen- und Preisangaben lauten:

Produkt a: 540 Stück je 88,60 DM

Produkt b: 760 Stück je 20,25 DM

Geben Sie diese Änderungen in das Ausgangsmodell ein und zeigen Sie die Veränderungen der Klassifikation auf!

Aufgabe 6

Modifizieren Sie das Ausgangsmodell, in dem Sie Eingabefelder für die Klassifikationsgrenzen vorsehen und passen Sie die "Wenn"-Anweisungen entsprechend an. Die Klassifikationsgrenzen sollen anschließend wie folgt geändert werden:

Güter der Kategorie A sollen 70%, Güter der Kategorie B sollen 12% und Güter der Kategorie C sollen 18% des jährlichen Materialverbrauches umfassen.

1.4 UMSATZ- / KUNDENPROFILANALYSE

Da sich das Produktprogramm einer Unternehmung der Realität ständig wechselnder Markt- und Rahmenbedingungen stellen muß, sind verschiedene Techniken zur Produkt- und Programmanalyse entwickelt worden (vgl. Abb. 42), die in Lebenszyklus- und Programmstrukturanalysen differenziert werden können, wobei die Programmstrukturuntersuchung weiter in Alters-, Umsatz-, Kunden- und Deckungsbeitragsstruktur eingeteilt werden kann. (vgl. hierzu z.B. MEFFERT, 1978, S. 338 ff.). Dieser Abschnitt soll sich mit der Umsatz- und Kundenprofilanalyse beschäftigen.

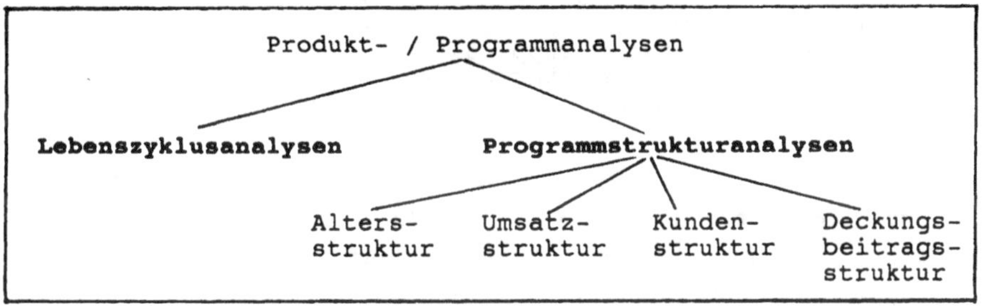

Abb. 42: Techniken der Produkt- und Programmanalyse

Der Umsatz als wichtiges Kennzeichen für den Geschäftsumfang des gesamten Unternehmens und der einzelnen Erzeugnisbereiche gibt Hinweise auf die Marktsituation. Bei Produzenten vermittelt das Umsatzprofil Kenntnisse über die Verteilung der Produktionskapazität auf einzelne Produkte bzw. Produktgruppen. Bei einer *Umsatzprofilanalyse* können sich Anhaltspunkte in bezug auf die Nachteile ergeben, die bei einem größeren Umsatzrückgang eines Produktes bzw. einer Produktgruppe entstehen würden.

Eine weitere wichtige Quelle neben der Information über die Hauptumsatzträger ist die *Kundenprofilanalyse*, die zeigen soll, inwieweit sich der Gesamtumsatz nach Aufträgen bzw. Kunden zusammensetzt. Hiermit kann die Abhängigkeit eines Unternehmens von einzelnen Kunden gemessen werden und mögliche Wirkungen auf die unternehmerischen Erfolgsziele prognostiziert werden (vgl. zu den Prognosetechniken Kapitel 2).

Die Erstellung von Umsatz- bzw. Kundenprofilanalysen soll nun anhand eines konkreten Falles unter Einsatz eines Datenbankprogramms dargestellt werden.

(1) Problembeschreibung

Die JADE AG ist Zulieferer für nationale und internationale Unternehmen der kosmetischen Industrie für die Produktgruppen

- waschaktive Substanzen (Produktgruppe 1)
- Duftstoffe (Produktgruppe 2)
- Emulgatoren (Produktgruppe 3)
- Stabilisatoren (Produktgruppe 4)
- Konservierungsmittel (Produktgruppe 5).

Für jeden Kunden existieren die Umsätze des Vorjahres und des laufenden Geschäftsjahres (vgl. Abb.43), und zwar zum einen insgesamt und zum anderen aufgeteilt auf die einzelnen Produktgruppen (Umsätze jeweils in TDM).

Die Belegung der Produktionskapazität durch die einzelnen Produktgruppen verteilt sich wie folgt:

Produktgruppe	PG1	PG2	PG3	PG4	PG5
Prod.-Kapazität in %	40	10	25	15	10

Zunächst soll für die JADE AG ein Umsatzprofil erstellt werden, das die Anteile der Produkte am Umsatz in Beziehung setzt zu den Anteilen an der Produktionskapazität (z.B. in Form der Lorenzkurve).

Um zusätzlich die Abhängigkeit der JADE AG von ihrem Kundenkreis zu analysieren, soll ein Kundenprofil erstellt werden. Als weitere Auswertungen sind vorgesehen:

- gesonderte Aufstellung der Umsätze aller USA-Kunden
- Selektion aller Kunden mit mehr als 3 Mio. DM Umsatz in 1986

- Liste aller deutschen Kunden mit einem Umsatzrückgang im Vergleich zum Vorjahr.

Eine Liste der Kunden mit den entsprechenden Länderkennzeichen und Jahresumsätzen 1985 und 1986 ist in Abb. 43 wiedergegeben.

Kunde	Land	Umsatz '85	Umsatz '86
BASF	D	6438,40	7027,20
Wella	D	5885,44	5790,72
Beecham	GB	5473,28	4794,88
Riese	D	5468,16	6238,72
L'Oreal	F	4828,16	3082,24
BDF	D	3880,96	6430,72
Schwarzkopf	D	3811,84	3089,92
Johnson&Johnson	USA	2176,00	1687,04
Gillette	USA	1955,84	1351,68
Henkel	D	1799,68	1656,32
Mennen	USA	1692,16	1402,88
Schering	D	1615,36	1295,36
Yves Rocher	F	1559,04	1487,36
CWH	D	1185,28	1003,52
Procter&Gamble	USA	1098,24	4352,00
Akzo	NL	1085,44	1003,52
Unilever	NL	870,40	2094,08
Bayer	D	798,72	537,60
Colg. Palm.	USA	798,72	97,28
Hoechst	D	727,04	1111,04
Rubinstein	D	463,36	327,68
Betrix	D	448,00	609,28
Dralle	D	432,64	378,88
Hoffmann La Roche	CH	430,08	586,24
Goldwell	D	414,72	317,44
Merck	USA	286,72	174,08
Avon	USA	281,60	92,16
ICI	GB	273,92	220,16
Blendax	D	194,56	665,60
Helene Curtis	USA	189,44	353,28
Ciba Geigy	CH	176,64	46,08
Estee Lauder	F	166,40	128,00
Shering-Plough	USA	117,76	168,96
YSL	F	115,20	76,80
Squibb-Mathieson	USA	81,92	81,92
Bristol Myers	USA	48,64	76,80

Abb. 43: Kunden und Umsätze der JADE AG

(2) Problemlösung - gedanklich / theoretisch

Das Umsatzprofil kann unter Zuhilfenahme der Lorenzkurve dargestellt werden. Dazu werden zunächst die Umsatzanteile der einzelnen Produktgruppen am Gesamtumsatz in eine absteigende Reihenfolge gebracht und dann in Beziehung gesetzt zu den Anteilen der Produktgruppen am Gesamtprogramm. Die Lorenzkurve bzw. Konzentrationskurve ergibt sich schließlich aus der kumulierten Eintragung der Umsatz- und Produktionskapazitätsanteile in ein Koordinatensystem.

Nach einem ähnlichen Schema kann auch das Kundenprofil erstellt werden, das anzeigt, wieviel Prozent des Umsatzes auf wieviel Prozent der Kunden entfallen. Dazu werden die Kunden sinnvollerweise in drei Gruppen differenziert. Kunden der Gruppe 1 haben mehr als zehn Prozent Umsatz mit der JADE AG, Kunden der Gruppe 2 zwischen zwei und zehn Prozent und Kunden der Gruppe 3 unter zwei Prozent.

Die weiteren unter (1) geforderten Aufstellungen und Listen lassen sich bei Einsatz von Datenbankprogrammen durch einfache Selektions- und Sortierbefehle erstellen, wie im nachfolgenden Abschnitt demonstriert wird.

(3) Problemlösung - praktisch / PC-gestützt

Für die Lösung der oben beschriebenen Aufgabenstellung wird das Datenbankprogramm dBASE III eingesetzt. Für jeden Kunden der Jade AG wird ein Datensatz mit den Feldern

- Kundenname
- Länderkennzeichen
- Umsatz 1985
- Umsatz 1986
- prozentualer Anteil am Gesamtumsatz 1986
- prozentuale Veränderung zum Vorjahr
- Anteil des Kundenumsatzes an PG 1
- Anteil des Kundenumsatzes an PG 2
- Anteil des Kundenumsatzes an PG 3
- Anteil des Kundenumsatzes an PG 4
- Anteil des Kundenumsatzes an PG 5

erstellt, die später den notwendigen Analysen zugänglich gemacht werden.

1. Schritt: Aufruf von dBASE III.

Nach Eingabe von **DBASE** gelangt man auf die Befehlsebene des Datenbankprogramms, die durch einen Punkt als erstes Zeichen gekennzeichnet ist. Entweder kann man nun auf dieser Ebene verbleiben oder durch den Befehl ASSIST eine menügesteuerte Programmführung zum Aufbau von Datenbanken anwählen, die mit der ESC-Taste wieder verlassen werden kann.

2. Schritt: Eröffnen einer Datei und Fixieren der Dateistruktur

Mit dem Befehl **CREATE JADE** wird dem System angezeigt, daß eine Datei namens JADE angelegt werden soll. Man gelangt anschließend in ein Menü, in welchem die Dateistruktur durch Festlegen der einzelnen Datenfelder festgelegt werden muß (vgl. Kapitel B.2):

	Feldname	Typ	Länge	Dez
1				

Unter Feldname wird als erstes Datenfeld **KUNDE** eingetragen und man gelangt nach Betätigen der R-Taste zum Feldtyp, der immer mit ZEICH_FELD für alphanumerische Felder vorbelegt ist. Mit der Leertaste kann man die übrigen Feldtypen (für numerische Daten, Datumsangaben, logische Daten und Memofeld für die Aufnahme von Texten bis zu 4000 Zeichen Länge) anwählen und dann mit der R-Taste die Auswahl treffen. In diesem Fall kann allerdings die Defaulteinstellung beibehalten und mit der R-Taste zum nächsten Feldattribut vorgerückt werden. Hier ist die Länge des Datenfeldes einzutragen, wobei von der maximalen Länge der Feldinhalte auszugehen ist. Im Falle des Kundennamens sollen 20 Zeichen vorgesehen werden. Bei numerischen Feldern (vgl. die Felder 3 bis 11) ist bei der Festlegung der Feldlänge der Dezimalpunkt mitzuzählen. Die Länge der Zahl 643,84 wäre also sechs Stellen, nicht etwa fünf. Zusätzlich ist bei numerischen Feldern bei dem nächsten Feldattribut (Dez), welches auch nur bei diesem Feldtyp aufgerufen wird, die Anzahl der Nachkommastellen festzulegen. Nach Betätigung der Return-Taste werden die Feldattribute für das zweite Datenfeld (hier: Länderkennzeichen) nach gleichem Schema fixiert:

	Feldname	Typ	Länge	Dez
2	LAND	ZEICH-FELD	23	
3	UMSATZ_85	NUMERISCH	8	2
4	UMSATZ_86	NUMERISCH	8	2
5	PROZ_GESUM	NUMERISCH	6	2
6	ÄND_VORJ_P	NUMERISCH	6	2
7	ANTEIL_PG1	NUMERISCH	8	2
8	ANTEIL_PG2	NUMERISCH	8	2
9	ANTEIL_PG3	NUMERISCH	8	2
10	ANTEIL_PG4	NUMERISCH	8	2
11	ANTEIL_PG5	NUMERISCH	8	2

Mit diesen Eingaben wurde die Struktur der Datenbank JADE festgelegt. Durch gleichzeitiges Betätigen der Tasten **CTRL** und **END** wird dem System das Ende der Eingaben angezeigt.

3. Schritt: Füllen der Datei

Das System stellt nun die Frage, ob sofort Datensätze in die eben erstellte Datei eingegeben werden sollen. Nach Beantwortung mit "**J**" wechselt dBASE gleich in die automatisch erzeugte Eingabemaske, welche die gerade erstellte Dateistruktur wiedergibt und in die alle Datensätze Feld für Feld (entsprechend Abb. 44 einschließlich der Anteile der Produktgruppen am Gesamtumsatz) eingegeben werden. Auch diese Aktivität wird nach dem letzten Datensatz durch gleichzeitiges Betätigen der Tasten **CTRL** und **END** abgeschlossen. Man gelangt erneut auf die Befehlsebene, die (wie schon erwähnt) durch einen Punkt angezeigt wird.

Stellt man nun den Drucker mit dem Befehl **SET PRINT ON** ein und läßt sich mit **LIST** alle Datensätze anzeigen, so erhält man den in Abb. 44 gezeigten Stand der Datei. Danach schaltet man das Druckerprotokoll mit **SET PRINT OFF** wieder ab.

KUNDE	LAND	UMSATZ_85	UMSATZ_86	PROZ_GESUM	ÄND_VORJ_P	ANTEIL_PG1	ANTEIL_PG2	ANTEIL_PG3	ANTEIL_PG4	ANTEIL_PG5
Akzo	NL	1085.44	1003.52	0.00	0.00	5.52	357.00	132.00	124.00	385.00
Avon	USA	281.60	92.16	0.00	0.00	0.00	0.00	92.16	0.00	0.00
BASF	D	6438.40	7027.20	0.00	0.00	350.00	2800.00	720.00	1050.00	2107.20
BDF	D	3880.96	6430.72	0.00	0.00	308.00	2455.00	0.00	1800.00	1867.72
Bayer	D	798.72	537.60	0.00	0.00	27.60	285.00	58.00	85.00	82.00
Beecham	GB	5473.28	4794.88	0.00	0.00	234.00	2000.00	440.00	643.29	1477.59
Betrix	D	448.00	609.28	0.00	0.00	0.00	240.00	29.00	78.28	262.00
Blendax	D	194.56	665.60	0.00	0.00	0.00	23.60	45.45	0.00	596.55
Bristol Myers	USA	48.64	76.80	0.00	0.00	0.00	0.00	30.00	0.00	46.80
CWH	D	1185.28	1003.52	0.00	0.00	5.52	457.00	122.00	134.00	285.00
Ciba Geigy	CH	176.64	46.08	0.00	0.00	0.00	46.08	0.00	0.00	0.00
Colgate Palmolive	USA	798.72	97.28	0.00	0.00	0.00	42.28	25.00	12.00	18.00
Dralle	D	432.64	378.88	0.00	0.00	0.00	149.88	34.00	0.00	195.00
Estee Lauder	F	166.40	128.00	0.00	0.00	0.00	108.00	20.00	0.00	0.00
Gillette	USA	1955.84	1351.68	0.00	0.00	650.00	523.68	139.00	0.00	39.00
Goldwell	D	414.72	317.44	0.00	0.00	0.00	159.00	0.00	0.00	158.44
Helene Curtis	USA	189.44	353.28	0.00	0.00	0.00	0.00	0.00	353.28	0.00
Henkel	D	1799.68	1656.32	0.00	0.00	89.00	537.00	178.32	237.00	615.00
Hoechst	D	727.04	1111.04	0.00	0.00	43.00	349.00	204.40	56.00	459.00
Hoffmann La Roche	CH	430.08	586.24	0.00	0.00	0.00	104.24	295.00	7.00	180.00
ICI	GB	273.92	220.16	0.00	0.00	0.00	0.00	0.00	0.00	220.16
Johnson&Johnson	USA	2176.00	1687.04	0.00	0.00	0.00	1687.04	0.00	0.00	0.00
L'Oreal	F	4828.16	3082.24	0.00	0.00	154.00	1222.00	308.14	450.10	948.00
Mennen	USA	1692.16	1402.88	0.00	0.00	0.00	540.86	133.02	234.00	495.00
Merck	USA	286.72	174.08	0.00	0.00	0.00	0.00	0.00	0.00	174.08
Procter&Gamble	USA	1098.24	4352.00	0.00	0.00	365.00	1655.00	453.00	697.50	1181.50
Riese	D	5468.16	6238.72	0.00	0.00	312.00	2435.00	608.72	1250.00	1633.00
Rubinstein	D	463.36	327.68	0.00	0.00	0.00	0.00	59.00	0.00	268.68
Schering	D	1615.36	1295.36	0.00	0.00	68.00	534.00	134.36	189.00	370.00
Schwarzkopf	D	3811.84	3089.92	0.00	0.00	0.00	1476.00	399.00	456.92	758.00
.hering-Plough	USA	117.76	168.96	0.00	0.00	0.00	48.60	59.36	0.00	61.00
Squibb-Mathieson	USA	81.92	81.92	0.00	0.00	0.00	0.00	81.92	0.00	0.00
Unilever	NL	870.40	2094.08	0.00	0.00	158.00	846.00	276.00	300.08	514.00
Wella	D	5885.44	5790.72	0.00	0.00	260.00	2300.00	540.00	812.00	1878.72
YSL	F	115.20	76.80	0.00	0.00	0.00	0.00	76.80	0.00	0.00
Yves Rocher	F	1559.04	1487.36	0.00	0.00	70.00	560.00	142.88	200.00	514.48

Abb. 44: Zustand der Datei JADE nach Eingabe der Datensätze

4. Schritt: Durchführung von logischen und arithmetischen Berechnungen

Obwohl dBASEIII ein Datenbankprogramm ist, also zum Erstellen von Dateien, zum Verwalten und zum selektiven Abfragen von Datensätzen dient, lassen sich auch logische und arithmetische Verknüpfungen zwischen einzelnen Datenfeldern und/oder Konstanten herstellen.

Wie in Abb. 44 erkennbar ist, sind noch einzelne Feldsummen und außerdem die Spalten Prozentanteil am Gesamtumsatz (PROZ_GESUM) und prozentuale Veränderung des Umsatzes im Vergleich zum Vorjahr (ÄND_VORJ_P) zu berechnen.

Die Summenbildung der Spalten UMSATZ_85 und UMSATZ_86 geschieht durch Zuordnung der mittels der SUM-Funktion gebildeten Summenwerte auf sog. Speichervariablen. Diese müssen separat neben der Datei JADE verwaltet, d.h. angezeigt, gespeichert und geladen werden. Wählt man als Bezeichnungen für die Speichervariablen SUMME1 und SUMME2, so ergibt sich durch den Befehl
SUM UMSATZ_85,UMSATZ_86 TO SUMME1,SUMME2
die entsprechende Zuordnung. Mit **DISPLAY MEMORY** können alle aktuell belegten Speichervariablen angezeigt und mit dem Zusatz **TO PRINT** auf dem Drucker ausgegeben werden. Speichervariablen müssen durch **SAVE TO** Name explizit für späteren Gebrauch abgespeichert werden (in diesem Beispiel unter dem Namen **JADESTOR**). Um sie später wieder in den aktuellen Arbeitsbereich hereinzuladen, ist der Befehl RESTORE FROM JADESTOR auszuführen und zur Öffnung der dazugehörigen Datei der Befehl USE JADE einzugeben.

Nachdem nun SUMME2 als Gesamtumsatz 1986 erechnet wurde, erfolgt die Berechnung der Spalte "%-Anteil der einzelnen Kundenumsätze am Gesamtumsatz" (PROZ_GESUM) durch
REPLACE PROZ_GESUM WITH UMSATZ_86/SUMME2*100
und die der Spalte "%-Änderung zum Vorjahr" (ÄND_VORJ_P) durch
REPLACE ÄND_VORJ_P WITH (UMSATZ_86-UMSATZ_85)/UMSATZ_85*100.

Die Summen der beiden neu errechneten Spalten ergeben sich dann durch
SUM PROZ_GESUM TO SUMME3

und

SUMME4 = (SUMME2-SUMME1)/SUMME1*100,

die Summen der Produktgruppenanteile am Kundenumsatz durch

SUM ANTEIL_PG1, ANTEIL_PG2, ANTEIL_PG3, ANTEIL_PG4, ANTEIL_PG5 TO SUMME5, SUMME6, SUMME7, SUMME8, SUMME9.

Berechnet man nun noch die prozentualen Anteile der Produktgruppen am Gesamtumsatz durch

PROZ5 = SUMME5/SUMME2*100

PROZ6 = SUMME6/SUMME2*100

PROZ7 = SUMME7/SUMME2*100

PROZ8 = SUMME8/SUMME2*100

PROZ9 = SUMME9/SUMME2*100,

so erhält man durch **DISPLAY MEMORY TO PRINT** die in Abb. 45 wiedergegebenen Inhalte der Speichervariablen.

```
SUMME1   lokal (priv)  N   57269.76  (   57269.76000000)
SUMME2   lokal (priv)  N   59837.44  (   59837.44000000)
SUMME3   lokal (priv)  N     100.00  (     100.00000000)
SUMME4   lokal (priv)  N       4.48  (       4.48348308)
SUMME5   lokal (priv)  N    3099.64  (    3099.64000000)
SUMME6   lokal (priv)  N   23941.26  (   23941.26000000)
SUMME7   lokal (priv)  N    5836.53  (    5836.53000000)
SUMME8   lokal (priv)  N    9169.45  (    9169.45000000)
SUMME9   lokal (priv)  N   17790.92  (   17790.92000000)
PROZ5    lokal (priv)  N       5.18  (       5.18010129)
PROZ6    lokal (priv)  N      40.01  (      40.01050179)
PROZ7    lokal (priv)  N       9.75  (       9.75397677)
PROZ8    lokal (priv)  N      15.32  (      15.32393431)
PROZ9    lokal (priv)  N      29.73  (      29.73208747)
   14 Variable definiert,    126 BYTES benutzt
  242 Variable verfügbar,   5874 BYTES verfügbar
```

Abb. 45: Liste mit der aktuellen Belegung der Inhalte von Speichervariablen

5. Schritt: Sortieren und selektive Ausgabe von Datensätzen

Um die im Zugriff befindliche Datei "JADE" nach einem ihrer Datenfelder zu sortieren (z.B. UMSATZ_86), muß zunächst für diese Datei mit

INDEX ON UMSATZ_86 TO UM86

eine Indexdatei (UM86) erzeugt werden und der Index auf diese

Datei mit

SET INDEX TO UM86

umgestellt werden. Bringt man nun mit **LIST** die Datensätze zur Ausgabe, so ergibt sich der in Abb.46 dargestellte aktuelle Stand der Datei. Die einzelnen Datensätze wurden in aufsteigender Reihenfolge der Jahresumsätze 1986 sortiert.

Zur Analyse des Kundenprofiles wurden bei der gedanklichen Problemlösung drei Gruppen differenziert. Diese können mit

LOCATE FOR PROZ_GESUM > 10 DISPLAY NEXT 20 TO PRINT

GO TOP LOCATE FOR PROZ_GESUM > 2 DISPLAY NEXT 20 FOR PROZGESUM < 10

GO TOP LOCATE FOR PROZ_GESUM < 2 DISPLAY NEXT 20 TO PRINT

selektiert und jeweils mit dem DISPLAY-Befehl zur Druckausgabe gebracht werden (vgl. Abb. 47), wobei GO TOP den Satzzeiger wieder auf den Dateianfang positioniert.

Eine weitere Auswertungsanforderung bestand in der Auflistung aller USA-Kunden. Hierzu wird mit

INDEX ON LAND TO LA

eine neue Indexdatei (LA) gebildet und mit

SET INDEX TO LA

der Index auf die neue Indexdatei umgestellt. Mit dem Befehl

FIND 'USA'

wird der Satzzeiger auf den Satz gestellt, bei dem der Indexschlüssel mit dem angegebenen Zeichenstring (USA) übereinstimmt. Die gefundenen Sätze können mit

DISPLAY NEXT 20

aufgelistet werden (vgl. Abb. 48), wobei die Anzeige von jeweils zehn Sätzen in einem Block erfolgt und dann der Rest mit einer neuen Überschriftzeile ausgegeben wird.

list

Satz #	KUNDE	LAND	UMSATZ_85	UMSATZ_86	PROZ_GESUM	ÄND_VORJ_P	ANTEIL_PG1	ANTEIL_PG2	ANTEIL_PG3	ANTEIL_PG4	ANTEIL_PG5
31	Ciba Geigy	CH	176.64	46.08	0.08	-73.91	0.00	46.08	0.00	0.00	0.00
34	YSL	F	115.20	76.80	0.13	-33.33	0.00	0.00	76.80	0.00	0.00
36	Bristol Myers	USA	48.64	76.80	0.13	57.89	0.00	0.00	30.00	0.00	46.80
35	Squibb-Mathieson	USA	81.92	81.92	0.14	0.00	0.00	0.00	81.92	0.00	0.00
27	Avon	USA	281.60	92.16	0.15	-67.27	0.00	0.00	92.16	0.00	0.00
19	Colgate Palmolive	USA	798.72	97.28	0.16	-87.82	0.00	42.28	25.00	12.00	18.00
32	Estee Lauder	F	166.40	128.00	0.21	-23.08	0.00	108.00	20.00	0.00	0.00
33	Shering-Plough	USA	117.76	168.96	0.28	43.48	0.00	48.60	59.36	0.00	61.00
26	Merck	USA	286.72	174.08	0.29	-39.29	0.00	0.00	0.00	0.00	174.08
28	ICI	GB	273.92	220.16	0.37	-19.63	0.00	0.00	0.00	0.00	220.16
25	Goldwell	D	414.72	317.44	0.53	-23.46	0.00	159.00	0.00	0.00	158.44
21	Rubinstein	D	463.36	327.68	0.55	-29.28	0.00	0.00	59.00	0.00	268.68
30	Helene Curtis	USA	189.44	353.28	0.59	86.49	0.00	0.00	0.00	353.28	0.00
23	Dralle	D	432.64	378.88	0.63	-12.43	0.00	149.88	34.00	0.00	195.00
18	Bayer	D	798.72	537.60	0.90	-32.69	27.60	285.00	58.00	85.00	82.00
24	Hoffmann La Roche	CH	430.08	586.24	0.98	36.31	0.00	104.24	295.00	7.00	180.00
22	Betrix	D	448.00	609.28	1.02	36.00	0.00	240.00	29.00	78.28	262.00
29	Blendax	D	194.56	665.60	1.11	242.11	0.00	23.60	45.45	0.00	596.55
14	CWH	D	1185.28	1003.52	1.68	-15.33	5.52	457.00	122.00	134.00	285.00
16	Akzo	NL	1085.44	1003.52	1.68	-7.55	5.52	357.00	132.00	124.00	385.00
20	Hoechst	D	727.04	1111.04	1.86	52.82	43.00	349.00	204.40	56.00	459.00
12	Schering	D	1615.36	1295.36	2.16	-19.81	68.00	534.00	134.36	189.00	370.00
9	Gillette	USA	1955.84	1351.68	2.26	-30.89	650.00	523.68	139.00	0.00	39.00
11	Mennen	USA	1692.16	1402.88	2.34	-17.10	0.00	540.86	133.02	234.00	495.00
13	Yves Rocher	F	1559.04	1487.36	2.49	-4.60	70.00	560.00	142.88	200.00	514.48
10	Henkel	D	1799.68	1656.32	2.77	-7.97	89.00	537.00	178.32	237.00	615.00
8	Johnson&Johnson	USA	2176.00	1687.04	2.82	-22.47	0.00	1687.04	0.00	0.00	0.00
17	Unilever	NL	870.40	2094.08	3.50	140.59	158.00	846.00	276.00	300.08	514.00
5	L'Oreal	F	4828.16	3082.24	5.15	-36.16	154.00	1222.00	308.14	450.10	948.00
7	Schwarzkopf	D	3811.84	3089.92	5.16	-18.94	0.00	1476.00	399.00	456.92	758.00
15	Procter&Gamble	USA	1098.24	4352.00	7.27	296.27	365.00	1655.00	453.00	697.50	1181.50
3	Beecham	GB	5473.28	4794.88	8.01	-12.39	234.00	2000.00	440.00	643.29	1477.59
2	Wella	D	5885.44	5790.72	9.68	-1.61	260.00	2300.00	540.00	812.00	1878.72
4	Riese	D	5468.16	6238.72	10.43	14.09	312.00	2435.00	608.72	1250.00	1633.00
6	BDF	D	3880.96	6430.72	10.75	65.70	308.00	2455.00	0.00	1800.00	1867.72
1	BASF	D	6438.40	7027.20	11.74	9.15	350.00	2800.00	720.00	1050.00	2107.20

Abb. 46: Nach Umsatz 1986 sortierte Datei JADE

Satz #	KUNDE	LAND	UMSATZ_85	UMSATZ_86	PROZ_GESUM	ÄND_VORJ_P	ANTEIL_PG1	ANTEIL_PG2	ANTEIL_PG3	ANTEIL_PG4	ANTEIL_P
4	Riese	D	5468.16	6238.72	10.43	14.09	312.00	2435.00	608.72	1250.00	1633.
6	BDF	D	3880.96	6430.72	10.75	65.70	308.00	2455.00	0.00	1800.00	1867.
1	BASF	D	6438.40	7027.20	11.74	9.15	350.00	2800.00	720.00	1050.00	2107.

Satz #	KUNDE	LAND	UMSATZ_85	UMSATZ_86	PROZ_GESUM	ÄND_VORJ_P	ANTEIL_PG1	ANTEIL_PG2	ANTEIL_PG3	ANTEIL_PG4	ANTEIL_
12	Schering	D	1615.36	1295.36	2.16	-19.81	68.00	534.00	134.36	189.00	370.
9	Gillette	USA	1955.84	1351.68	2.26	-30.89	650.00	523.68	139.00	0.00	39
11	Mennen	USA	1692.16	1402.88	2.34	-17.10	0.00	540.86	133.02	234.00	495.
13	Yves Rocher	F	1559.04	1487.36	2.49	-4.60	70.00	560.00	142.88	200.00	514
10	Henkel	D	1799.68	1656.32	2.77	-7.97	89.00	537.00	178.32	237.00	615.
8	Johnson&Johnson	USA	2176.00	1687.04	2.82	-22.47	0.00	1687.04	0.00	0.00	0
17	Unilever	NL	870.40	2094.08	3.50	140.59	158.00	846.00	276.00	300.08	514.
5	L'Oreal	F	4828.16	3082.24	5.15	-36.16	154.00	1222.00	308.14	450.10	948
7	Schwarzkopf	D	3811.84	3089.92	5.16	-18.94	0.00	1476.00	399.00	456.92	758
15	Procter&Gamble	USA	1098.24	4352.00	7.27	296.27	365.00	1655.00	453.00	697.50	1181

Weiter mit jeder Taste ...

Satz #	KUNDE	LAND	UMSATZ_85	UMSATZ_86	PROZ_GESUM	ÄND_VORJ_P	ANTEIL_PG1	ANTEIL_PG2	ANTEIL_PG3	ANTEIL_PG4	ANTEIL_
3	Beecham	GB	5473.28	4794.88	8.01	-12.39	234.00	2000.00	440.00	643.29	1477
2	Wella	D	'5885.44	5790.72	9.68	-1.61	260.00	2300.00	540.00	812.00	1878.

Satz #	KUNDE	LAND	UMSATZ_85	UMSATZ_86	PROZ_GESUM	ÄND_VORJ_P	ANTEIL_PG1	ANTEIL_PG2	ANTEIL_PG3	ANTEIL_PG4	ANTEIL_
31	Ciba Geigy	CH	176.64	46.08	0.08	-73.91	0.00	46.08	0.00	0.00	0
34	YSL	F	115.20	76.80	0.13	-33.33	0.00	0.00	76.80	0.00	0
36	Bristol Myers	USA	48.64	76.80	0.13	57.89	0.00	0.00	30.00	0.00	46
35	Squibb-Mathieson	USA	81.92	81.92	0.14	0.00	0.00	0.00	81.92	0.00	0
27	Avon	USA	281.60	92.16	0.15	-67.27	0.00	0.00	92.16	0.00	0
19	Colgate Palmolive	USA	798.72	97.28	0.16	-87.82	0.00	42.28	25.00	12.00	18
32	Estee Lauder	F	166.40	128.00	0.21	-23.08	0.00	108.00	20.00	0.00	0
33	Shering-Plough	USA	117.76	168.96	0.28	43.48	0.00	48.60	59.36	0.00	61
26	Merck	USA	286.72	174.08	0.29	-39.29	0.00	0.00	0.00	0.00	174
28	ICI	GB	273.92	220.16	0.37	-19.63	0.00	0.00	0.00	0.00	22

Weiter mit jeder Taste ...

Satz #	KUNDE	LAND	UMSATZ_85	UMSATZ_86	PROZ_GESUM	ÄND_VORJ_P	ANTEIL_PG1	ANTEIL_PG2	ANTEIL_PG3	ANTEIL_PG4	ANTEIL_
25	Goldwell	D	414.72	317.44	0.53	-23.46	0.00	159.00	0.00	0.00	15
21	Rubinstein	D	463.36	327.68	0.55	-29.28	0.00	0.00	59.00	0.00	26
30	Helene Curtis	USA	189.44	353.28	0.59	86.49	0.00	0.00	0.00	353.28	[illegible]
23	Dralle	D	432.64	378.88	0.63	-12.43	0.00	149.88	34.00	0.00	19
18	Bayer	D	798.72	537.60	0.90	-32.69	27.60	285.00	58.00	85.00	8
24	Hoffmann La Roche	CH	430.08	586.24	0.98	36.31	0.00	104.24	295.00	7.00	18
22	Betrix	D	448.00	609.28	1.02	36.00	0.00	240.00	29.00	78.28	26
29	Blendax	D	194.56	665.60	1.11	242.11	0.00	23.60	45.45	0.00	59
14	CWH	D	1185.28	1003.52	1.69	-15.33	5.52	457.00	122.00	134.00	28
16	Akzo	NL	1085.44	1003.52	1.68	-7.55	5.52	357.00	132.00	124.00	38

Weiter mit jeder Taste ...

Satz #	KUNDE	LAND	UMSATZ_85	UMSATZ_86	PROZ_GESUM	ÄND_VORJ_P	ANTEIL_PG1	ANTEIL_PG2	ANTEIL_PG3	ANTEIL_PG4	ANTEIL
20	Hoechst	D	727.04	1111.04	1.86	52.82	43.00	349.00	204.40	56.00	4

Abb. 47: Differenzierung der Datei JADE gemäß Kundengruppenprofil (Kriterium: Prozentualer Anteil am Gesamtumsatz)

display next 20

Satz #	KUNDE	LAND	UMSATZ_85	UMSATZ_86	PROZ_GESUM	ÄND_VORJ_P	ANTEIL_PG1	ANTEIL_PG2	ANTEIL_PG3	ANTEIL_PG4	ANTEIL_PG5
8	Johnson&Johnson	USA	2176.00	1687.04	2.82	-22.47	0.00	1687.04	0.00	0.00	0.00
9	Gillette	USA	1955.84	1351.68	2.26	-30.89	650.00	523.68	139.00	0.00	39.00
11	Mennen	USA	1692.16	1402.88	2.34	-17.10	0.00	540.86	133.02	234.00	495.00
15	Procter&Gamble	USA	1098.24	4352.00	7.27	296.27	365.00	1655.00	453.00	697.50	1181.50
19	Colgate Palmolive	USA	798.72	97.28	0.16	-87.82	0.00	42.28	25.00	12.00	18.00
26	Merck	USA	286.72	174.08	0.29	-39.29	0.00	0.00	0.00	0.00	174.08
27	Avon	USA	281.60	92.16	0.15	-67.27	0.00	0.00	92.16	0.00	0.00
30	Helene Curtis	USA	189.44	353.28	0.59	86.49	0.00	0.00	0.00	353.28	0.00
33	Shering-Plough	USA	117.76	168.96	0.28	43.48	0.00	48.60	59.36	0.00	61.00
35	Squibb-Mathieson	USA	81.92	81.92	0.14	0.00	0.00	0.00	81.92	0.00	0.00

eiter mit jeder Taste ...

Satz #	KUNDE	LAND	UMSATZ_85	UMSATZ_86	PROZ_GESUM	ÄND_VORJ_P	ANTEIL_PG1	ANTEIL_PG2	ANTEIL_PG3	ANTEIL_PG4	ANTEIL_PG5
36	Bristol Myers	USA	48.64	76.80	0.13	57.89	0.00	0.00	30.00	0.00	46.80

Abb. 48: Umsatzanalyse aller USA-Kunden

Eine weitere Selektion sollte alle Kunden auflisten, deren Jahresumsatz 1986 höher als 3 Mio. DM war. Die schon bekannte Befehlsfolge

SET INDEX TO UM86

LOCATE FOR UMSATZ_86 > 3000

DISPLAY NEXT 20 TO PRINT

liefert die gewünschte Liste (vgl. Abb. 49).

display next 20

Satz #	KUNDE	LAND	UMSATZ_85	UMSATZ_86	PROZ_GESUM	ÄND_VORJ_P	ANTEIL_PG1	ANTEIL_PG2	ANTEIL_PG3	ANTEIL_PG4	ANTEIL_PG5
5	L'Oreal	F	4828.16	3082.24	5.15	-36.16	154.00	1222.00	308.14	450.10	948.00
7	Schwarzkopf	D	3811.84	3089.92	5.16	-18.94	0.00	1476.00	399.00	456.92	758.00
15	Procter&Gamble	USA	1098.24	4352.00	7.27	296.27	365.00	1655.00	453.00	697.50	1181.50
3	Beecham	GB	5473.28	4794.88	8.01	-12.39	234.00	2000.00	440.00	643.29	1477.59
2	Wella	D	5885.44	5790.72	9.68	-1.61	260.00	2300.00	540.00	812.00	1878.72
4	Riese	D	5468.16	6238.72	10.43	14.09	312.00	2435.00	608.72	1250.00	1633.00
6	BDF	D	3880.96	6430.72	10.75	65.70	308.00	2455.00	0.00	1800.00	1867.72
1	BASF	D	6438.40	7027.20	11.74	9.15	350.00	2800.00	720.00	1050.00	2107.20

Abb. 49: Liste über Kunden mit mehr als 3 Mio. DM Jahresumsatz 1986

Schließlich sollten alle deutschen Kunden mit einem Umsatzrückgang im Vergleich zum Vorjahr selektiert werden. Hier sind also zwei Kriterien zu verknüpfen, was mit Hilfe des logischen "UND" geschehen kann, das in dBASE durch .AND. angesprochen wird. Die entsprechenden Befehle lauten

GO TOP

DISPLAY NEXT 20 FOR LAND = 'D' .AND. ÄND_VORJ_P < 0
und liefern die Aufstellung in Abb. 50.

. display next 20 for lanfd = 'D' .and. umsänd_vorj_p < 0

Satz #	KUNDE	LAND	UMSATZ_85	UMSATZ_86	PROZ_GESUM	ÄND_VORJ_P	ANTEIL_PG1	ANTEIL_PG2	ANTEIL_PG3	ANTEIL_PG4	ANTEIL_PE
2	Wella	D	5885.44	5790.72	9.68	-1.61	260.00	2300.00	540.00	812.00	1878.7
7	Schwarzkopf	D	3811.84	3089.92	5.16	-18.94	0.00	1476.00	399.00	456.92	758.(
10	Henkel	D	1799.68	1656.32	2.77	-7.97	89.00	537.00	178.32	237.00	615.(
12	Schering	D	1615.36	1295.36	2.16	-19.81	68.00	534.00	134.36	189.00	370.(
14	CWH	D	1185.28	1003.52	1.68	-15.33	5.52	457.00	122.00	134.00	285.(
18	Bayer	D	798.72	537.60	0.90	-32.69	27.60	285.00	58.00	85.00	82.(
21	Rubinstein	D	463.36	327.68	0.55	-29.28	0.00	0.00	59.00	0.00	268.[illegible]
23	Dralle	D	432.64	378.88	0.63	-12.43	0.00	149.88	34.00	0.00	195.(
25	Goldwell	D	414.72	317.44	0.53	-23.46	0.00	159.00	0.00	0.00	158.[illegible]

Abb. 50: Liste aller deutschen Kunden mit Umsatzrückgang

(4) Interpretation der Ergebnisse

Das Umsatzprofil soll mit Hilfe der Lorenzkurve zusätzlich graphisch dargestellt werden, wobei hier die Ergebnisse aus Abb. 45 in Verbindung mit denen aus Abb. 46 eingehen. Die Umsatzanteile der einzelnen Produktgruppen werden in eine Reihenfolge gebracht, wobei mit dem Produkt begonnen wird, das den größten Umsatzanteil aufweist (in diesem Fall also die Produktgruppe 2: Duftstoffe). Den so nach Umsatzanteilen sortierten Produktgruppen werden die jeweiligen Anteile an der Produktionskapazität zugeordnet. Die Punkte der Lorenzkurve erhält man durch Eintragen der entsprechenden Kreuzpunkte in ein Koordinatensystem, und zwar jeweils kumuliert (vgl. Abb. 51). Als umsatzintensive Produktgruppen ergeben sich PG2 (Duftstoffe) und PG5 (Konservierungsmittel). PG2 erzielt allein 40% des Gesamtumsatzes, belegt aber nur 10% der Produktionskapazität. PG5 erzielt bei gleichem Anteil an der Produktionskapazität immerhin fast 30% des Gesamtumsatzes. Eine Vernachlässigung einer dieser beiden Produktgruppen (z.B. in bezug auf Produktpflege, Vertriebspolitik usw.) würde also einen starken Umsatzrückgang initiieren. PG1 (waschaktive Substanzen) dagegen belegt bei einem Gesamtumsatzanteil von nur 5,18% einen Anteil an der Produktionskapazität in Höhe von 40%.

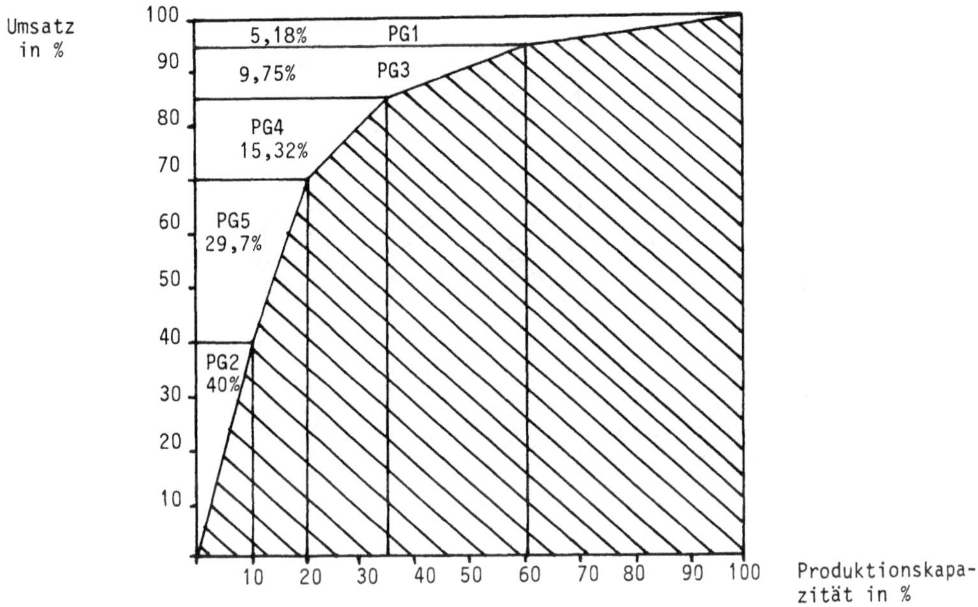

Abb. 51: Umsatzprofil der JADE AG

Ähnlich interessant wie die Konzentration der Umsätze auf ihre Produktgruppen ist das Kundenprofil, das anzeigt, wieviel Prozent des Umsatzes auf wieviel Prozent der Kunden entfällt. Hierzu waren unter (2) drei Kundengruppen KG1, KG2 und KG3 abgegrenzt worden. Bei analoger Vorgehensweise wie bei der Erstellung des Umsatzprofils (hier jedoch unter Einbindung der Ergebnisse aus Abb. 47) läßt sich zeigen (vgl. Abb. 52), daß KG2 (Kunden mit einem Anteil am Gesamtumsatz zwischen zwei und zehn Prozent), welche 33% aller Kunden umfaßt, einen Anteil von 53,6% am Gesamtumsatz aufweist, also Hauptumsatzträger ist. Mit 33% Anteil am Gesamtumsatz folgt dann KG1 (Kunden mit einem Anteil am Gesamtumsatz von mehr als 10%), die allerdings nur 8% aller Kunden der JADE AG ausmacht. Schließlich weist der größte Teil der Kunden (58%) nur einen Anteil von 13,4% am Gesamtumsatz auf (KG3: Kunden mit einem Anteil am Gesamtumsatz von weniger als 2%).

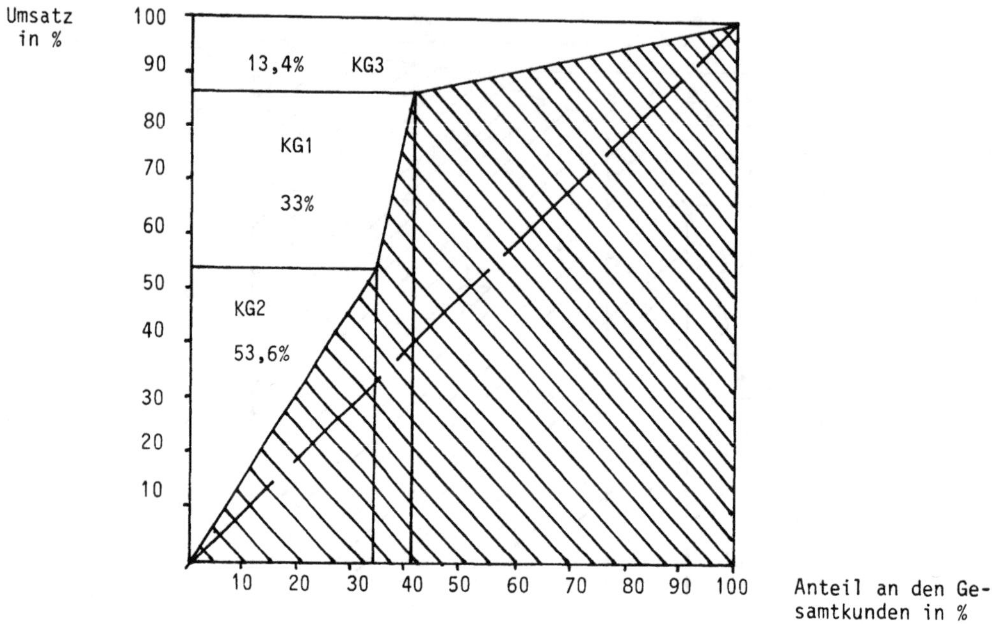

Abb. 52: Kundenprofil der JADE AG

Die Ergebnisse aus dem Kundenprofil zeigen, daß die Abhängigkeit von Kunden der KG1, in diesem Fall von Riese, Beiersdorf und BASF, sehr groß ist und mögliche Ausfälle in dieser Kundengruppe erheblichen Einfluß auf Gewinn und Wirtschaftlichkeit nehmen würden.

(6) ÜBUNGEN

Aufgabe 7
Öffnen Sie die Datei JADE und erstellen Sie eine Rangfolge aller Kunden, deren Umsatzzuwächse dreistellig sind.

Aufgabe 8
Selektieren Sie alle Kunden, die weder aus Produktgruppe 2 noch aus Produktgruppe 5 (Hauptumsatzträger) Waren bezogen haben.

Aufgabe 9
Ermitteln Sie den Gesamtumsatz der JADE AG mit allen französischen und niederländischen Kunden.

2. Extrapolierende Prognosetechniken

Prognosetechniken können allgemein definiert werden als Verfahren, die der Gewinnung bzw. der Erkenntnis von Informationen über die Zukunft dienen. Aufgrund der Vielzahl von Techniken erscheint eine vollständige Aufzählung ebenso schwierig wie eine sinnvolle Systematisierung.

Gemäß unterschiedlicher Einteilungskriterien unterscheidet man *Entwicklungsprognosen*, bei denen die zu prognostizierende Variable abhängig ist von exogenen, also vorgegebenen, nicht beeinflußbaren Größen, und *Wirkungsprognosen*, bei denen die zu prognostizierende Größe in Abhängigkeit steht zu der Gestaltung endogener Variablen (z.B. absatzpolitische Instrumente).

Hinsichtlich des Kriteriums der Fristigkeit differenziert man *kurzfristige* (Prognosezeitraum geringer als ein Jahr) von *langfristigen* Prognosen (Prognosezeitraum größer als ein Jahr). Mit Blick auf die Exaktheit der Prognosen trennt man *quantitative* Prognosen, die auf Basis mathematischer Verfahren rechnerische Ergebnisse ermitteln, von *qualitativen* Prognosen, bei welchen Erfahrungen, Kenntnisse oder "Fingerspitzengefühl" eingesetzt werden. Die qualitativen Prognosetechniken werden auch häufig als *pragmatische* Prognosen bezeichnet, weil überwiegend heuristische Verfahren zur Produktion, Systematisierung und Kombination von Prognoseinformationen Einsatz finden, die den eigentlichen Prognosevorgang kaum nachvollziehbar machen. Die quantitativen Prognosetechniken werden weiter differenziert in *extrapolierende* Prognosetechniken, bei denen Vergangenheitswerte mit Hilfe mathematisch-statistischer Verfahren ohne Berücksichtigung kausaler Beziehungen in die Zukunft projiziert werden, und *kausale* Prognosetechniken, die die zukünftige Entwicklung einer Zeitreihe aus dem Verlauf einer anderen Zeitreihe ableiten, die zur ersten in einem eindeutigen (*deterministische* Kausalprognose) oder einem wahrscheinlichen (*stochastische* Kausalprognose) Ursache-Wirkungs-Zusammenhang stehen.

Als konkrete Verfahren subsumiert Schierenbeck unter Prognosetechniken (vgl. SCHIERENBECK, 1986, S. 136):

- **Delphi-Methode**
- **Statistische Extrapolationsverfahren**
- **Analogieverfahren**
- **Querschnittsanalyse**
- **Indikatormethode**
- **Regressionsanalyse**
- **Ökonometrische Modelle**
- **Verweilzeitrechnungen**
- **Input-Outputanalyse**
- **Simulationsmodelle**

Stellvertretend für andere werden im folgenden die extrapolierenden Prognosetechniken behandelt.

Hauptannahme bei Einsatz extrapolierender Prognosetechniken ist, daß unter der Voraussetzung relativ stabiler Umweltbedingungen und einer hinreichend großen Anzahl von Vergangenheitswerten die in der Vergangenheit wirksamen Einflüsse weitgehend unverändert auch in der Zukunft Geltung haben. Deshalb werden mit Hilfe der extapolierenden Verfahren die in chronologischer Reihenfolge vorliegenden Vergangensheitswerte mathematisch geglättet und in die Zukunft fortgeschrieben. Im Rahmen der extrapolierenden Prognosetechniken werden drei Klassen von Verfahren unterschieden (vgl. WITTE, 1983, S. 77 ff.):

- Verfahren der konstanten Extrapolation
- Verfahren der Trendextrapolation
- Verfahren der zyklischen Extrapolation

2.1 VERFAHREN DER KONSTANTEN EXTRAPOLATION

Folgen die beobachteten bzw. verfügbaren Vergangenheitswerte einer Zeitreihe keinem erkennbaren Trend, sondern schwanken zufällig um einen Mittelwert mit einer relativ konstanten Varianz, so gelangen die Verfahren der konstanten Extrapolation zur Anwendung. Hier unterscheidet man

- Einfache Mittelwertbildung
- Gleitende Mittelwertbildung
- Exponentielle Glättung erster Ordnung

Die Anwendung dieser Verfahren soll anhand einer kleinen Problemstellung demonstriert werden.

(1) Problemstellung

Die Voigthaus Exporthandelsgesellschaft mbH will in der Warengruppe Universalwaschmittel aus den Monatsumsätzen des Vorjahres einen monatlichen Sollwert für das laufende Jahr ermitteln.

Die Monatsumsätze des letzten Jahres betrugen (in Mio. DM):

Januar	$4{,}394 = U_1$	Juli	$4{,}198 = U_7$
Februar	$4{,}284 = U_2$	August	$4{,}535 = U_8$
März	$4{,}676 = U_3$	September	$4{,}521 = U_9$
April	$4{,}605 = U_4$	Oktober	$4{,}368 = U_{10}$
Mai	$4{,}230 = U_5$	November	$4{,}419 = U_{11}$
Juni	$4{,}308 = U_6$	Dezember	$4{,}706 = U_{12}$

Dabei ist die Geschäftsleitung jedoch unterschiedlicher Auffassung darüber, wie die abgelaufenen Monatsumsätze zu bewerten sind.

(2) Problemlösung - gedanklich/theoretisch

Beim Verfahren der *einfachen Mittelwertbildung* gehen die Monatsumsätze des abgelaufenen Jahres mit gleichem Gewicht in die Prognose ein. Hat sich ein Geschäftsführer für die Anwendung dieses Verfahrens entschieden, so ist er der Auffassung, daß der Prognosewert vom historisch ältesten Wert des Vorjahres (U_1) in gleicher Weise beeinflußt wird wie vom jüngsten Wert (U_{12}). Der Prognosewert U_{13} würde sich dann berechnen als

$$U_{13} = \frac{1}{n} \, (U_{12} + U_{11} + \ldots + U_1)$$

Bei der *gleitenden Mittelwertbildung* ist die Beeinflussung des Prognosewertes durch die jüngeren Vergangenheitswerte höher als durch die historisch älteren Werte. Die Intensität der Abhängigkeit von den jüngeren Werten hängt dabei von der Gliedzahl k ab, die Zahl der sukzessive in die Mittelwertbildung eingehenden Vergangenheitswerte. Je kleiner diese Gliedzahl gewählt wird, desto reagibler ist das Verfahren.

Die exponentielle Glättung erster Ordnung ist eine Mischung aus den beiden oben angesprochenen Verfahren. In die Berechnung des Prognosewertes gehen ein der geglättete Mittelwert von Vergangenheitswerten, ein sog. Reaktionsparameter (a) und der jüngste Vergangenheitswert. Der Reaktionsparameter (auch Glättungskomponente genannt) bewegt sich zwischen 0 und 1 und bestimmt die Ausrichtung der Prognose auf historisch ältere Werte (kleine a-Werte) oder die stärkere Berücksichtigung der jüngeren Monatsumsätze (große a-Werte). Damit hängt die Prognosegenauigkeit unmittelbar davon ab, wie exakt der Reaktionsparameter an die tatsächliche Bedeutung jüngerer oder älterer Werte für die Prognose angeglichen werden kann.

(3) Problemlösung - praktisch / PC-gestützt

Für die Lösung des oben beschriebenen Prognoseproblems soll das statistische Standardpaket STATGRAPHICS eingesetzt werden, welches eine Kombination von graphischen und statistischen Problemaufbereitungs- bzw. Problemlösungsmöglichkeiten beinhaltet. Gleichwohl ist für den aufmerksamen Leser erkennbar, daß das oben beschriebene Problem auch sinnvoll mit einem Tabellenkalkulationsprogramm (evtl. in Verbindung mit dem Graphikbereich auch in einem integrierten Paket) gelöst werden kann, da relativ einfache, leicht programmierbare Verfahren verwendet werden (die Berechnungen beim zweiten und dritten Verfahren sind nicht viel schwieriger als die gezeigte einfache Mittelwertbildung) und auch der Komplexitätsgrad als niedrig einzustufen ist.

Bei einfacher Berechnung des arithmetischen Mittels (Summenbildung über alle 12 Monatsumsätze und anschließende Division durch die Anzahl der Werte) ergibt sich ein Prognosewert von 4,437 Mio. DM für das Folgejahr. Die Erstellung der Problemlösung unter Verwendung des zweiten und dritten Verfahrens ist im Ablauf wie folgt dargestellt.

1. Schritt: Programmanfang mit dem Befehl APL

Nach dem Programmaufruf mit **APL** (STATGRAPHICS ist in der Sprache APL programmiert, vgl. hierzu CURTH/EDELMANN, 1988) erscheint die erste STATGRAPHICS-Maske mit der Frage nach einem automatischen Logon. Hier können bei Eingabe von 'No' (Verneinen der Frage) alle Angaben zur Systemkonfiguration (z.B. Anzahl und Art der Bildschirme, Drucker- bzw. Plotteranbindung usw.) beantwortet und zur späteren Wiederverwendung gespeichert werden. Ein solcher früher erstellter "Konfigurationsfile" wird bei positiver Beantwortung der Frage mit "Yes" einfach in das System geladen. Nach zweimaligem Betägigen der R-Taste gelangt man schließlich in das Hauptmenü von STATGRAPHICS (vgl. Abb. 53).

```
                 STATGRAPHICS Statistical Graphics System

DATA HANDLING AND SYSTEM UTILITIES          TIME SERIES PROCEDURES
  A. Data Management                          L. Forecasting
  B. System Environment                       M. Quality Control
  C. Report Writer and Graphics Replay        N. Smoothing
  D. Plotter Interface                        O. Time Series Analysis

PLOTTING AND DESCRIPTIVE STATISTICS         ADVANCED PROCEDURES
  E. Plotting Functions                       P. Categorical Data Analysis
  F. Descriptive Methods                      Q. Multivariate Methods
  G. Estimation and Testing                   R. Nonparametric Methods
  H. Distribution Functions                   S. Sampling
  I. Exploratory Data Analysis                T. Experimental Design

ANOVA AND REGRESSION ANALYSIS               MATHEMATICAL PROCEDURES
  J. Analysis of Variance                     U. Numerical Analysis
  K. Regression Analysis                      V. Mathematical Functions

       Use cursor keys to highlight desired section.  Then press ENTER.

1HELP   2LABEL   3SAVSC   4RECORD 5      6      7      8      9REVIEW 10[illegible]
INPUT   TUE JAN 1  1980  12:03:00 AM  VERSION 1.2                   RE[illegible]:O[illegible]
```

Abb. 53: Hauptmenü von STATGRAPHICS

Das Hauptmenü enthält 22 unterschiedliche Sektionen (von A. bis V.), welche sich auf die Bereiche

- Data Handling and System Utilities
- Plotting and Descriptive Statistics
- Anova and Regression Analysis
- Time Series Procedures
- Advanced Procedures
- Mathematical Procedures

aufteilen. Hinter jeder Sektion verbirgt sich ein weiteres Menü mit zahlreichen Funktionen, so daß dem Anwender über 250 Funktionen zur Verfügung stehen.

2. Schritt: Dateneingabe

Um zunächst die Vergangenheitswerte (Monatsumsätze der Voigthaus GmbH in der Warengruppe Universalwaschmittel) einzugeben, bewegt man den Cursor auf die **Sektion A. Data Management**, betätigt die R-Taste und gelangt so ins Data Management-Auswahlmenü (vgl. Abb. 54).

```
                DATA MANAGEMENT

 1.  Manipulate Defined Variables
 2.  Full-Screen Data Editor
 3.  Read Variable Definitions from SG File
 4.  Write to STATGRAPHICS File
 5.  Import Data from ASCII Data File
 6.  Export Data to ASCII Data File
 7.  Import Data from DIF File
 8.  Export Data to DIF File
 9.  Import Lotus 1-2-3 Worksheet
10.  Export Lotus 1-2-3 Worksheet
11.  Recode Missing Values


        Use cursor keys to highlight desired procedure.
                    Then press ENTER.

1HELP   2LABEL   3SAVSC   4RECORD 5      6      7       8       9REVIEW 10QUIT
INPUT   TUE JAN 1  1980   12:05:00 AM   VERSION 1.2                    REC:OFF
```

Abb. 54: Data Management-Auswahlmenü

Hier kann man bereits definierte Variablen manipulieren (Auswahl 1), neue Variablen definieren (Auswahl 2), von unterschiedlichen Files (z.B. ASCII-Files, Lotus 1-2-3 Files) Variablen lesen oder in solche Files Variablen schreiben. Mit der Funktionstaste F1 erhält man systemzustandsabhängige Help-Meldungen und mit F10 gelangt man ins jeweilig vorhergehende Menü (in diesem Fall das Hauptmenü) zurück.

Um nun die Umsatzvariable zu definieren, wird der Full-Screen Data Editor unter der Auswahl **2** angewählt. Zunächst gibt STATGRAPHICS einen Überblick über alle bisher definierten Files (vgl. Abb. 55), wobei alle außer WORKSPACE (=Arbeitsbereich) auf der Festplatte dauerhaft gespeichert sind (gekennzeichnet durch das "C" unter DISK).

```
THE FOLLOWING FILES ARE AVAILABLE:

FILENAME      DISK     FILENAME      DISK
---------------        ---------------
WORKSPACE              ORDERS          C
ANOVA          C       QCDATA          C
AUSWERT        C       RANDOM          C
CARDATA        C       RSGDATA         C
IRONORE        C       SCRNHELP        C
MENUFNS        C       TSDATA          C
NONLIN         C




USE CURSOR KEYS TO HIGHLIGHT DESIRED FILE. THEN PRESS ENTER.

1HELP   2LABEL  3SAVSC  4RECORD 5      6      7      8      9REVIEW 10QUIT
INPUT   TUE JAN 1  1980  12:07:00 AM  VERSION 1.2                REC:OF
```

Abb. 55: Übersicht über bisher definierte Files

Bewegt man den Cursor zunächst auf WORKSPACE und betätigt dann die R-Taste, so erhält man einen zunächst leeren Data Editor, in welchem die Umsatzwerte der Voigthaus GmbH in der ersten Spalte eingetragen werden (Abb. 56). Diese Werte werden mit **F2**

```
                                   Data Editor         Maximum Rows:     11
       Date Updated: 01/01/80                          Number of Cols:    1

Row           VAR1

  1          4.394
  2          4.284
  3          4.676
  4          4.605
  5          4.230
  6          4.308
  7          4.198
  8          4.535
  9          4.521
 10          4.368
 11          4.419
 12          4.706
 13
 14

Length   11           0           0           0           0           0
Type     N            N           N           N           N           N
                    Cursor at Row 12     and Column 1
*1HELP   2SAVE   3DONE   4SORT   5DSORT   6VSORT   7DVSORT 8UNSORT 9PRINT   10QUIT
INPUT    TUE JAN 1  1980  12:09:00 AM  VERSION 1.2                    REC:OF
```

Abb. 56: Eintragen von Variablenwerten im Full-Screen Data Editor

im Arbeitsbereich gespeichert. Um die Variablen dauerhaft in einem STATGRAPHICS-File zu speichern, wird dreimal hintereinander die F10-Taste betätigt, um ins Data Management-Menü zu kommen (vgl. Abb. 54). Hier wählt man die Funktion 4 ("Write to STATGRAPHICS File") und erhält die schon in Abb. 55 gezeigte Auflistung aller STATGRAPHICS-Files. Die soeben definierte Variable VAR1 soll z.B. im File AUSWERT dauerhaft gespeichert werden. Dazu bewegt man den Cursor auf AUSWERT und drückt die R-Taste. Die Auswahl N = New zeigt dem System an, daß eine neue Variable aufzunehmen ist. STATGRAPHICS fragt nach dem Namen dieser Variablen und man antwortet mit "**VAR1**". Danach hat man die Möglichkeit, einen Kommentar zu dieser Variablen (in diesem Fall: "Prognose Voigthaus") abzuspeichern (vgl. Abb. 57). Mit **F10** gelangt man dann wieder in das Hauptmenü, von dem aus die Prognoseprozeduren aufgerufen werden können.

```
THE FOLLOWING VARIABLES ARE CURRENTLY IN FILE C:AUSWERT:

VARIABLE NAME   TYPE  RANK  LENGTH      DATE     TIME  COMMENT
-------------------------------------------------------------------------------
FDIRECTORY                             1/ 1/80 00:46 FILE DIRECTORY
SCORESUM1         N     1    4         1/ 1/80 00:47 VG1 Pretest FB Entschpar
SCORESUM2         N     1    4         1/ 1/80 00:47 VG1 Posttest FB Entschpa.
SCORESUM3         N     1    4         1/ 1/80 00:59 VG2 Pretest FB Entschpar
SCORESUM4         N     1    4         1/ 1/80 00:59 VG2 Posttest FB Entschpa
SCORESUM5         N     1    4         1/ 1/80 01:08 VG1 Pretest FS Zielergra
SCORESUM6         N     1    4         1/ 1/80 00:43 VG1 Posttest FS Zielergr.
SCORESUM7         N     1    4         1/ 1/80 01:10 VG2 Pretest FS Zielergra
SCORESUM8         N     1    4         1/ 1/80 01:10 VG2 Posttest FS Zielergr.
diff1             N     1    4         1/ 1/80 00:09 Differenz scsum1/2
diff2             N     1    4         1/ 1/80 00:10 Differenz scsum3/4
diff3             N     1    4         1/ 1/80 00:43 Differenz scsum 5/6
diff4             N     1    4         1/ 1/80 00:11 Differenz scsum 7/8
SCORESUM9         N     1    4         1/ 1/80 00:21 KG Pretest FB Entschpar
SCORESUM10        N     1    4         1/ 1/80 00:22 KG Posttest FB Entschpar
SCORESUM11        N     1    4         1/ 1/80 00:23 KG Pretest FS Zielergrad
ENTER COMMENT: Prognose Voigthaus

          C=COMMENT D=DISPLAY E=ERASE N=NEW R=RENAME U=UPDATE
 1HELP  2LABEL  3SAVSC  4RECORD 5     6      7      8      9REVIEW 10QUIT
INPUT   TUE JAN 1  1980  12:16:00 AM  VERSION 1.2                   REC:OFF
```

Abb. 57: Übersicht über Variablen des Files AUSWERT

3. Schritt: Ausführung der Prognoseverfahren

Im Rahmen der Einführung zum Abschnitt 2.1 waren als Verfahren der konstanten Extrapolation die einfache Mittelwertbildung, die gleitende Mittelwertbildung und die exponentielle Glättung erster Ordnung differenziert worden.

Bei der *einfachen Mittelwertbildung* brauchen die 12 Vergangenheitswerte der Voigthaus GmbH - wie schon erwähnt - lediglich summiert und durch 12 dividiert zu werden und man erhält als arithmetisches Mittel 4,437 Mio. DM.

Zur Bildung des *gleitenden Mittelwertes* wählt man im **STATGRAPHICS-Hauptmenü die Sektion N. Smoothing an und erhält das in Abb. 58 gezeigte Menü.**

```
SMOOTHING

1. Simple Moving Average
2. Weighted Moving Averages
3. Polynomial Smoothing
4. Q-Splines
5. Closed Q-Splines
6. Rate Function Estimate from Counts
7. Rate Function Estimate from Intervals

Use cursor keys to highlight desired procedure.
Then press ENTER.

1HELP  2LABEL  3SAVSC  4RECORD S   6   7   8   9REVIEW 10QUIT
INPUT  TUE JAN 1  1980  12:22:00 AM  VERSION 1.2   REC:OFF
```

Abb. 58: Übersicht über die Prozeduren in der Sektion Smoothing

Selektiert man nun die erste Prozedur "Simple Moving Average", so wird man nach dem Namen der Variablen mit den Zeitreihenwerten gefragt und tippt ein: **VAR1**. Anschließend wird nach der Gliedzahl *k* gefragt und man kann die voreingestellte 3 übernehmen. Das System zeigt nun die Graphik, welche die Vergangenheitswerte und den Prognosewert enhält, dessen genauer Wert in der Sektion Data Management nachgesehen werden kann.

Beantwortet man die anschließende Frage nach der Abspeicherung der Graphik mit "**y**", vergibt man auf den Systemhinweis "Graph number (1):" eine **1** und belegt die Kommentarzeile z.B. mit "**Moving average Voigthaus GmbH**", so kann die Graphik später jederzeit wieder abgerufen werden. Die letzte Systemfrage der Prozedur betrifft die Variablenbezeichnung für die Aufnahme der numerischen Werte: "Enter name of variable in which to save moving averages:". Trägt man hier z.B. als Variablenbezeichnung **VAR1MA** ein, so kann man in der Sektion A. Data Management im Workspace die Variable VAR1MA editieren und den Prognosewert in Höhe von 4.47457 Mio. DM ablesen.

Zur Durchführung einer exponentiellen Glättung kehrt man zunächst mit F10 wieder ins Hauptmenü zurück und geht in Sektion L. Forecasting (vgl. Abb. 59).

```
FORECASTING

1.  Brown's Exponential Smoothing
2.  Holt's Linear Exponential Smoothing
3.  Winter's Seasonal Smoothing
4.  Simple Trend Analysis
5.  Exponential Power Curve
6.  Life-Cycle Fitting
7.  Seasonal Decomposition

Use cursor keys to highlight desired procedure.
Then press ENTER.

1HELP   2LABEL   3SAVSC   4RECORD 5     6     7     8     9REVIEW
INPUT   TUE. JAN 1  1980  12:52:00 AM  VERSION 1.2
```

Abb 59: Übersicht über die Prozeduren in der Sektion Forecasting

In der anzuwählenden Prozedur 1 "Brown's Exponential Smoothing" trägt man auf die Frage nach dem Variablennamen zunächst wieder **VAR1** ein. Auf die weiteren Fragen antwortet man wie folgt:

number of forecasts (12): **12**
Smoothing constant 0 ALPHA 1 : = **0.5**
simple, linear or quadratic smoothing? (0/1/2): **0**

Nach der Beantwortung der schon von der vorhergehenden Prozedur bekannten Fragen

save the graph (n/y) : **y**
graph number (1) : **2**
comment: **Exponential smoothing Voighthaus GmbH**

erhält man zusätzlich die in Abb. 60 gezeigte Auswertung mit Aussagen zur Prognosegenauigkeit.

```
BROWNS SIMPLE EXPONENTIAL SMOOTHING WITH ALPHA = 0.5
Residual summary
AVERAGE ERROR (ME) = 0.0304732
MEAN SQUARED ERROR (MSE) = 0.0405505
MEAN ABSOLUTE ERROR (MAE) = 0.170247
MEAN ABSOLUTE PERCENTAGE ERROR (MAPE) = 3.81149
MEAN PERCENTAGE ERROR (MPE) OR BIAS = 0.527604

SMOOTHED VALUES PLACED IN SMOOTHES FOR PERIODS 2-12
FORECASTS PLACED IN FORECASTS FOR PERIODS 13-24

Press ENTER to continue.
```

Abb. 60: Auswertung der Prognosegenauigkeit von Brown's Simple Exponential Smoothing

Anschließend läßt sich in der Sektion A. Data Management im Arbeitsbereich unter "Forecasts" ein Prognosewert in Höhe von 4,5616 Mio. DM ablesen.

(4) Interpretation der Ergebnisse

Die Verfahren der konstanten Extrapolation lieferten die folgenden Ergebnisse für die Monatsumsätze der Voigthaus GmbH:

- einfache Mittelwertbildung : 4,437 Mio. DM
- gleitenden Mittelwertbildung : 4,47457 Mio. DM
- exponentielle Glättung : 4,5616 Mio. DM

Bei der einfachen Mittelwertbildung haben alle Vergangenheitswerte bei der Bildung des Prognosewertes das gleiche Gewicht. Der aus den Vergangenheitswerten arithmetisch ermittelte Prognosewert ist also unabhängig von zeitlichen Einflüssen der Zeitreihe.

Die gleitende Mittelwertbildung gewichtet die jüngeren Vergangenheitswerte in Abhängigkeit von der Gliedzahl *k* etwas stärker und errechnet deshalb einen etwa um 37.000 DM höheren Prognosewert für den durchschnittlichen Waschmittel-Monatsumsatz im Folgejahr 1987 als das o.a. Verfahren.

Bei der exponentiellen Glättung erster Ordnung ergibt sich als Prognosewert der exponentiell geglättete Mittelwert der Vergangenheitsmonatsumsätze. Die Treffsicherheit wird dabei entscheidend von der Glättungskomponente *a* beeinflußt, die umso mehr die jüngeren Vergangenheitswerte berücksichtigt, je größer *a* ist, wobei $0 < a < 1$.

(5) Übungen

Aufgabe 10

Erstellen Sie für die Zeitreihe 10, 12, 13.87, 16.2, 18.4, 19.9, 23.05, 24.5 einen Prognosewert unter Verwendung eines Verfahrens der konstanten Extrapolation.

2.2 VERFAHREN DER TRENDEXTRAPOLATION

Ist die Entwicklung von Vergangenheitsdaten einer Zeitreihe durch einen Trend gekennzeichnet, der einen linearen oder nichtlinearen Verlauf hat, so gelangen Verfahren der Trendextrapolation zur Anwendung. Sie erlauben die Extrapolation der Vergangenheitswerte in die Zukunft anhand einer zu ermittelnden linearen oder nichtlinearen Funktion. Auch hier gilt ebenso wie bei den Verfahren der konstanten Extrapolation, daß die Abweichungen vom Trend zufälliger Natur sein müssen, also nicht zyklischen Schwankungen unterliegen dürfen, die auf saisonale oder konjunkturbedingte Aspekte zurückgeführt werden können. Man unterscheidet

- Verfahren der lineraren Trendextrapolation
  - lineare Regression / Methode der kleinsten Quadrate
  - exponentielle Glättung zweiter Ordnung

- Verfahren der nichtlinearen Trendextrapolation
  - exponentielle Glättung höherer Ordnung
  - nichtlineare Regression
  - adaptive Einflußgrößenkombination (Kombination von exponentieller Glättung und Regressionsanalyse)

Im folgenden soll eine Gesamtumsatzprognose für die Voigthaus GmbH unter Verwendung der Trendextrapolationsverfahren gezeigt werden, wobei exemplarisch nur ein Verfahren aus jeder Gruppe (lineare/nichtlineare Trendextrapolation) zur Anwendung kommt.

(1) Problembeschreibung

Die Umsatzentwicklung der Voigthaus GmbH soll für die nächsten vier Jahre fortgeschrieben werden. Dazu gehen die Gesamtumsätze (in Mio. DM) der letzten 10 Jahre in die Berechnung ein (vgl. Abb. 61). Die Gesamtumsatzprognose soll unter Verwendung eines linearen und eines nichtlinearen Verfahrens vorgenommen werden, wobei auch eine graphische Darstellung der Vergangenheits- und Prognosewerte gewünscht wird.

JAHR	UMSATZ
1977	29,28
1978	31,35
1979	36,91
1980	34,19
1981	34,45
1982	41,46
1983	40,67
1984	43,68
1985	45,21
1986	47,73

Abb. 61: Gesamtjahresumsätze der Voigthaus GmbH

(2) Problemlösung - gedanklich / theoretisch

Bei Verfahren der *linearen Trendextrapolation* wird aus den Vergangenheitswerten (Umsätze der abgelaufenen 10 Geschäftsjahre) die Funktion der Trendgeraden ermittelt, um für die Zukunft die entsprechenden Prognosewerte zu bestimmen. Ein Verfahren zur Ermittlung der Trendgeraden ist die lineare Regression, die auf der Methode der kleinsten Quadrate beruht. Dabei wird eine Gerade so in die Vergangenheitswerte gelegt, daß die Summe der quadratischen Abweichungen zwischen der Geraden und den Vergangenheitswerten ein Minimum annimmt. Die exponentielle Glättung zweiter Ordnung stellt ein ebenfalls geeignetes Verfahren dar, um die Trendgerade zu bestimmen und damit die Berechnung der Prognosewerte möglich zu machen.

Die *nichtlineare Trendextrapolation* beinhaltet Verfahren zur Berechnung eines Trends, welcher durch ungleiche Zuwachs- oder Abnahmeraten gekennzeichnet ist. Verwendet man zur Abbildung der nichtlinearen Trendfunktion exponentielle Glättungen höherer Ordnung, so besteht die Gefahr, daß trotz einer guten Annäherung der Funktion an die Vergangenheitswerte die Unsicherheit der prognostizierten Werte sehr hoch ist. Gleichfalls geeignet zur nichtlinearen Trendextrapolation ist die nichtlineare Regression. Schließlich ist das sehr leistungsfähige Verfahren der adaptiven Einflußgrößenkombination, eine Mischung aus Verfahren der

Regressionsanalyse und Verfahren zur exponentiellen Glättung, geeignet.

(3) Problemlösung - praktisch / PC-gestützt

Die lineare und nichtlineare Trendextrapolation der Gesamtumsätze der Voigthaus GmbH soll ebenfalls mit Hilfe des Standardpaketes STATGRAPHICS durchgeführt werden, wobei auch die einfache Erzeugung von Graphiken gezeigt werden soll.

1. Schritt: Programmaufruf mit dem Befehl APL

Die Frage nach dem automatischen Logon, die nach Programmaufruf mittels APL gestellt wird (vgl. Abschnitt 2.1), beantwortet man wiederum mit **Yes**, betätigt dann zweimal die R-Taste und gelangt dann ins Hauptmenü von STATGRAPHICS (vgl. Abb. 53 in Abschnitt 2.1).

2. Schritt: Dateneingabe (vgl. zu den einzelnen Schritten die jeweiligen Abb. und Erläuterungen in Abschnitt 2.1)

Um die Gesamtumsätze der Voigthaus GmbH in den letzten 10 Jahren einzugeben, wird im Hauptmenü wieder die Sektion A. Data Management angewählt. Im Folgemenü selektiert man die Prozedur 2. Full-Screen Data Editor und wählt dann aus den verfügbaren Files WORKSPACE aus. Hier trägt man unter der Variabeln VAR2 die 10 Jahresumsätze ein, speichert diese mit **F2** (vgl. Abb. 62) im Arbeitsbereich und springt durch zweifaches Betätigen der F10-Taste zurück ins Data Management-Menü.

```
        Date Updated: 01/01/80                        Number of Cols:    2
Row          VAR1         VAR2
 1          4.394        29.28
 2          4.284        31.35
 3          4.676        36.91
 4          4.605        34.19
 5           4.23        34.45
 6          4.308        41.46
 7          4.198        40.67
 8          4.535        43.68
 9          4.521        45.21
10          4.368        47.73
11          4.419
12          4.706
13
14
Length    12          10         0          0          0          0
Type      N           N          N          N          N          N
                    Cursor at Row 11    and Column 2
*1HELP  2SAVE   3DONE   4SORT   5DSORT  6VSORT  7DVSORT 8UNSORT 9PRINT
INPUT   TUE JAN 1  1980  01:20:00 AM  VERSION 1.2
```

Abb. 62: Eintragen der Jahresumsätze im Full-Screen Data Editor

Von hier aus kann über die Funktion 4 ("Write to STATGRAPHICS File") die Variable VAR2 dauerhaft mit dem Kommentar "**4-Jahresplanung Voigthaus GmbH**" gespeichert werden.

3. Schritt: Ausführung der Prognoseverfahren

Nachdem man ins Hauptmenü zurückgekehrt ist, können die zu prognostizierenden vier Jahresumsätze mit Hilfe der einfachen Trendanalyse (lineare Trendextrapolation) und einer exponentiellen Glättung höherer Ordnung (nichtlineare Trendextrapolation) ermittelt werden.

Zunächst positioniert man den Cursor in der Sektion L. Forecasting (vgl. Abb. 59) auf die Prozedur 4. Simple Trend Analysis. Auf die Systemfrage "Enter the name of the variable containing your data:" antwortet man mit VAR2 und auf die anschließende Frage nach der Anzahl der gewünschten Prognosewerte gemäß der vorliegenden Aufgabenstellung mit "**4**". Sofort anschließend baut das System die Graphik auf, welche die Originalzeitreihenwerte, die geglätteten Werte sowie die Prognosewerte enthält.

Die nachfolgende Frage, ob der Graph gespeichert werden soll, wird mit "**Yes**" beantwortet und als Graphnummer "**3**" eingegeben. Als Kommentar (max. 30 Zeichen) wird gespeichert "**Simple Trend Voigthaus GmbH**". Abb. 63 zeigt eine abschließende Auswertung der Prozedur

"Simple Trend Analysis", die als wesentliche Komponente die Funktion der Trendgeraden enthält. Sie lautet: 27,714 + 1,95982t

```
ESTIMATED FUNCTION IS (27.714+1.95982T)
Residual summary
AVERAGE ERROR (ME) = -2.4869E-15
MEAN SQUARED ERROR (MSE) = 2.72838
MEAN ABSOLUTE ERROR (MAE) = 1.20178
MEAN ABSOLUTE PERCENTAGE ERROR (MAPE) = 3.26306
MEAN PERCENTAGE ERROR (MPE) OR BIAS = -0.200705

SMOOTHED VALUES PLACED IN SMOOTHES FOR PERIODS 1-10
FORECASTS PLACED IN FORECASTS FOR PERIODS 11-14

Press ENTER to continue.
```

Abb. 63: Ergebnisauswertung der Simple Trend Analysis

Die rechnerisch ermittelten Prognosewerte, die sich im WORKSPACE unter der Variablen FORECASTS ablesen lassen oder aber durch Einsetzen der t-Werte (11 bis 14) für den Prognosezeitraum ermitteln lassen, lauten für

1987 :	49,27 Mio. DM
1988 :	51,23 Mio. DM
1989 :	53.19 Mio. DM
1990 :	55,15 Mio. DM

Zur Ausführung der exponentiellen Glättung höherer Ordnung kann in der Sektion L. Forecasting verblieben werden und man wählt die Prozedur 5. Exponential Power Curve. Hier trägt man als Variablennamen **VAR2** ein und bei der Anzahl gewünschter Prognosewerte "**4**". Der anschließend gezeigte Graph kann unter der Graphnummer **4** und dem Kommentar "**Power Curve Voigthaus GmbH**" gespeichert werden.

Am Ende der Prozedur zeigt STATGRAPHICS wieder die abschließende Auswertung der Ergebnisse (Abb. 64), die auch den

Hinweis enthält, daß die Prognosewerte für die Perioden 11 bis 14 in der Variablen FORECASTS eingesehen werden können.

```
ESTIMATED FUNCTION IS EXP(3.35498+0.051567T)
Residual summary
AVERAGE ERROR (ME) = 0.035728
MEAN SQUARED ERROR (MSE) = 2.7327
MEAN ABSOLUTE ERROR (MAE) = 1.22575
MEAN ABSOLUTE PERCENTAGE ERROR (MAPE) = 3.34279
MEAN PERCENTAGE ERROR (MPE) OR BIAS = -0.103657

SMOOTHED VALUES PLACED IN SMOOTHES FOR PERIODS 1-10
FORECASTS PLACED IN FORECASTS FOR PERIODS 11-14

Press ENTER to continue.
```

Abb. 64: Ergebnisauswertung der Exponential Power Curve

Die nach diesem Verfahren errechneten Werte für die Jahre 1987 bis 1990 lauten:

1987 :	50,51 Mio. DM
1988 :	53,19 Mio. DM
1989 :	56,00 Mio. DM
1990 :	58,96 Mio. DM

(4) Interpretation der Ergebnisse

Zur Bestimmung der Umsatzprognosewerte der Voigthaus GmbH für die nächsten vier Jahre 1987 bis 1990 haben sich die Berechnungsergebnisse in Abhängigkeit vom verwendeten Verfahren unterschiedlich entwickelt.

Das Verfahren der linearen Trendextrapolation hat gleiche jährliche Umsatzsteigerungen in Höhe von 1,96 Mio. DM prognostiziert. Dieses Verfahren ist äußerst stabil und reagiert nicht auf kurzfristige Abweichungen vom Trend. Bei Betrachtung der Ausgangswerte (vgl. Problembeschreibung) sind Abweichungen vom langfristigen Trend in den ersten Jahren und im Jahr 1983 festzustellen.

Bei der nichtlinearen Trendextrapolation erhalten zufällige Abweichungen ein relativ starkes Gewicht. Insofern ergeben sich insgesamt höhere Prognosewerte (in der Spitze 59 Mio. DM) als bei der linearen Trendextrapolation (ca. 55 Mio. DM), da seit 1984 stetig Steigerungen des Jahresumsatzes erzielt wurden. Aufgrund dieser Tatsache erscheint auch das Verfahren der nichtlinearen Trendextrapolation bei den vorliegenden Vergangenheitsumsätzen etwas realistischere Prognosewerte zu liefern.

(5) Übungen

Aufgabe 11

Führen Sie für die Monatsumsätze 10.000, 12.000, 11.500, 14.000, 16.000, 17.300, 18.000, 20.000 eine Prognose des nachfolgenden Halbjahres unter Verwendung eines geeigneten Verfahrens durch.

2.3 VERFAHREN DER ZYKLISCHEN EXTRAPOLATION

Sind die Abweichungen von Zeitreihenwerten vom Trend oder einem Mittelwert nicht zufällig, sondern durch eine zyklische Komponente hervorgerufen, die um einen Grundwert periodisch oszilliert, werden Verfahren der *zyklischen Extrapolation* interessant. In der Regel werden langfristige (Konjunkturschwankungen) und kurzfristige Zyklen (Saisonschwankungen) differenziert, wobei die mathematische Berechnung solcher Zyklen dann sehr kompliziert wird, wenn diese einen linearen oder nichtlinearen Trend überlagern.

Die PC-gestützte Lösung von Problemen in diesen Bereichen kann ebenfalls durch Einsatz von STATGRAPHICS erfolgen. Unter der Sektion "Forecasting" finden sich dafür z.B. die Prozeduren

- Winter's Seasonal Exponential Smoothing
- Seasonal Decomposition

Ohne in diesem Feld der zyklischen Extrapolation Anwendungsbeispiele abzugrenzen, soll noch auf die übersichtliche Helpfunktion von STATGRAPHICS hingewiesen werden. Mit Hilfe der F1-Taste werden systemzustandsabhängige Helpmasken erzeugt. Wählt man z.B. in der Sektion Forecasting mit dem Cursor die Prozedur 3 an, so erhält man bei anschließendem Betätigen der F1-Taste

```
PROCEDURE: Winter's Seasonal Exponential Smoothing     SECTION: Forecasting

PURPOSE:   Winter's linear and seasonal exponential smoothing.  The input
           time series is smoothed three times using separate smoothing
           constants alpha (for the level), beta (for the trend), and gamma
           (for the seasonal effects).  The smoothed values are plotted
           as a solid line through the original observations, and
           summary statistics are printed for the residuals (one-step
           ahead forecast errors).

QUERIES:   (1) name of vector containing time series data.
           (2) number of forecasts desired.
           (3) value of the smoothing constant alpha (0<alpha<1).
           (4) value of the linear smoothing constant beta (0<beta<1).
           (5) value of the seasonal smoothing constant gamma (0<gamma<1).

OUTPUT:   smoothed values are placed in the variable SMOOTHES, while the
          forecasts are placed in the variable FORECASTS.

                                            Press any key to continue.

 1HELP   2LABEL  3SAVSC  4RECORD 5       6       7       8       9REVIEW
INPUT    TUE JAN 1   1980  02:06:00 AM  VERSION 1.2
```

Abb. 65: Helpmeldung für Winter's Seasonal Exponential Smoothing

die in Abb. 65 gezeigt Helpmeldung für Winter's Seasonal Exponential Smoothing, die unter "Purpose:" Ziel und wesentliche Grundlagen des Verfahrens aufzeigt. Unter "Queries:" werden alle benötigten Parameter bzw. Benutzereingaben formuliert und unter "Output:" die rechnerischen Ergebnisse der Prozedur aufgezeigt (eine Graphik wird automatisch erzeugt).

Abb. 66 zeigt für das zweitgenannte Verfahren der zyklischen Extrapolation die Helpmeldung bei analoger Vorgehensweise.

```
PROCEDURE: Seasonal Decomposition                     SECTION: Forecasting

PURPOSE:  Seasonal decomposition by the ratio to moving average method.
          The analysis generates seasonal indices and seasonally adjusted
          data using a multiplicative model formulation.  The user may
          plot the original data with the initial moving average, the
          seasonal indices, the residual component, and/or the seasonally
          adjusted data.  The time series must have at least 4 complete
          seasons.

QUERIES:  (1) name of vector containing time series data.
          (2) length of seasonality (4 if quarterly, 12 if monthly, etc.)

OUTPUT:  (1) the initial moving average.
         (2) the seasonal indices.
         (3) the residual component.
         (4) the seasonally adjusted data.

                                              Press any key to continue.
                        Then press ENTER.

 1HELP   2LABEL   3SAVSC  4RECORD 5       6       7        8        9REVIEW
INPUT    TUE JAN 1  1980  02:09:00 AM  VERSION 1.2
```

Abb. 66: Helpmeldung für Seasonal Decomposition

3. Bewertungstechniken

Bewertungstechniken unterstützen die verschiedensten Zuordnungs- und Selektionsprozesse. Die Vielfalt der hier zu subsumierenden Techniken läßt sich grob differenzieren in Techniken, die der Gewichtung von Problemen, Zielen oder Maßnahmen dienen und zu einer Prioritätensetzung gelangen (vgl. PFOHL, 1981, S. 172), und in Techniken, welche eine Bewertung von (alternativen) Maßnahmen anhand der Zuordnung verschiedener monetärer und/oder nichtmonetärer Kriterien gestatten.

Im Rahmen der Techniken der Zuordnung monetärer Bewertungskriterien lassen sich die Wirtschaftlichkeits- bzw. Investitionsrechnungsverfahren (vgl. die detaillierten Ausführungen in Abschnitt C.3.1) und die Kosten-Nutzen-Analysen unterscheiden. Bei Kosten-Nutzen-Analysen wird den Gesamtkosten einer Investition ein monetär ausgedrückter Gesamtnutzen gegenübergestellt. Die Voraussetzung für diese Vorgehensweise besteht darin, auch evtl. bestehende nichtmonetäre Kriterien in Geldeinheiten zu bewerten.

Bei den Techniken der Zuordnung nichtmonetärer Bewertungskriterien hat die Nutzwertanalyse eine hohe praktische Bedeutung erlangt (vgl. Abschnitt 3.2). Hierbei werden die Zielerreichungsgrade der zu untersuchenden Alternativen auf der Basis individueller Transformationsfunktionen in Nutzwerte überführt.

3.1 WIRTSCHAFTLICHKEITSRECHNUNGEN

Über die Wirtschaftlichkeit von Investitionen wird im Wege von Entscheidungen mit Ausrichtung auf bestimmte Zielsetzungen befunden. Zur Unterstützung solcher Entscheidungen werden *Investitionsrechnungsverfahren* bzw. *Wirtschaftlichkeitsrechnungen* eingesetzt, mit deren Hilfe Maßstäbe für die Vorteilhaftigkeit einzelner bzw. alternativer Investitionsprojekte ermittelt werden können.

Hinsichtlich der Anzahl der Zielkriterien, die für die Beurteilung von Investitionsalternativen herangezogen werden, unterscheidet man *eindimensionale* Verfahren, die lediglich ein Kriterium enthalten, und bei einer größeren Anzahl von Zielen *multidimensionale* Verfahren (vgl. hierzu den Abschnitt 3.2 zur Nutzwertanalyse). Die in diesem Abschnitt betrachteten eindimensionalen Investitionsrechnungsverfahren werden in der Regel weiter unterteilt in statische und dynamische Verfahren. (Vgl. zu den hier beschriebenen Verfahren und deren Anwendungsmöglichkeiten z.B. BLOHM/LÜDER, 1983, ADELBERGER/GÜNTHER, 1982, KRUSCHWITZ, 1985).

Statische Rechnungen stellen auf die in einem bestimmten Jahr der Nutzungsdauer vorliegenden Verhältnisse ab (häufig handelt es sich dabei um das erste Nutzungsjahr oder um einen Jahresdurchschnitt) und unterstellen diese Verhältnisse als repräsentativ für die gesamten Jahre der Nutzung. Diese Vorgehensweise läßt sich jedoch nur bei sehr kurzfristiger Betrachtungsweise vertreten und führt in allen anderen Fällen zu zweifelhaften Ergebnissen.

Zu den statischen Verfahren zählen die Kostenvergleichsrechnung, die Gewinnvergleichsrechnung, die Amortisationsrechnung und die Rentabilitätsrechnung.
Bei der *Kostenvergleichsrechnung* werden die Investitionsobjekte in bezug auf die durch sie verursachten Kosten miteinander verglichen, wobei die kostengünstigste Alternative als die wirtschaftlichste ausgewählt wird.
Im Rahmen der *Gewinnvergleichsrechnung* wird die Alternative

ausgewählt, die den höchsten Gewinnbeitrag leistet.
Die Grundidee der Amortisationsrechnung liegt darin, die Zeitspanne zu berechnen, innerhalb derer die Investitionsausgaben durch die Rückflüsse freigesetzt werden. Beim Alternativenvergleich wird das Investitionsobjekt gewählt, welches die kürzeste Amortisationsdauer verspricht.
Die Rentabilitätsrechnung setzt den durchschnittlichen Jahresgewinn einer Investition ins Verhältnis zur durchschnittlichen Kapitalbindung. Mit Hilfe dieses Verfahrens lassen sich Aussagen über die durchschnittliche jährliche Verzinsung des eingesetzten Kapitals treffen.

Gemeinsamer Grundgedanke aller dynamischen Investitionsrechnungsverfahren ist die Berücksichtigung der Zeitdimension. Einer Zahlung, die in der Zunkunft liegt, wird - auf die Gegenwart bezogen - ein geringerer Wert beigemessen als einer Zahlung in gleicher Höhe, die sofort erfolgt. Deshalb werden in der Zukunft liegende Zahlungen auf einen gemeinsamen Bezugszeitpunkt diskontiert (abgezinst) und damit in ihrem zeitlichen Wert vergleichbar gemacht. Die Zahlungen werden also in Abhängigkeit von ihrer Fälligkeit gewichtet. Der Gegenwartswert (Barwert) einer Zahlung wird umso geringer bewertet, je weiter sie in der Zukunft liegt. Zu den dynamischen Investitionsrechnungsverfahren zählen die Kapitalwertmethode, die Annuitätenmethode und die interne Zinsfußmethode.

Bei der Kapitalwertmethode wird der Gegenwartswert einer Zahlungsreihe, definiert als Summendifferenz der kumulierten diskontierten Ein- und Auszahlungen, ermittelt. Eine einzelne Investition ist bei gegebenem Kalkulationszinsfuß vorteilhaft, wenn sie einen nicht negativen Kapitalwert aufweist. Bei einem Alternativenvergleich ist das Investitionsobjekt zu wählen, das den höchsten positiven Kapitalwert verspricht.

Das Verfahren der internen Zinsfußmethode macht sich zunutze, daß der Kapitalwert Null wird, wenn sich das im Objekt investierte Kapital in Höhe des Kalkulationszinsfußes verzinst. Der interne Zinsfuß ist demnach der Kalkulationszins, bei dem der Barwert der Auszahlungen mit dem Barwert der Einzahlungen übereinstimmt. Der interne Zinsfuß gibt Auskunft über die Verzinsung des investierten Kapitals. Dabei ist eine einzelne Investition dann vorteilhaft, wenn ihr interner Zins größer oder gleich der geforderten Mindestverzinsung ist. Im Rahmen des Alternativenvergleiches ist die Alternative zu wählen, die die höchste interne Verzinsung aufweist.

Wesentliches Kennzeichen der *Annuitätenmethode* ist die Umrechnung des Kapitalwertes in eine uniforme Zahlungsreihe. Die Annuität bezeichnet den Betrag, den ein Investor jährlich aus den Einzahlungen eines Investitionsobjektes entnehmen kann (d.h. nicht reinvestieren muß), ohne damit die Vorteilhaftigkeit der Investition zu gefährden. Eine einzelne Investition ist damit vorteilhaft, wenn ihre Annuität nicht negativ ist. Beim Alternativenvergleich ist das Investitionsobjekt mit der höchsten positiven Annuität zu wählen.

Das folgende Anwendungsbeispiel aus dem energiewirtschaftlichen Bereich behandelt den Vergleich von Investitionsalternativen verschiedener Wärmeerzeugungsanlagen in einem Unternehmen der chemischen Industrie. Typischerweise sind Wirtschaftlichkeitsanalysen in diesem Sektor (Wärmeerzeugung) dadurch gekennzeichnet, daß eine Investition zwar Ausgaben verursacht, aber kein direkter Einnahmenrückfluß entsteht. Außer einem innerbetrieblichen Verrechnungspreis, der für die Bereitstellung der benötigten Energie gutgeschrieben wird, sind von einer solchen Investition keine Einnahmen zu erwarten. Die Wirtschaftlichkeitsanalyse kann sich daher auf einen Vergleich der Kosten bzw. Ausgaben beschränken, die von den Investitionsalternativen verursacht werden. Der in dem Beispiel durchgeführte Kostenvergleich beinhaltet im Gegensatz zu der Grundversion des Verfahrens die Berechnung von Eskalationsraten für Personal-, Energie-, Wasser- und Stromkosten. Zudem erfolgt die abschließende Bewertung anhand der auf einen Gegenwartswert diskontierten Auszahlungsreihe gemäß der Kapitalwertmethode. Da die Schätzung der Eskalationsraten ebenso mit Unsicherheit behaftet ist wie die Einschätzung der technischen und wirtschaftlichen Modelleingangsdaten, werden die beiden o.a. Verfahren durch eine Sensitivitätsanalyse ergänzt (vgl. dazu auch Kapitel 4.2). Sie soll zeigen, welchen Einfluß abweichende Datenannahmen auf das Ergebnis der Wirtschaftlichkeitsrechnung ausüben und damit das mit der Investition verbundene Risiko verdeutlichen.

(1) Problembeschreibung

Die Silbermann AG, ein Unternehmen der chemischen Industrie, betreibt zur Deckung des benötigten Raum- und Prozeßwärmebedarfs ein Kesselhaus, dessen Dampfkesssel mit Gas betrieben wird. Im Rahmen einer Wirtschaftlichkeitsanalyse soll untersucht werden, ob unter Einbeziehung weiterer Alternativen, nämlich die Verwendung der Primärenergie Öl und Kohle, die bestehende Versorgungsalternative der Gasbefeuerung neu überdacht werden muß. Der Wirtschaftlichkeitsvergleich umfaßt demnach die Alternativen:

- Gaskessel (Basisvariante)
- Ölkessel
- Kohlekessel.

Wie schon erwähnt, stehen den Ausgaben für die Anschaffung und Nutzung derartiger Wärmeerzeugungsanlagen keine direkten Einnahmen gegenüber. Die Ausgaben lassen sich differenzieren in die Anschaffungskosten und die Kosten für den Betrieb und die Wartung der Anlage.

Die Basiswerte des gasbefeuerten Dampfkessels stellen die augenblickliche Wärmeversorgungssituation der Silbermann AG dar. Deshalb fallen hier nur die laufenden jährlichen Auszahlungen an für Energie, Personal und Reparaturen etc. Für den ölbefeuerten Dampfkessel ergeben sich die Ausgaben für einen anzuschaffenden Brenner einschließlich Montage in Höhe von 600.000 DM. Der zusätzlich benötigte Schweröltank mit ca. 200 m^3 Nenninhalt kostet einschließlich Zusammenbau und Verschweißen der montagefertig angelieferten Teile 70.000 DM. Die Entscheidung für die dritte Alternative wäre mit der Anschaffung eines kompletten neuen Kessels zur Kohlebefeuerung verbunden. Hier liegt dem Unternehmen ein Angebot für einen Wanderrostkessel in Höhe von 7,32 Mio. DM vor. Zu diesen Kosten sind noch die Ausgaben für zwei Kohlebunker, Schaltschränke, Kohletransportanlage zur Bunkerbefüllung, Fundamentierung und Gebäu-

transportanlage zur Bunkerbefüllung, Fundamentierung und Gebäudeumbauten zu addieren, wonach sich für diese Alternative Investitionskosten in Höhe von 12,5 Mio. DM ergeben.

Die laufenden jährlichen Kosten gliedern sich in die

- Personalkosten
- Energiekosten
- Reparaturkosten
- Gemeinkosten
- Kapitalkosten

Den Personalkosten werden die Ausgaben zugeordnet, die die Silbermann AG für die im Kesselhaus beschäftigten Heizer (für alle Alternativen vier) zu leisten hat. Pro Jahr und Heizer ergeben sich für Grundlohn, Lohnsteigerung, Mehrarbeitszuschlag, Sozialbeitrag, Altersversorgung und Schichtzulage Aufwendungen in Höhe von 53.805 DM.

Die Energiekosten haben im Rahmen der jährlichen Ausgaben das größte Gewicht. Die Primärenergiekosten ergeben sich aus der Multiplikation der jährlichen Verbräuche mit den zugrundegelegten Preisen. Die jährlichen Verbräuche (VERBR) berechnen sich nach der Formel

$$VERBR = \frac{WM}{Hu * K},$$

wobei WM der jährliche Wärmebedarf des Unternehmens ist. Hier soll der Vorjahreswert in Höhe von 115.000 MWh zugrundegelegt werden. Da die Umwandlung der chemisch gebundenen Energie eines Brennstoffes in thermische Energie (z.B. Dampf) verlustbehaftet ist, definiert man einen Kesselwirkungsgrad K, der das Verhältnis des Nutzwärmestromes zu zugeführtem Energiestrom darstellt. Dabei ergeben sich für Gas- und Ölkessel 92% und für den Kohlekessel ein niedrigerer K-Wert in Höhe von 90%. Der untere Heizwert Hu (Verbrennungswärme) gibt an, wieviel Wärme bei vollkommener Verbrennung von festem oder flüssigem bzw. von $1m^3$ gasförmigem Brennstoffs frei wird (abzüglich der Kondensationswärme). Hier ergeben sich folgende Werte:

GAS 11,07 kWh/m^3
ÖL 11,20 kWh/kg
Kohle 8,68 kWh/kg

bei Energiepreisen in Höhe von

0,34 DM pro m^3 Erdgas
0,35 DM pro kg Heizöl
0,20 DM pro kg Kohle.

Neben diesen Primärenergiekosten fließen auch die Kosten für Strom und Wasser ein, die das Kesselhaus verursacht. Hier ergeben sich ein Wasserbedarf von 28.440 m^3 (bei einem Kubikmeterpreis von DM 1,88) und ein Strombedarf in Höhe von 1,2 Mio. kWh (bei einem Strompreis von 0,13 DM pro kWh).
Die Reparaturkosten sollen für alle Alternativen entsprechend dem Vorjahresverbrauch mit 285.000 DM angesetzt werden.
Die Gemeinkosten, die wegen ihrer unterschiedlichen, ungleichmäßigen Beanspruchung nicht den verschiedenen Produkten zugerechnet werden können, werden für das Kesselhaus mit 160.000 DM beziffert.
Die Kapitalkosten in Höhe von 9 % sind im Kalkulationszinsfuß berücksichtigt.
Aufgrund der Tatsache, daß im zu erstellenden Entscheidungsmodell eine dynamische Betrachtungsweise angestrebt wird, müssen bei den in einer Periode zu leistenden Ausgaben die entsprechenden Eskalationsraten berücksichtigt werden (vgl. Abb. 67)

Allgemeine Inflationsrate	4%	Reparaturkosten
	4%	Gemeinkosten
Primärenergiepreis-steigerungsrate	5%	Kohle
	10%	Heizöl
	10%	Erdgas
sonstige Eskalations-raten	7%	Stromkosten
	5%	Wasserkosten
	5%	Personalkosten

Abb. 67: Eskalationsraten für die Wärmeversorgungsalternativen

(2) Problemlösung - gedanklich / theoretisch

Die Kostenvergleichsrechnung besteht in der Addition der Kostenbestandteile für jede Alternative, und zwar unter Berücksichtigung der o.a. Eskalationsraten. Mithin ergeben sich für die Ausgaben im Jahre t ($AUSG_t$) die Komponenten

$$VERBR_i * ENERGIEPREIS_i * \left(1 + \frac{STEIG_i}{100}\right)^t \quad \text{(Energiekosten)}$$

$$+ 53.805 * 4 * 1.05^t \quad \text{(Personalkosten)}$$

$$+ 28.440 * 1{,}88 * 1{,}05^t \quad \text{(Wasserkosten)}$$

$$+ 1200.000 * 0{,}13 * 1{,}07^t \quad \text{(Stromkosten)}$$

$$+ 285.000 * 1{,}04^t \quad \text{(Reparaturkosten)}$$

$$+ 160.000 * 1{,}04^t \quad \text{(Gemeinkosten)}$$

mit i = 1,2,3 betrachtete Alternative der Wärmeerzeugung

$VERBR_i$: jährlicher Verbrauch an Primärenergie bei Alternative i

ENERGIEPREIS : Energiepreis (DM pro Einheit) der Primärenergie bei Alternative i

$STEIG_i$: Energiepreissteigerungsrate (in %) bei Alternative i

Wählt man für die Wirtschaftlichkeitsanalyse einen Betrachtungszeitraum (t) von 10 Jahren, so hat die Formel zur Berechnung der Ausgabenbarwerte die folgende Gestalt:

$$BARW = \sum_{t=0}^{10} AUSG_t * \frac{1}{q^t}$$

mit BARW = Barwert der Gesamtkosten (DM)

$AUSG_t$ = Summe der Ausgaben im Jahr t (DM)

p = Kalkulationszinsfuß

$q = 1 + \frac{p}{100}$

Aufgrund des speziellen Zuschnitts der Wärmeversorgungsanlagen auf die technischen Anforderungen der Silbermann AG ist ein Wiederverkauf der Wärmeversorgungsanlagen am Ende der Nutzungsdauer auszuschließen; daher wird im oben beschriebenen Kalkül ein Liquidationserlös nicht berücksichtigt.

(3) Problemlösung - praktisch / PC-gestützt

Die PC-gestützte Problemlösung des oben beschriebenen energiewirtschaftlichen Problems soll mit Hilfe des integrierten Paketes SYMPHONY erarbeitet werden.

1. Schritt:

Nach dem Aufruf von Symphony erscheint ein leeres Arbeitsblatt auf dem Bildschirm, dessen Zeilen mit 1,2,... und dessen Spalten mit A,B,... numeriert sind; nach Programmaufruf gelangt man zuerst immer in den Bereich Tabellenkalkulation, welcher in Symphony durch die Bezeichnung BLATT gekennzeichnet ist.

Für die Lösung des Problems sollen vier Tabellen angelegt werden, wobei Tabelle 1 eine Aufstellung über die wichtigsten Kostenarten (Personalkosten, Energiekosten, Reparaturkosten, Gemeinkosten, Gesamtkosten - jeweils 1. Jahr und kumuliert nach 10 Jahren) sowie über den Barwert in einer vergleichenden Darstellung für die drei Alternativen (Gas, Öl, Kohle) enthält (vgl. Abb. 68). Tabelle 1 erstreckt sich auf den Zellenbereich zwischen den Eckpunkten A1 und F29.

	GASKESSEL	ÖLKESSEL	KOHLEKESSEL
Personalk. 1. Jahr			
Kum. Personalkosten			
Wärmebedarf MWh			
Kesselwirkungsgrad			
Heizwerte Hu			
Energiepreis DM			
Verbrauch Einh.			
Primärenergiekosten			
Wasserkosten			
Stromkosten			
Gesamtenergiek. 1. J			
Kum. Gesamtenergiek.			
Reparaturkosten 1. J			
Kum. Reparaturkosten			
Gemeinkosten 1. Jahr			
Kum. Gemeinkosten			
Gesamtkosten 1. Jahr			
Kum. Gesamtkosten			
Anschaffungskosten			
Kum. Ausgabenbarwert			

Abb. 68: Rahmen für Tabelle 1 der Wirtschaftlichkeitsrechnung für die Silbermann AG

Die Tabellen 2 bis 4 dienen der Kostenermittlung in den einzelnen Jahren des Analysezeitraumes (10 Jahre) unter Verarbeitung der einzelnen Eskalationsraten und der entsprechenden Barwerte der Gesamtkosten. Hier wird jeweils untereinander eine Tabelle für die Alternativen Gas, Öl und Kohle im Spaltenbereich H bis X angelegt (vgl. zu einer der drei strukturgleichen Tabellen Abb. 69).

2. Schritt: Erstellung des Rahmens der Tabelle 1

Zur Erstellung von Tabelle 1 werden zunächst die Breiten der Spalten (standardmäßig 9 Zeichen breit) fixiert , da die zu füllenden Spalten (für die Positionen, z. B. Kostenarten) größer und die Begrenzungsspalten (senkrechte Trennlinien) kleiner als die standardmäßig eingestellte Spaltenbreite

gewählt werden sollten. So wird Spalte A durch den Befehl
F10, **S**palte, **B**estimme, **20**, R-Taste
auf 20 Zeichen Breite , Spalte B durch
F10, **S**palte, **B**estimme, **1**, R-Taste
auf ein Zeichen formatiert. Nach gleichem Muster werden die Spalten C, D und E, die später die numerischen Inhalte der drei Alternativen aufnehmen sollen, von 9 auf 14 Stellen erhöht sowie Spalte F als Begrenzungslinie von 9 auf 1 reduziert.

Zur Erzeugung einer senkrechten Begrenzungslinie z. B. in Spalte B wird in Zelle B2 ein "I" eingegeben und dann in die anderen Zellen der Spalte bis Zeile 28 kopiert mit dem Befehl
F10, **K**opie, **Q**uellbereich, **B2**, R-Taste, **Z**ielbereich, **B3**, Tab-Taste, **B28**, R-Taste

Quellbereich, also der Bereich, welcher kopiert werden soll, ist die Zelle B2; in die der Cursor positioniert ist. Der Quellbereich B2 wird durch Betätigen der R-Taste bestätigt und man wird nach dem Zielbereich gefragt, d.h. in welchen Bereich der Inhalt von B2 kopiert werden soll. Zur Kennzeichnung des Zielbereichs bewegt man den Cursor mit Hilfe der Pfeiltasten auf die Zelle B3, arretiert diese Zelle als Beginn des Zielbereichs durch Drücken der T-Taste (Taste mit den beiden entgegengesetzten Pfeilen; Lösen der Arretierung mit der ESC-Taste) und hellt den gesamten Bereich bis zur Zelle B28 auf (mit der R-Taste wird die Befehlsfolge abgeschlossen). Entsprechend dieser Vorgehensweise wird auch die Spalte F gestaltet.
Die Erzeugung der waagerechen Linien erfolgt ähnlich. Hier wird allerdings anstelle eines einzelnen Zeichens die gesamte Zelle des Quellbereichs (in diesem Fall mit dem Subtraktionszeichen "-") und Verwendung des Befehls
ALT + / -
aufgefüllt und dann entlang der Zeilen 1, 3, 6, 17, 20, 23, 26 und 29 bis Spalte E bzw. F kopiert. Trägt man nun noch die zu untersuchenden Zeilenpositionen in Spalte A und die Alternativenüberschriften Gas-, öl- und Kohlekessel in die Zeile 2 ein, so erhält man den in Abb. 68 dargestellten Rahmen für Tabelle 1.

3. Schritt: Erstellung des Rahmens für Tabelle 2

Im Zellenbereich zwischen H1 und X16 soll Tabelle 2 für die jährliche Kostenermittlung erstellt werden. Dazu sind zunächst entsprechend der unter Schritt 2 beschriebenen Vorgehensweise die Spalten H, J, L, N, P, R, T, V und X auf 15 Zeichen zu erhöhen, die Spalten I, K, M, O, Q, S, U und W auf 1 Zeichen zu reduzieren sowie anschließend unter Verwendung des Kopie-Befehls (vgl. 2. Schritt) mit "I" zu füllen. Nach ähnlichem Muster werden die waagerechten Begrenzungslinien in den Zeilen 2, 4 und 15 generiert.
Anschließend wird Tabelle 2 mit den Spalten- und Zeilenüberschriften versehen sowie die jährlichen Steigerungsraten und Jahreszahlen eingetragen (vgl. Abb. 69).

4. Schritt: Formatieren der numerischen Zelleninhalte

Um die bei der Berechnung entstehenden Nachkommastellen zu begrenzen, werden diese mit dem Befehl
F10, Format, Fest, 2
auf 2 Stellen nach dem Komma fixiert, wobei der zu formatierende Bereich entsprechend der Vorgehensweise im 2. Schritt bei der Spezifikation des Zielbereiches unter Zuhilfenahme der T-Taste und der Pfeiltasten bestimmt wird. In diesem Fall wird am besten der gesamte belegte Bereich unterhalb der Zeile 2 zwischen den Spalten C und X formatiert.

5. Schritt: Berechnung des Primärenergieverbrauches in Tabelle1

Zunächst werden für die einzelnen Alternativen in den Zeilen 7 bis 10 die Werte für Wärmebedarf, Kesselwirkungsgrad, unterer Heizwert und Energiepreis eingetragen. Dabei ist darauf zu achten, daß SYMPHONY nicht den in der Datenverarbeitung üblichen Dezimalpunkt, sondern ein dezimales Komma erwartet. Die Berechnung des Primärenergieverbrauchs ergibt sich dann gemäß der in (2) besprochenen Formel in Zelle C11 als
+ C7 * 1000 / (C8 * C9).
Der Wärmebedarf in C7 wird mit 1000 multipliziert, da die Formel den Wärmebedarf in kWh verlangt. Das Multiplikationszeichen

Jahr	Personalkosten	Primärenergiek.	Wasserkosten	Stromkosten	Reparaturkosten	Gemeinkosten	Gesamtkosten	Barwert
Jährl. Steig.%	5	10	5	7	4	4		
1								
2								
3								
4								
5								
6								
7								
8								
9								
10								
Summe								

Abb. 69: Rahmen für Tabellen 2 bis 4 der Wirtschaftlichkeitsrechnung für die Silbermann AG

wird in SYMPHONY durch "*" , das Divisionszeichen durch "/" belegt.

ACHTUNG: Alle Formeln zur Verknüpfung von Zelleninhalten müssen mit dem Additionszeichen beginnen, um Rechenregeln von Zeichenketten zu unterscheiden!

Da in SYMPHONY ohne nähere Angaben relativ kopiert wird, kann die Formel zur Berechnung des Primärenergieverbrauches durch bloßes Kopieren in die Zellen D11 und E11 für diese Alternativen zur Ausführung gebracht werden, d.h. das System paßt die entsprechenden Spaltenbezeichnungen automatisch an. Da für weitere Berechnungen in Tabelle 1 zunächst kumulierte Kosten und Barwerte gebildet werden müssen, in welchen auch die Eskalationsraten verarbeitet sind, soll nun die Berechnung der jährlichen Kosten in Tabelle 2 erfolgen.

6. Schritt: Berechnung der jährlichen Kosten in Tabelle 2

Die einzelnen Kostenkomponenten werden in Tabelle 2 zunächst für das erste Jahr unter Einbeziehung der Eskalationsraten berechnet.
In Zelle J5 errechnen sich die Personalkosten als
+53805 * 4 * (1+J$3/100)^H5.

Damit die Formel nicht für jedes Jahr des Betrachtungszeitraumes neu eingegeben werden muß, kann die obige auf das erste Jahr bezogene Formel für die anderen Jahre kopiert werden, wobei durch das relative Kopieren das Jahr als Exponent (im ersten Jahr H5) entsprechend angepaßt wird, also im zweiten Jahr H6, im dritten H7 usw. Zur Berücksichtigung der Inflationsrate von 4% (Zelle J3) ist jedoch absolutes Kopieren nötig, da auch in den Folgejahren immer auf die dritte Zeile Bezug genommen werden soll. Dies wird in SYMPHONY durch das $-Zeichen angezeigt (z.B. J$3 bedeutet Spalte J relativ, Zeile 3 absolut, etc.). Das ^-Zeichen steht für das Potenzieren. Ausgeschrieben bedeutet also die obige Formel:
Lohn 53805 DM * Anzahl der Heizer * Inflationsberücksichtigung 1.04^Anzahl der Jahre des Betrachtungszeitraumes.

Die Berechnung der Energiekosten erfolgt ähnlich in L5:
+C10 * C11 * (1 + L$3/100)^H5,
wobei die absoluten Adressen C10 (Energiepreis) und C11 (Verbrauch) aus Tabelle 1 entnommen werden und die Energiepreissteigerungsrate der Zelle L34. Entsprechend ist die Berechnung der übrigen Kostenbestandteile des ersten Jahres:

Wasserkosten in N5:	**+28440*1,88*(1+N$3/100)^H5**
Stromkosten in P5:	**+1200000*0,13*(1+P$3/100)^H5**
Reparaturkosten in R5:	**+285000*(1+R$3/100)^H5**
Gemeinkosten in T5:	**+160000+(1+T$3/100)^H5**

Die Gesamtkosten des ersten Jahres ergeben sich dann in V5 als
+J5+L5+N5+P5+R5+T5,
wobei in Zelle X3 noch der Kalkulationszinsfuß in Höhe von 9 eingegeben werden muß.
Für die weiteren neun Jahre des betrachteten Analysezeitraumes können die in Zeile 5 befindlichen Formeln ohne Änderungen einfach nach unten kopiert werden:
F10, **Kopie**, Quellbereich (**J5..X5**), Zielbereich (**J6..J14**), R-Taste.
In Zeile 16 werden dann jeweils die Summen der Kosten nach 10 Jahren berechnet. Dies kann auch unter Verwendung der eingebauten Summenfunktion erfolgen mit:

@ Summe (J5..J14)
z.B. für die Personalkosten. Diese Formel wird dann ebenfalls mit dem Kopierbefehl in die anderen Zellen von Zeile 16 kopiert und ausgeführt.
Damit ist die Berechnung der jährlichen Kosten für die Alternative Gas in Tabelle 2 abgeschlossen (vgl. Abb. 70); die für die Silbermann AG relevanten Ergebnisse sollten nun in Tabelle 1 übernommen werden.

7. Schritt: Belegung der Alternative Gas in Tabelle 1

Nach Abschluß der Berechnungen in Tabelle 2 kann nun die Spalte C für die Alternative Gas vollständig ausgefüllt werden. Dazu werden die entsprechenden Zellen aus Tabelle 2 übernommen, für die Personalkosten im ersten Jahr also aus Zelle J5 durch

Jahr	Personalkosten	Primärenergiek.	Wasserkosten	Stromkosten	Reparaturkosten	Gemeinkosten	Gesamtkosten	Barwert
Jährl. Steig.%	5	10	5	7	4	4		9
1	225781,00	4223125,56	56140,56	16692,00	296400,00	166400,00	4984739,12	4573155,16
2	237280,05	4645438,12	58947,59	17860,44	308256,00	173056,00	5440838,20	4579444,66
3	249144,05	5109981,93	61894,97	19110,67	320586,24	179978,24	5940696,10	4587307,39
4	261601,26	5620980,13	64989,72	20448,42	333409,69	187177,37	6488606,57	4596692,48
5	274681,32	6183078,14	68239,20	21879,81	346746,08	194664,46	7089289,01	4607551,43
6	288415,38	6801385,95	71651,16	23411,39	360615,92	202451,04	7747930,86	4619838,02
7	302836,15	7481524,55	75233,72	25050,19	375040,56	210549,08	8470234,25	4633508,20
8	317977,96	8229677,00	78995,41	26803,70	390042,18	218971,05	9262467,30	4648520,01
9	333876,86	9052644,70	82945,18	28679,96	405643,87	227729,89	10131520,46	4664833,47
10	350570,70	9957909,17	87092,43	30687,56	421869,62	236839,09	11084968,58	4682410,52
Summe	2842364,73	67305745,27	706129,93	230624,15	3558610,15	1997816,23	76641290,46	46193261,34

Abb. 70: Überblick über die jährlichen Kosten bei der Gasalternative (Basisfall)

+J5 in Zelle C4
und für die kumulierten Personalkosten durch
+J16 in Zelle C5.
Die Zellen C7 bis C11 waren im 5. Schritt schon für alle drei Alternativen belegt bzw. berechnet worden. C12 bis C14 werden dann wieder aus Tabelle 2 übernommen durch **+L5**, **+N5** und **+P5**. Die Gesamtenergiekosten des 1. Jahres ergeben sich als **+C12+C13+C14** und die kumulierten Gesamtenergiekosten als **+L16+N16+P16**. Für die verbleibenden Zellen der Spalte C ergeben sich

C18: **+R5** C19: **+R16** C21: **+T5** C22: **+T16**
C24: **+V5** C25: **+V16** C28: **+X16**.

Damit hat Tabelle 1 nun das in Abb. 71 gezeigte Aussehen.

	GASKESSEL	ÖLKESSEL	KOHLEKESSEL
Personalk. 1. Jahr	225981,00		
Kum. Personalkosten	2842364,73		
Wärmebedarf MWh	115000,00	115000,00	115000,00
Kesselwirkungsgrad	0,92	0,92	0,90
Heizwerte Hu	11,07	11,20	8,68
Energiepreis DM	0,34	0,35	0,20
Verbrauch Einh.	11291779,58	11160714,29	14720942,14
Primärenergiekosten	4223125,56		
Wasserkosten	56140,56		
Stromkosten	16692,00		
Gesamtenergiek. 1. J	4295958,12		
Kum. Gesamtenergiek.	68242499,35		
Reparaturkosten 1. J	296400,00		
Kum. Reparaturkosten	3558610,15		
Gemeinkosten 1. Jahr	166400,00		
Kum. Gemeinkosten	1997816,23		
Gesamtkosten 1. Jahr	4984739,12		
Kum. Gesamtkosten	76641290,46		
Anschaffungskosten	0,00		
Kum. Ausgabenbarwert	46193261,34		

Abb. 71: Aktueller Stand von Tabelle 1 nach dem siebten Schritt der PC-gestützten Lösung

8. Schritt: Vorgehensweise für die Alternativen Öl und Kohle

Zur Erzeugung von Tabelle 3 zur Berechnung der Kosten einer ölbefeuerten Wärmeerzeugungsanlage kann Tabelle 2 einfach unterhalb des Bereiches H19 bis X19 kopiert werden:
F10, Kopie, Quellbereich **(H1..X16)**, Zielbereich **(H20)**, R-Taste
Für Tabelle 4 entsprechend:

F10, **Kopie**, Quellbereich **(H1..X16)**, Zielbereich **(H39)**, R-Taste
Aufgrund der Verwendung absoluter Adressen müssen geringfügige Korrekturen vorgenommen werden. Dazu kann man die Zellen mit der Funktionstaste **F2** editieren und die entsprechenden Änderungen (bei Energiekosten C in D bei Öl und E bei Kohle austauschen und bei Bezug auf die Steigerungsraten z.B. X$3 in X$22 bei Öl und in X$41 bei Kohle ändern) vornehmen. Nach entsprechender Anpassung der Energiepreissteigerungsraten und der anschließenden Kopie der korrigierten Formeln des jeweils ersten Jahres auf die neun Folgejahre enthält man die neu berechneten Tabellen 2 bis 4 (vgl. Abb. 72).

Überträgt man nun noch die in Spalte D und E geforderten Positionen aus Tabelle 3 und 4 entsprechend Schritt 7, so erhält man die für die Investitionsbeurteilung nötigen Ergebnisse. Dabei ist auf die Anschaffungskosten der Alternativen Öl und Kohle zu achten, die noch eingegeben und zum kumulierten Barwert addiert werden müssen.

(4) Interpretation der Ergebnisse

Ziel der Anwendung des oben erstellten Modells ist es, in kleinräumiger Darstellung Aussagen über die Wirtschaftlichkeit verschiedener Wärmeerzeugungsalternativen für die Silbermann AG zu erhalten und hierdurch eine Hilfe für unternehmerische Entscheidungen zu erhalten (vgl. Abb. 73).

Jahr	Personalkosten	Primärenergiek.	Wasserkosten	Stromkosten	Reparaturkosten	Gemeinkosten	Gesamtkosten	Barwert
Jährl. Steig.%	5	10	5	7	4	4		9
1	225981,00	4223125,56	56140,56	16692,00	296400,00	166400,00	4984739,12	4573155,16
2	237280,05	4645438,12	58947,59	17860,44	308256,00	173056,00	5440838,20	4579444,66
3	249144,05	5109981,93	61894,97	19110,67	320586,24	179978,24	5940696,10	4587307,39
4	261601,26	5620980,13	64989,72	20448,42	333409,69	187177,37	6488606,57	4596692,48
5	274681,32	6183078,14	68239,20	21879,81	346746,08	194664,46	7089289,01	4607551,43
6	288415,38	6801385,95	71651,16	23411,39	360615,92	202451,04	7747930,86	4619838,02
7	302836,15	7481524,55	75233,72	25050,19	375040,56	210549,08	8470234,25	4633508,20
8	317977,96	8229677,00	78995,41	26803,70	390042,18	218971,05	9262467,30	4648520,01
9	333876,86	9052644,70	82945,18	28679,96	405643,87	227729,89	10131520,46	4664833,47
10	350570,70	9957909,17	87092,43	30687,56	421869,62	236839,09	11084968,58	4682410,52
Summe	2842364,73	67305745,27	706129,93	230624,15	3558610,15	1997816,23	76641290,46	46193261,34

Jahr	Personalkosten	Primärenergiek.	Wasserkosten	Stromkosten	Reparaturkosten	Gemeinkosten	Gesamtkosten	Barwert
Jährl. Steig.%	5	10	5	7	4	4		9
1	225981,00	4296875,00	56140,56	16692,00	296400,00	166400,00	5058488,56	4640815,19
2	237280,05	4726562,50	58947,59	17860,44	308256,00	173056,00	5521962,58	4647725,43
3	249144,05	5199218,75	61894,97	19110,67	320586,24	179978,24	6029932,92	4656214,59
4	261601,26	5719140,63	64989,72	20448,42	333409,69	187177,37	6586767,07	4666231,85
5	274681,32	6291054,69	68239,20	21879,81	346746,08	194664,46	7197265,56	4677728,78
6	288415,38	6920160,16	71651,16	23411,39	360615,92	202451,04	7866705,06	4690659,20
7	302836,15	7612176,17	75233,72	25050,19	375040,56	210549,08	8600885,88	4704979,11
8	317977,96	8373393,79	78995,41	26803,70	390042,18	218971,05	9406184,09	4720646,61
9	333876,86	9210733,17	82945,18	28679,96	405643,87	227729,89	10289608,92	4737621,79
10	350570,70	10131806,48	87092,43	30687,56	421869,62	236839,09	11258865,89	4755866,62
Summe	2842364,73	68481121,33	706129,93	230624,15	3558610,15	1997816,23	77816666,52	46898489,17

Abb. 72: Tabellen 2 bis 4 nach Fertigstellung der jährlichen Kostenvergleiche

Jahr	Personalkosten	Primärenergiek.	Wasserkosten	Stromkosten	Reparaturkosten	Gemeinkosten	Gesamtkosten	Barwert
Jährl. Steig.%	5	5	5	7	4	4		9
1	225981,00	3091397,85	56140,56	16692,00	296400,00	166400,00	3853011,41	3534872,85
2	237280,05	3245967,74	58947,59	17860,44	308256,00	173056,00	4041367,82	3401538,44
3	249144,05	3408266,13	61894,97	19110,67	320586,24	179978,24	4238980,30	3273270,56
4	261601,26	3578679,44	64989,72	20448,42	333409,69	187177,37	4446305,88	3149875,18
5	274681,32	3757613,41	68239,20	21879,81	346746,08	194664,46	4663824,28	3031165,78
6	288415,38	3945494,08	71651,16	23411,39	360615,92	202451,04	4892038,98	2916963,01
7	302836,15	4142768,78	75233,72	25050,19	375040,56	210549,08	5131478,49	2807094,46
8	317977,96	4349907,22	78995,41	26803,70	390042,18	218971,05	5382697,52	2701394,38
9	333876,86	4567402,58	82945,18	28679,96	405643,87	227729,89	5646278,34	2599703,40
10	350570,70	4795772,71	87092,43	30687,56	421869,62	236839,09	5922832,12	2501868,29
Summe	2842364,73	38883269,94	706129,93	230624,15	3558610,15	1997816,23	48218815,12	29917746,35

(Fortsetzung der Abb. 72: Tabellen 2 bis 4 nach Fertigstellung der jährlichen Kostenvergleiche)

	GASKESSEL	ÖLKESSEL	KOHLEKESSEL
Personalk. 1. Jahr	225981,00	225981,00	225981,00
Kum. Personalkosten	2842364,73	2842364,73	2842364,73
Wärmebedarf MWh	115000,00	115000,00	115000,00
Kesselwirkungsgrad	0,92	0,92	0,90
Heizwerte Hu	11,07	11,20	8,68
Energiepreis DM	0,34	0,35	0,20
Verbrauch Einh.	11291779,58	11160714,29	14720942,14
Primärenergiekosten	4223125,56	4296875,00	3091397,85
Wasserkosten	56140,56	56140,56	56140,56
Stromkosten	16692,00	16692,00	16692,00
Gesamtenergiek. 1. J	4295958,12	4369707,56	3164230,41
Kum. Gesamtenergiek.	68242499,35	69417875,41	39820024,02
Reparaturkosten 1. J	296400,00	296400,00	296400,00
Kum. Reparaturkosten	3558610,15	3558610,15	3558610,15
Gemeinkosten 1. Jahr	166400,00	166400,00	166400,00
Kum. Gemeinkosten	1997816,23	1997816,23	1997816,23
Gesamtkosten 1. Jahr	4984739,12	5058488,56	3853011,41
Kum. Gesamtkosten	76641290,46	77816666,52	48218815,12
Anschaffungskosten	0,00	670000,00	12500000,00
Kum. Ausgabenbarwert	46193261,34	47568489,17	42417746,35

Abb. 73: Ergebnisse der Wirtschaftlichkeitsrechnung für die Silbermann AG (Tabelle 1)

Der Barwert des kohlebefeuerten Dampfkessels in Höhe von 42,4 Mio. DM liegt trotz der hohen Anschaffungsauszahlung (12,5 Mio. DM) weit unter dem der restlichen Varianten. Den höchsten Barwert weist der ölbefeuerte Kessel mit 47,6 Mio. DM auf.

Für die Begründung der Vorteilhaftigkeit des kohlebefeuerten Dampfkessels kommen zwei wesentliche Faktoren in Betracht; zum einen der niedrige Primärenergiepreis von 200 DM pro Tonne im Gegensatz zu 350 DM pro Tonne Heizöl und 340 DM pro 1000 m^3 Erdgas und zum anderen der niedrigere Preisanstieg von fünf Prozent bei Kohle im Vergleich zu 10 Prozent bei Öl und Gas. Diese beiden Faktoren sind trotz schlechterer Werte des Kesselwirkungsgrades und des Heizwertes maßgeblich an der Entwicklung der Energiekosten beteiligt.

Die Kostenverläufe von Personal-, Reparatur- und Gemeinkosten wachsen aufgrund der veränderten Eskalationsraten bei allen Varianten gleich an, haben jedoch aufgrund ihrer geringeren Höhe (im Vergleich zu den Energiekosten) keinen Einfluß auf das Gesamtergebnis der Untersuchung.
Die Ergebnisrechnung des Basisfalles hat gezeigt, daß die Variante des kohlebefeuerten Dampfkessels die vorteilhafteste ist. Das Entscheidungskriterium ist hierbei der Barwert der Ausgaben. Eine ergänzende Amortisationsrechnung ergibt für diese Alternative einen Zeitraum von 9 Jahren, in dem die Anschaffungsauszahlungen amortisiert werden.

(5) Erweiterung und Modifikation des Modells

Kennzeichen der integrierten Pakete war die Verwaltung von einmalig generierten Daten innerhalb von verschiedenen Funktionsbereichen unter einer einheitlichen Benutzeroberfläche. Um diese Integration zu verdeutlichen, wird für das "Silbermann-Modell" die graphische Verarbeitung einzelner im Bereich der Tabellenkalkulation erstellter Ergebnisse gezeigt (1. Erweiterungsschritt). Zur Einschränkung der Unsicherheit sollen dann in einem 2. Erweiterungsschritt einzelne signifikante Parameter in einer Sensitivitätsanalyse variiert werden.

1. Erweiterungsschritt: Graphische Darstellung der Energiekostenverläufe

Exemplarisch für die Datenverarbeitung in mehreren Funktionsbereichen integrierter Pakete soll für die Energiekostenverläufe der Tabellen 2 bis 4 des Blattbereichs eine geeignete graphische Aufbereitung erfolgen.

Hierzu muß der Funktionsbereich von BLATT in GRAFIK gewechselt werden. Durch gleichzeitiges Betätigen der Tasten **ALT** und **F10** gelangt man in ein Menue mit allen Funktionsbereichen von SYMPHONY (BLATT für Tabellenkalkulation, GRAFIK für Grafikverarbeitungen, MASKE für Datenbankanwendungen, TEXT für Textverarbeitung und KOMM für die Kommunikation mit anderen Computern), aus dem man durch Eingabe von **G**rafik den Funktionsbereich wechselt.

Mit **F10** gelangt man nun in die spezielle Menüleiste für den Graphikbereich. Wählt man hier das 1. Parameterblatt, so kann durch den Befehl

Typ, **B**alken

ein Balkendiagramm als Graphiktyp für die vergleichende Darstellung der Energiekosten gewählt werden. Im Untermenü **B**EREICH werden die Zellen aus der Tabellenkalkulation, die in die Grafik einfließen sollen, fixiert. Dabei werden unter X die Bezeichnungen für die einzelnen Balken festgelegt; nach Eingabe von **X** springt das System automatisch in den Blattbereich zurück und hier kann man unter Zuhilfenahme der Tab-Taste und der Pfeiltasten den Bereich H5..H14 festlegen. Unter A,B,C.. usw. werden die einzelnen numerischen Werte für die Grafik bestimmt, in diesem Fall als L5..L14 für die Energiekosten der Alternative Gas, L24..L33 für die Alternative Öl und L43..L52 für die Alternative Kohle. Da für weitere Bereiche keine Daten vorgesehen sind, kann dieses Untermenü wieder mit **S**TOP verlassen werden.

Mit der Befehlsfolge **L**egende, **A** bzw. später **B** und **C** kann für die einzelnen Alternativen eine Legende, z.B. Energiekosten Gas, spezifiziert werden.

Im zweiten Parameterblatt wird als Titel "**Silbermann AG**", unter X-Achse "**Jahre**" und unter Y-Achse "**Energiekosten in DM**" eingegeben. Betätigt man nun zweimal die ESC-Taste, um in das obere Menü zu gelangen, so erhält man die in Abb. 74 gezeigte graphische Darstellung der Energiekosten.

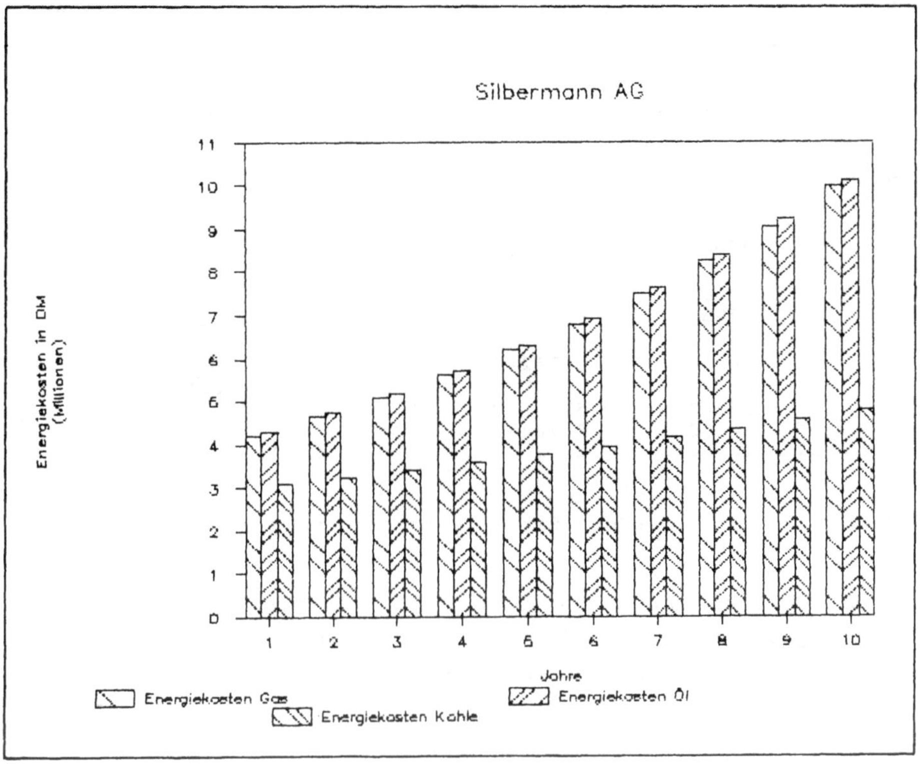

Abb. 74: Graphische Darstellung der Energiekosten für die Silbermann AG

2. Erweiterungsschritt

Ein signifikanter Parameter der Investitionsrechnung ist der jährliche Wärmebedarf, der im Basisfall auf der Grundlage der Erfahrungswerte in Höhe von 115 Mio. kWh angesetzt wurde. Um die Reagibilität der Ergebnisse bei Variierung dieses Parameters analysieren zu können, werden Werte der Vergangenheit herangezogen. Hier lag der jährliche Wärmebedarf zwischen 104 Mio. kWh und 130 Mio. kWh. Im Rahmen der Sensitivitätsanalyse erfolgt deshalb eine Veränderung dieses Parameters von 20% über und 20% unter dem Wärmebedarfswert des Basisfalles in 5er-Schritten. Die entsprechend errechneten Werte (vgl. Abb. 75) werden im Blatt-Bereich einfach eingesetzt und die Neuberechnung aller nachgelagerten bzw. abhängigen Ergebnisgrößen erfolgt umgehend.

Veränderung des Parameters in %	Jahreswärmebedarf in MWh	AUSGABENBARWERTE Gaskessel	Ölkessel	Kohlekessel
-20	92000	38116546	39350729	37896134
-15	97750	40135725	41405169	38801537
-10	113500	42154904	43459609	40006940
- 5	119250	44174082	45514049	41212343
0	115000	46193261	47568485	42417746
5	120750	48212439	49622929	43623149
10	126500	50231618	51677369	44828552
15	132500	52250797	53731809	46033955
20	138000	54269975	55786249	47239357

Abb. 75: Sensitivität der Barwerte bei Änderung des Jahreswärmebedarfs

Die Ergebnisse zeigen, daß sich die bei Berechnung des Basisfalls ergebende Vorteilhaftigkeit des kohlebefeuerten Dampfkessels in Höhe von 4 Mio. DM stetig verringern würde, wenn tatsächlich eine Abweichung des Jahreswärmebedarfs nach unten eintreten würde. Je größer der Jahreswärmebedarf ist, desto vorteilhafter wird der kohlebefeuerte Dampfkessel. Eine Prüfung der Sensitivität der Investition bezüglich des Wärmebedarfs zeigt also, daß der kohlebefeuerte Kessel seine Vorteilhaftigkeit im *wahrscheinlichen* Bereich der zukünftigen Entwicklung des betrachteten Parameters gegenüber den anderen Varianten nicht einbüßt.

(6) Übungen

Aufgabe 12

Verändern Sie den Kalkulationszinsfuß im Rahmen einer Sensitivitätsanalyse in 10er-Schritten um 50% nach oben und nach unten.

Aufgabe 13

Erstellen Sie für die Reparatur-, Gemein- und Personalkosten der kohlebefeuerten Alternative eine sinnvolle graphische Darstellung.

3.2 NUTZWERTANALYSE

Die Berücksichtigung eines multidimensionalen Zielsystems kann im Rahmen der Investitionsrechnung durch Nutzwertanalysen erfolgen. Der Nutzwert einer Investition beschreibt den quantitativen Zielerreichungsgrad der einzelnen Handlungsalternativen. Bei der Durchführung der Nutzwertanalysen können allgemein fünf Verfahrensschritte unterschieden werden (vgl. BLOHM/LÜDER, 1983, S. 165):

(a) Zielkriterienbestimmung
(b) Zielkriteriengewichtung
(c) Teilnutzenbestimmung
(d) Nutzwertermittlung
(e) Vorteilhaftigkeitsbeurteilung

Die Bestimmung der Zielkriterien dient der Zusammenstellung der zur Projektbeurteilung relevanten Kriterien. Dabei können einzelne Zielkriterien zu Zielgruppen zusammengefaßt werden. Eine hinreichende Kriterienbestimmung kann dadurch erreicht werden, daß ein gut strukturiertes und operational formuliertes Zielsystem erarbeitet wird, welches keine Mehrfachnennungen aufweist und eine bedingte Nutzenunabhängigkeit einzelner Kriterien gewährleistet (vgl. ZANGEMEISTER, 1976, S. 78f.).

Die Gewichtung der Zielkriterien erfolgt auf Basis der subjektiven Bedeutungseinschätzung des Beurteilers. Sie ist immer dann erforderlich, wenn einzelne Kriterien (Kriteriengruppen) nicht gleich bedeutsam erscheinen. Die Kriterienskalierung kann hierbei prinzipiell auf intervall- oder verhältnisskaliertem Niveau erfolgen.

Die Ermittlung der Teilnutzen erfolgt in zwei Schritten. Zunächst sind die Zielerreichnungsgrade der einzelnen Kriterien zu bestimmen, worauf sich eine Bewertung des Zielbeitrages anschließen kann. Dabei werden die gewonnenen Erkenntnisse über die Zielerreichung mit Hilfe einer Nutzenskala in eine Punktbewertung überführt. Die Messung der Teilnutzen sollte nach Möglichkeit ebenfalls intervall- oder verhältnisskaliert erfolgen.

Durch die Art der Zielerreichungsskalierung wird die Nutzenskala (diskret, stückweise-konstant, stetig) bestimmt. Für eine diskrete Nutzenskala (z.B. Teilnutzen = 10, 20, 30) reicht eine ordinale Skalierung der Zielerreichungsklasse (z.B. ausreichend, befriedigend, gut) aus. Dagegen erfordern die beiden anderen Teilnutzenskalen eine kardinale Messung des Zielbeitrages. Während der stückweise-konstante Nutzen für bestimmte Intervalle der Zielerreichung identisch ist, können bei stetiger Transformationsfunktion auch kleinste Bewertungsunterschiede bezüglich des Zielerreichungsgrades berücksichtigt werden. In Abb. 76 werden zwei unterschiedliche Transformationsfunktionen dargestellt.

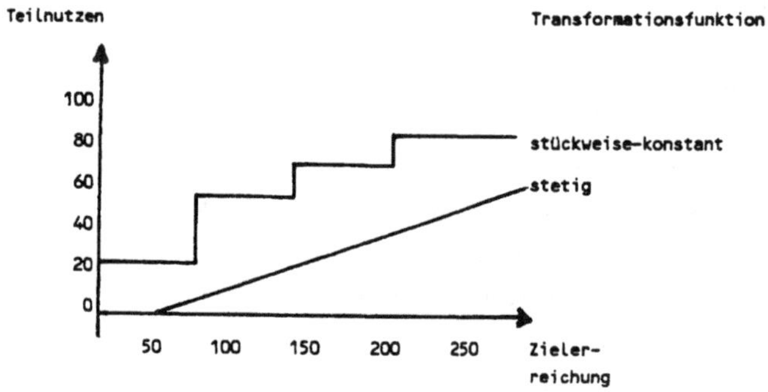

Abb. 76: Transformation der Zielerreichung in Teilnutzenwerte

Die Nutzwertermittlung einzelner Handlungsalternativen erfolgt anschließend auf der Grundlage bestimmter Aggregationsvorschriften, wie z.B. Vorzugshäufigkeits- und Multiplikationsregeln (vgl. ZANGEMEISTER, 1976, S. 263 ff.).

Die Entscheidungsregel zur Beurteilung von Investitionen auf der Grundlage des Nutzwertes lautet:
Führe eine einzelne Investition dann durch, wenn ihr Nutzwert dem Anspruchsniveau entspricht.
Wähle bei einem Vergleich sich gegenseitig ausschließender Investitionen die Alternative, die den höchsten Nutzwert aufweist, sofern dieser dem Anforderungsniveau entspricht.

Unter praktischen Gesichtspunkten wird eine Investition im Normalfall nicht ausschließlich nach ihrem Nutzwert beurteilt. Wenn finanzielle Erfolgskriterien (z.B. der Kapitalwert einer Investition) zu berücksichtigen sind und die Ergebnisse dieser Rechnung nicht mit der Nutzwerttendenz übereinstimmen (z.B. Nutzwert erfüllt das Anspruchsniveau, Kapitalwert ist kleiner Null), so muß der Entscheidungsträger anhand einer subjektiven Austauschregel die absolute Vorteilhaftigkeit der Investition abwägen.

Auf der Grundlage der nachfolgenden Problemstellung sollen die Verfahrensschritte der Nutzwertbestimmung näher erläutert werden.

(1) Problembeschreibung

In der Geschäftsleitung der Akzidenz- und Buchdruckerei Gutenberg GmbH werden Überlegungen darüber angestellt, ob der Betriebs- und Geschäftsstandort aus dem Innenstadtbereich von E in ein neu erschlossenes Gewerbegebiet der Stadt B verlegt werden soll. B liegt im Einzugsbereich der Stadt E, so daß die bisherigen Mitarbeiter weiter beschäftigt und die Stammkundschaft weitgehend wie bisher beliefert werden kann.

Zur Lösung der Standortfrage wurden bisher alle relevanten quantifizierbaren Aspekte im Rahmen einer Kapitalwertberechnung zusammengefaßt. Dabei ergab sich ein leichter Kapitalwertvorteil zugunsten der Beibehaltung des Standortes in Höhe von 320.000 DM (Planungszeitraum: 12 Jahre). Die Gesellschafter sind jedoch der Ansicht, daß eine definitive Entschlußfassung nicht allein auf finanziellen Überlegungen basieren sollte, da für eine Ansiedlung in B einige wesentliche, bisher noch nicht berücksichtigte Faktoren sprechen. Ein erster, über die finanziellen Betrachtungen hinausgehender Vergleich beider Standorte ist in dem nachfolgenden Sitzungsprotokollauszug aufgeführt.

Der gegenwärtige Standort bietet keine Expansionsmöglichkeiten mehr, dagegen stehen am Standort B hinreichende Grundstücks- und Gewerbeflächen zur Verfügung, um dem potentiellen Raumbedarf der nächsten zehn Jahre zu genügen.

Die beengte innerstädtische Lage ermöglicht den Mitarbeitern nicht, ihre PKW's auf dem Firmengelände bzw. in unmittelbarer Nähe der Druckerei zu parken; die daraus resultierenden langen Anmarschwege (nicht selten 15 Minuten und länger) waren häufig Diskussionspunkte im Rahmen der Betriebsversammlungen. Der neue Standort bietet ausreichende Parkplätze für die Belegschaft und die Kunden.

Als weitere Folge der gegenwärtigen beengten Verhältnisse wird von der Belegschaft die unzureichende Versorgung mit Mittagsmahlzeiten bemängelt. Bisher war es nicht möglich eine Kantine einzurichten, und das umliegende Gaststättengewerbe konnte aufgrund der kurzen Pausenzeiten und der unbefriedigenden Preisgestaltung nur selten von den Mitarbeitern besucht werden. Am neuen Standort bietet sich die Möglichkeit Mittagsmahlzeiten in einer Gewerbegebiets-Gemeinschaftskantine einzunehmen.

Unter logistischen Aspekten sprechen insbesondere die unzureichenden An- und Ablieferungseinrichtungen gegen die Beibehaltung des alten Standortes. Die beengten Lagerräume erfordern ständig Teilauslieferungen selbst kleiner Auflagen, und Vormaterial (Farbe, Papier usw.) kann häufig nur in unvorteilhaften Kleinmengen bestellt werden. Im Falle der Umsiedlung könnten zudem Vorteile durch die direkte werksmäßige Anbindung an das Schienennetz der Deutschen Bundesbahn erreicht werden.

Der bisherige Standort zeigt insbesondere Vorteile bei der Inanspruchnahme der umliegenden Dienstleistungsunternehmen (Designer, Werkstätten usw.). Bei einer Standortverlegung würde die Nähe zu den Dienstleistungsunternehmen verlorengehen.

Gerade für das Akzidenzgeschäft weist der bisherige Standort vergleichsweise günstigere Absatzbedingungen auf (Bedienung der sog. "Laufkundschaft"). Im Falle des Standortwechsels kann mit nicht unbeachtlichen Umsatzeinbußen in dieser Geschäftssparte gerechnet werden.

Die Produktion verursacht teilweise erhebliche Geräusch- und Geruchsbelästigungen der umliegenden Anwohner im innerstädtischen Bereich. Eine Beschränkung der Umweltbelastungen würde bedeutsame Investitionsausgaben (Dämmstoffe, Filteranlagen usw.) verursachen, die sich bei einem Standortwechsel erübrigen würden.

Die gegenwärtige Ablaufstruktur erfüllt nicht die Ansprüche, die an einen effizienten Produktionsprozeß gestellt werden. Eine Produktionsrationalisierung wäre mit hohen Investitionsausgaben verbunden, würde aber auch wegen der beengten Standortverhältnisse nicht den Idealvorstellungen entsprechen. Die Umsiedlung nach B ließe eine Neustrukturierung im Sinne einer rationalisierten Produktion zu.

Die Abfallentsorgung bereitet aufgrund des innerstädtischen Standortes erhebliche Probleme (Lagerung und Abtransport). Durch eine Umsiedlung nach B könnten sowohl kurzfristige Lagermöglichkeiten geschaffen als auch günstigere Transportmittel eingesetzt werden.

Viele Mitarbeiter befürchten bei einem Standortwechsel den Verlust sozialer Kontakte (Stadtbummel in der Mittagspause, Einkaufen nach Betriebsschluß usw.).

Die Bewertung der oben aufgezeigten Faktoren soll im Rahmen einer Nutzwertanalyse durch die Gesellschafter erfolgen. Sie sollen unabhängig voneinander im Sinne ihrer speziellen Zielfunktion die für sie relevanten Faktoren bestimmen, gewichten und deren Nutzenbeitrag quantifizieren. Die aufwendigen Berechnungen werden dabei durch ein zu entwickelndes PC-Tabellenkalkulationsprogramm unterstützt.

(2) Problemlösung - gedanklich / theoretisch

Die Entwicklung der PC-gestützten Nutzwertanalyse kann in Form der fünf Verfahrensschritte systematisiert werden.
Im ersten Modellteil hat der Beurteiler zunächst seine Kriteriengruppen einzugeben und die Gruppen durch hinreichend strukturierte Zielkriterien (ZK) zu operationalisieren. Die in dem oben aufgeführten Auszug des Sitzungsprotokolls dargestellten Strukturmerkmale können in fünf Bewertungsgruppen aufgeteilt

werden. Ein möglicher Operationalisierungsansatz könnte wie folgt aussehen (vgl. z.B. EMMERT, 1974, S. 87ff.):

Kriteriengruppe 1: Absatz

Zielkriterium 1.1: Absatzentwicklung Akzidenzdruck
Zielkriterium 1.2: Absatzentwicklung Buchdruck
Zielkriterium 1.3: Absatzflexibilität
Zielkriterium 1.4: Distributionskosten

Kriteriengruppe 2: Produktion / Beschaffung

Zielkriterium 2.1: Expansionsmöglichkeiten
Zielkriterium 2.2: Lagerkapazitäten (Vormaterial)
Zielkriterium 2.3: Lagerkapazitäten (Fertigprodukte)
Zielkriterium 2.4: Kapazitätsauslastungen
Zielkriterium 2.5: Rationalisierungsmöglichkeiten
Zielkriterium 2.6: Be- und Entlademöglichkeiten

Kriteriengruppe 3: Infrastruktur

Zielkriterium 3.1: Verkehrsanbindung (Material)
Zielkriterium 3.2: Verkehrsanbindung (Kunden, Mitarbeiter)
Zielkriterium 3.3: Kunden- und Mitarbeiterparkplätze
Zielkriterium 3.4: Abfallentsorgung
Zielkriterium 3.5: Nähe zu Dienstleistungsunternehmen

Kriteriengruppe 4: Soziale Bewertungsfaktoren

Zielkriterium 4.1: Gestaltung des Arbeitsplatzes
Zielkriterium 4.2: Mitarbeiterversorgungseinrichtungen
Zielkriterium 4.3: Mitarbeitermotivation
Zielkriterium 4.4: Freizeitwert

Kriteriengruppe 5: Umweltfaktoren

Zielkriterium 5.1: Umweltbelästigungen durch Emissionen
Zielkriterium 5.2: Erfüllung sozialpolitischer Erfordernisse

Da neben den hier aufgeführten Kriterien durchaus weitere Bewertungsfaktoren relevant sein können, werden im Rahmen der Programmentwicklung sechs Kriteriengruppen mit jeweils sechs Zielkriterien vorgesehen.Die Zielkriteriengewichtung soll mit Hilfe der Methode der sukzessiven Vergleiche (vgl. CHURCHMANN/ACKOFF, 1954, S. 172 ff.) erfolgen. Hierbei werden die Zielkriteriengruppen und innerhalb der Gruppen die einzelnen Zielkriterien entsprechend der subjektiven Einschätzung des Entscheiders zunächst in eine Rangfolge gebracht:

Beispiel: Rang 1 = Kriteriengruppe 2
Rang 2 = Kriteriengruppe 3
Rang 3 = Kriteriengruppe 1

Anschließend werden vorläufige Kriteriengruppengewichte (bzw. Zielkriteriengewichte) so verteilt, daß die Rangziffer 1 den Gewichtungsfaktor 1 erhält und die übrigen Kriterien nach Maßgabe des absteigenden Ranges mit einem Wert kleiner 1 gewichtet werden.

Beispiel: Kriteriengruppe 2 = 1,0
Kriteriengruppe 3 = 0,7
Kriteriengruppe 1 = 0,4

In einer weiteren Vergleichsstufe wird anschließend analysiert, ob die bisherigen Gewichtungsfaktoren mit den Präferenzrelationen des Beurteilers übereinstimmen. Wenn die Kriteriengruppe des Ranges 1 ein bedeutenderes Gewicht erlangen soll als alle übrigen Kriteriengruppen zusammen, so muß für das obige Beispiel gelten: KG2 > KG3 + KG1
Präferiert ein Beurteiler diese Relation, so müssen die oben bestimmten Kriteriengewichte in der Form angepaßt werden, daß die formulierte Bedingung erfüllt ist (z.B. durch Erhöhung des Gewichts von KG2 oder durch Verminderung der Gewichte von KG3 und KG1). Alle nachfolgenden Kriteriengruppen (bzw. Zielkriterien) werden anschließend sukzessiv nach gleichem Prinzip miteinander verglichen. Bei einer Änderung der Gewichtungsfaktoren ist stets darauf zu achten, daß keine der vorher geprüften Präferenzrelationen verletzt wird.

Zur Teilnutzenbestimmung wird zunächst der Zielerreichungsgrad in Form einer Klassifikation (ordinale Skalierung) durch entsprechende Frage- und Antwortformulierungen bestimmt. Ein Beispiel ist für das Kriterium "Expansionsmöglichkeiten" (ZK2.1) in Abb. 77 angeführt:

Zielkriterium	Zielerreichungsklasse 1	2	3	4	5
ZK2.1	Welche Expansionsmöglichkeiten bietet der Standort?				
	vorbildliche	gute	normale	mäßige	keine

Abb. 77: Beispiel einer Zielerreichungsklassifikation für das Kriterium "Expansionsmöglichkeiten"

Die fünf Zielerreichungsklassen werden anschließend durch die explizite Anwendung einer Transformationsfunktion in Teilnutzenwerte überführt. Die hier für alle Zielkriterien einheitlich angewandte Transformationsfunktion ist in Abb. 78 wiedergegeben:

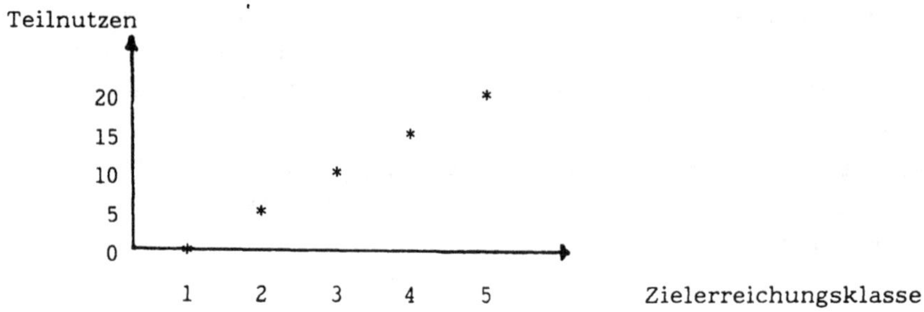

Abb. 78: Einheitliche Transformationsfunktion zur Problemlösung

Die hier gewählte Vorgehensweise ist nicht unproblematisch, da ordinale Klassifikationen in eine kardinale Nutzenskalierung überführt werden, wodurch eine Gleichheit der jeweiligen Nutzenabstände unterstellt wird. Zudem wird dem Beurteiler durch die Transformationsfunktion die spezifische Umsetzung der Zielerreichung in Teilnutzenwerte vorgegeben. Dies erhöht einerseits die Transparenz des Ergebnisses, stimmt aber andererseits unter Umständen nicht mit der Nutzeneinschätzung der Beurteiler überein.

Sind alle Teilnutzen bestimmt, kann der Nutzwert der Standortalternativen berechnet werden. Wenn die Zielkriterien gleichgewichtig in die Bewertung einfließen sollen, kann eine

Rangfolge der zu vergleichenden Alternativen durch einfache Summierung der Teilnutzen bestimmt werden. Die relative Vorteilhaftigkeit der Standortalternativen ergibt sich dann aus dem Vergleich der beiden Nutzwerte entsprechend der oben aufgeführten Entscheidungsregel. Sind dagegen die Bewertungskriterien unterschiedlich gewichtet, kann der Nutzwert z.B. nach Maßgabe der Additionsregel als Summe der mit den Kriteriengewichten multiplizierten Teilnutzenwerte berechnet werden.

(3) Problemlösung- praktisch / PC-gestützt

Die PC-gestützte Problemlösung des oben beschriebenen Entscheidungsproblems soll mit Hilfe des integrierten Paketes SYMPHONY erarbeitet werden. Die einzelnen Arbeitsschritte werden lediglich dann ausführlich dokumentiert bzw. erklärt, wenn Befehle oder Funktionen verwandt werden, die im Rahmen der energiewirtschaftlichen Problemlösung (vgl. Abschnitt 3.1) nicht behandelt wurden. Einen Schwerpunkt der nutzwertanalytischen Modellbeschreibung bildet die benutzerorientierte Strukturierung des Tabellenkalkulationsblattes.

Das Berechnungsmodell wird aus sechs Teiltabellen konstruiert, die hier mit Blatt 1 bis Blatt 6 gekennzeichnet werden. Die einzelnen Blätter werden so dimensioniert, daß bei einer gewünschten Druckausgabe genau das DIN A4-Format eingehalten werden kann. Der strukturelle Aufbau und die jeweils vorgesehenen blattorientierten Eingabe- und Berechnungsfunktionen werden zur ersten Orientierung mit den nachfolgenden Darstellungen wiedergegeben.

<u>Blatt 1a und 1b</u>

Inhalt: Eingabefelder zur Zielkriterienbestimmung

Struktureller Aufbau:

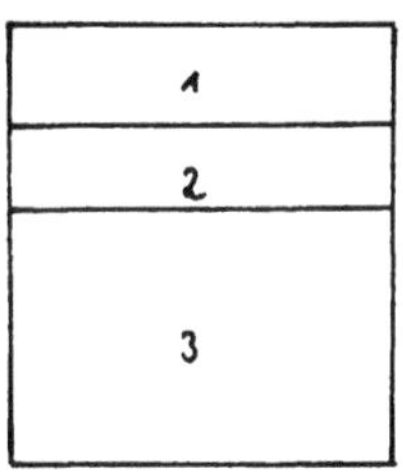

1 Inhaltsbeschreibung der Teiltabelle und Angabe der Blatt-Nr.

2 Benutzerhinweise zur Erklärung der Eingaben

3 Eingabefelder für drei Kriteriengruppen mit jeweils sechs Zielkriterien

Blatt 1c

Inhalt: Eingabefelder zur Bestimmung der Anzahl der Kriteriengruppen

Struktureller Aufbau:

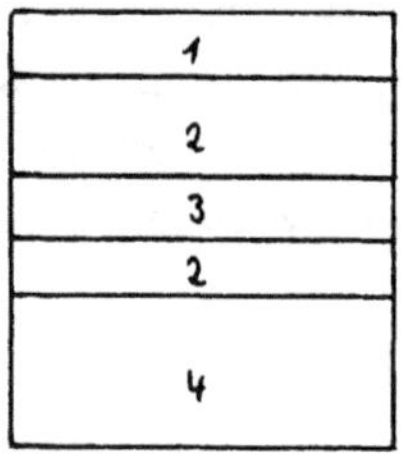

1 Inhaltsbeschreibung der Teiltabelle und Angabe der Blatt-Nr.

2 Benutzerhinweise zur Erklärung der Eingabe

3 Eingabefeld der Kriteriengruppenanzahl

4 Eingabefeld der Kriterienanzahl je Kriteriengruppe

Blatt 2a

Inhalt: Gewichtung der Zielkriteriengruppen nach der Methode der sukzessiven Vergleiche (Stufe 1 und 2)

Struktureller Aufbau:

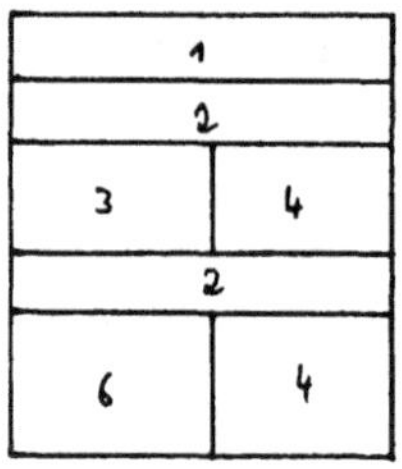

1 Inhaltsbeschreibung der Teiltabelle und Angabe der Blatt-Nr.

2 Benutzerhinweise zur Erklärung der Eingabe

3 Eingabefelder zur Rangfolgebestimmung

4 Permanenter "Helptext"

5 Eingabefelder der Kriteriengewichte

Blatt 2b

Inhalt: Gewichtung der Zielkriteriengruppen nach der Methode der sukzessiven Vergleiche (Stufe 3 und 4)

Struktureller Aufbau:

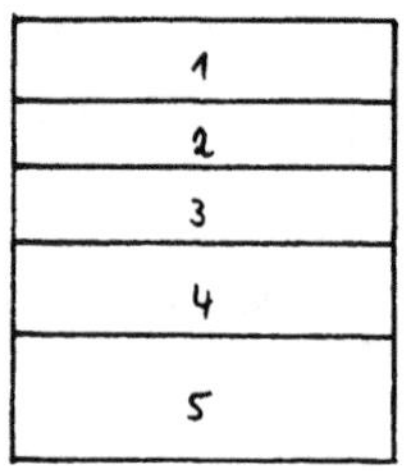

1 Inhaltsbeschreibung der Teiltabelle und Angabe der Blatt-Nr.

2 Benutzerhinweise zur Erklärung der Eingabe

3 Eingabefelder der Präferenzrelationen

4 Benutzerhinweis zur Interpretation der nachfolgenden Berechnungsergebnisse

5 Ausgabe der Kriteriengewichte

Blatt 3a bis 3f

Inhalt: Gewichtung der Zielkriterien nach der Methode der sukzessiven Vergleiche (Stufe 1 und 2)

Struktureller Aufbau: wie Blatt 2a

Blatt 3g bis 3l

Inhalt: Gewichtung der Zielkriterien nach der Methode der sukzessiven Vergleiche (Stufe 3 und 4)

Struktureller Aufbau: wie Blatt 2b

Blatt 4a und b

Inhalt: Tabellarische Zusammenstellung der Kriterien und Kriteriengewichte

Struktureller Aufbau:

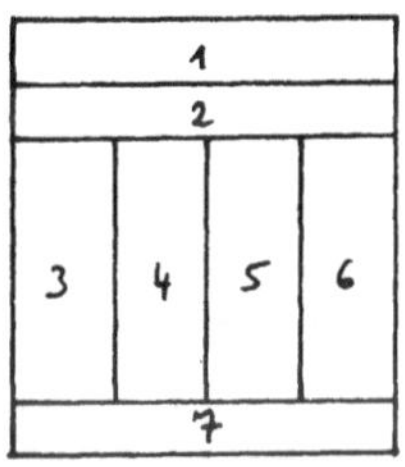

1 Inhaltsbeschreibung der Teiltabelle und Angabe der Blatt-Nr.

2 Benutzerhinweis zur Interpretation der Gesamtübersicht

3 Zusammenstellung der Beurteilungskriterien

4 Wiedergabe der Kriteriengruppengewichte

5 Wiedergabe der Zielkriteriengewichte

6 Wiedergabe des Berechnungsergebnisses aus der Additionsregel

7 Zwischen- bzw. Endsumme

Blatt 5a bis 5c

Inhalt: Eingabe der Zielerreichungsgrade und Teilnutzentransformation

Strukturеller Aufbau:

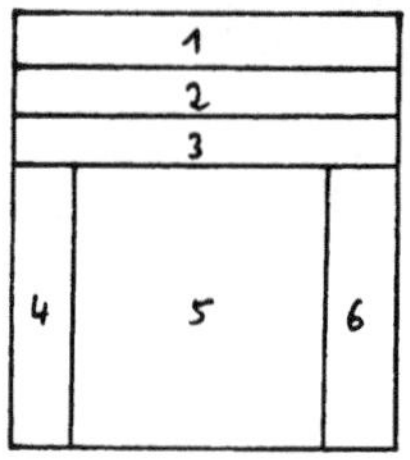

1 Inhaltsbeschreibung der Teiltabelle und Angabe der Blatt-Nr.

2 Benutzerhinweise zur Erklärung der Eingabe

3 Wiedergabe der Transformationsfunktion

4 Kurzbezeichnung des Zielkriteriums

5 Fragen und Zielerreichungsklassifikation

6 Teilnutzenbestimmung

Blatt 6

Inhalt: Wiedergabe der Berechnungsergebnisse

Struktureller Aufbau:

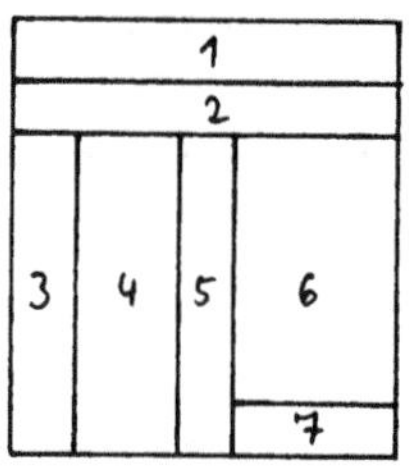

1 Inhaltsbeschreibung der Teiltabelle und Angabe der Blatt-Nr.

2 Benutzerhinweise zur Interpretation der Tabelle

3 Kurzbezeichnung des Zielkriteriums

4 Matrix der Teilnutzenwerte

5 Wiedergabe der Kriteriengewichte

6 Matrix der gewichteten Teilnutzen

7 Ausgabe der Nutzwerte

Die Anordnung der Blätter 1 bis 6 in der gesamten Arbeitstabelle ist in Abb. 79 wiedergeben.

Die Programmierung der Arbeitstabelle wird durch die blattorientierte Wiedergabe der vorzunehmenden Eingaben in Form der Programmlistings (Texte und Formeln) dokumentiert. Bisher noch nicht erklärte Programmfuktionen werden anschließend erläutert. Sofern die einzelnen Arbeitsblätter identisch strukturiert sind, werden die Programmierungen nur durch die Präsentation eines exemplarischen Arbeitsblattes dargestellt.

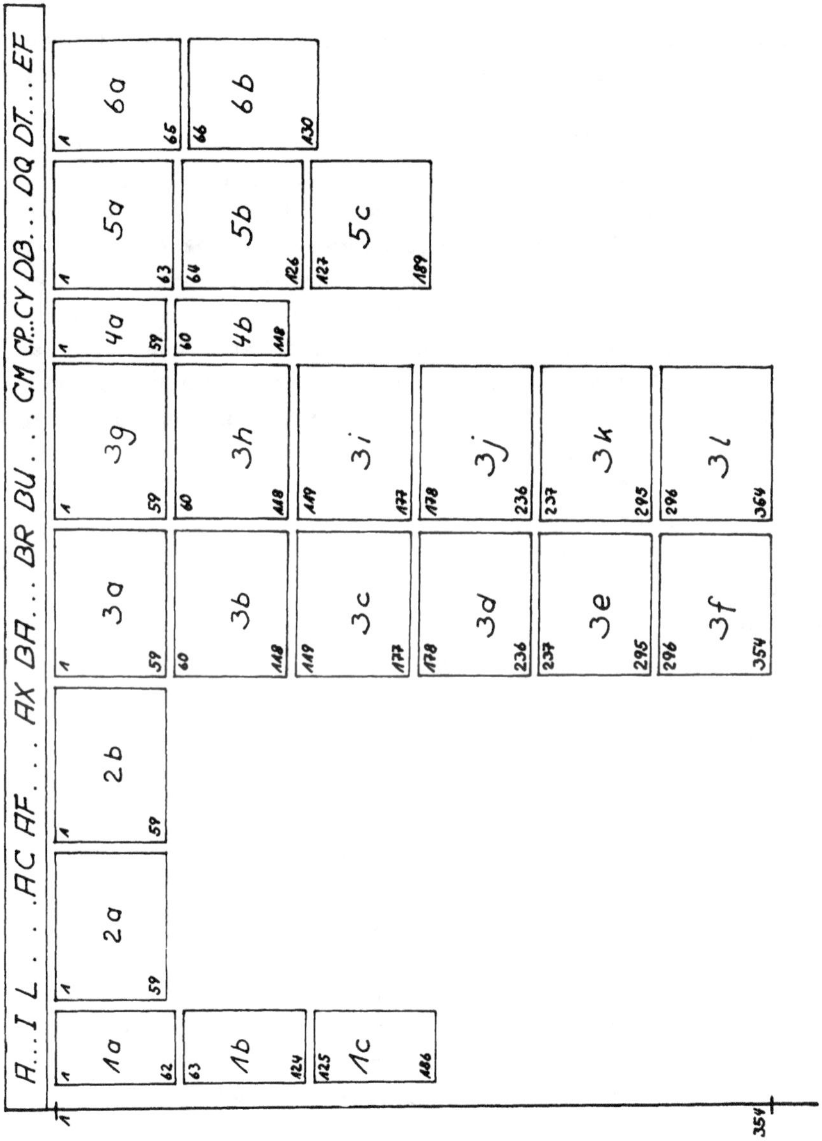

Abb. 79: Anordnung der Blätter 1 bis 6 in der Arbeitstabelle

1. Schritt: Aufruf des Programms und Eingabe von Blatt 1a bis 1c

Das Programm wird von der Betriebssystemebene durch die Eingabe von SYMPHONY gestartet; es erscheint anschließend das leere Arbeitstableau.
Die Blätter 1a bis 1c dienen der Eingabe von Zielkriteriengruppen und Zielkriterienausprägungen. Zur Programmierung aller Blätter sind lediglich Texteingaben (vgl. Abb. 81 und 82) und Formatierungen erforderlich. Für die Eingabe von Texten ist der Cursor unter Verwendung der Pfeiltasten auf die entsprechende Zelle zu positionieren und anschließend der Text einzutragen. Die Wiedergabe der Texte kann dabei durch Befehlszusätze, die vor dem eigentlichen Text abzusetzen sind, beeinflußt werden. So bewirkt ein Apostroph (') die linksbündige, ein Anführungszeichen (") die rechtsbündige und ein Dach (^) die zentrierte Positionierung des Textes in der jeweiligen Zelle. Sofern die Texteingabe umfangreicher als die Zellenbreite ist, schreibt das Programm den restlichen Text automatisch in die noch leeren Folgezellen.
Die Formatierung der Spaltenbreite für die Blätter 1a bis 1c kann der nachfolgenden Abbildung 80 entnommen werden. Sie wurden zum

Spalte	A	B	C	D	E	F	G	H	I
Breite	2	B	9	5	30	7	7	9	2

Abb. 80: Formatierungstabelle für die Blätter 1a bis 1c

Teil lediglich zur Vereinfachung der Eingaben gewählt. Bedeutsam für die weitere Programmentwicklung sind die Spalten E und F. Hier sind im Rahmen der späteren Anwendung der Nutzwertanalyse Eingaben des Beurteilers vorzusehen, die in den anderen Blättern weiter verarbeitet werden. In Spalte E (Blatt 1a und 1b) hat der Anwender seine Zielkriterien zu benennen und in Spalte F die Anzahl seiner Kriteriengruppen und Zielkriterien einzutragen (Blatt 1c).

Blatt 1a :

Bestimmung der Teilkriterien

Benutzerhinweis: Geben Sie bitte für die Zielkriteriengruppen 1-3 jeweils maximal sechs Kriterien an. Die Kriterienbezeichnungen dürfen maximal 30 Buchstaben umfassen.

1. Kriteriengruppe: ______________________________

1.1 ______________________________

1.2 ______________________________

1.3 ______________________________

1.4 ______________________________

1.5 ______________________________

1.6 ______________________________

2. Kriteriengruppe: ______________________________

2.1 ______________________________

2.2 ______________________________

2.3 ______________________________

2.4 ______________________________

2.5 ______________________________

2.6 ______________________________

3. Kriteriengruppe: ______________________________

3.1 ______________________________

3.2 ______________________________

3.3 ______________________________

3.4 ______________________________

3.5 ______________________________

3.6 ______________________________

Abb. 81: Blatt 1a - Bestimmung der Teilkriterien

```
Blatt 1c :
                         Bestimmung der Zielkriterien

--------------------------------------------------------------------------------
Benutzerhinweis:
                    Geben Sie bitte die Anzahl der von Ihnen eingegebenen
                    Kriteriengruppen im gekennzeichneten Feld an.
--------------------------------------------------------------------------------


                                                           -------
          Anzahl der Kriteriengruppen                      I    0 I
                                                           -------


--------------------------------------------------------------------------------
Benutzerhinweis:
                    Geben Sie bitte die Anzahl der von Ihnen eingegebenen
                    Kriterien der einzelnen Gruppen im gekennzeichneten
                    Feld an.
--------------------------------------------------------------------------------

                                                           -------
          Anzahl der Kriterien in Gruppe 1                 I    0 I
                                                           -------
                                                           -------
          Anzahl der Kriterien in Gruppe 2                 I    0 I
                                                           -------
                                                           -------
          Anzahl der Kriterien in Gruppe 3                 I    0 I
                                                           -------
                                                           -------
          Anzahl der Kriterien in Gruppe 4                 I    0 I
                                                           -------
                                                           -------
          Anzahl der Kriterien in Gruppe 5                 I    0 I
                                                           -------
                                                           -------
          Anzahl der Kriterien in Gruppe 6                 I    0 I
                                                           -------
```

Abb. 82: Blatt 1c - Bestimmung der Zielkriterien

2. Schritt : Eingabe von Blatt 2a

Blatt 2a dient der Rangfolgebestimmung der Zielkriteriengruppen und der Eingabe von vorläufigen Gruppengewichten. Abb. 84 gibt die spezifische Struktur von Blatt 2a wieder. Die Formatierung des Blattes kann der nachfolgenden Abbildung 83 entnommen werden.

Spalte	L	M	N	O	P	Q	R	S	T	U	V	W	X	Y	Z	AA	AB	AC
Breite	2	4	3	5	9	6	2	6	2	6	2	6	2	6	2	6	9	2

Abb. 83: Formatierungstabelle für das Blatt 2a

In Spalte Q sind die Eingabefelder zur Rangfolgebestimmung vorgesehen. Die im ersten Eingabeteil wiedergegebene Rangfolgerelation wird durch Übertragen der absoluten Adressen der Eingabepositionen erreicht. Im zweiten Eingabeteil ist die Eingabe der Kriteriengewichte in Spalte S vorgesehen. Zur weiteren Verarbeitung ist bedeutsam, daß in Spalte Q die Zielkriteriengruppen (ZKG_i) in Kriteriengewichte (KG_i) transformiert werden. Am Beispiel des ersten Kriteriengewichts (Zelle Q39) werden die dazu erforderlichen Formeln wiedergegeben:

```
Q39: E @WENN(Q12="ZKG1";"KG1";@WENN(Q12="ZKG2";"KG2";@WENN(Q
12="ZKG3";"KG3";@WENN(Q12="ZKG4";"KG4";@WENN(Q12="ZKG5";"KG5";
@WENN(Q12="ZKG6";" KG6";@WENN(Q12="xxx";"xxx";0)))))))
```

Die Rangfolgerelation wird erneut durch Programmierung der absoluten Adressen Q39, Q41, Q43, Q45, Q47 und Q49 (Bezeichnung des Kriteriengewichts) und S39, S41, S43, S45, S47 und S49 (numerische Gewichte) erreicht.

3. Schritt : Erstellung von Blatt 2b

Blatt 2b dient der Überprüfung der Präferenzrelationen des Beurteilers (erster Eingabeteil) und der Bestimmung der endgültigen Kriteriengruppengewichte. Die formale Struktur wird in Abb. 86 wiedergegeben. Die Spaltenformatierung ist aus Abbildung 85 zu entnehmen.

```
Blatt 2a:
                    Gewichtung der Zielkriteriengruppen nach der
                    Methode der sukzessiven Vergleich (Stufe 1 und 2)
---------------------------------------------------------------------------
Benutzerhinweis:
                Geben Sie bitte für die Zielkriteriengruppen gemäß
                Ihrer relativen Bedeutungseinschätzung eine Rangfolge
                von 1-6 an. Benutzen Sie dazu die Abkürzung ZKGi (i=1 bis 6)
---------------------------------------------------------------------------

          1.        xxx                    Programmtechnischer Hinweis:
                    ----                   ============================
          2.        xxx
                    ----                   Wenn die Anzahl der Gruppen
          3.        xxx                    kleiner als 6 ist, füllen Sie
                    ----                   bitte die leeren Eingabefelder
          4.        xxx                    mit der Eingabe xxx auf.
                    ----
          5.        xxx
                    ----
          6.        xxx
                    ----

                    Die Rangfolge Ihrer Zielkriterien lautet:

                    xxx   > xxx   > xxx   > xxx   > xxx   > xxx

---------------------------------------------------------------------------
Benutzerhinweis:
                Geben Sie bitte für die Zielkriteriengruppen vorläufige
                Kriteriengewichte an. Das bedeutsamste Kriterium erhält
                den Gewichtungsfaktor 1,0.  Die Differenz zwischen
                den Gewichten muß mindestens 0,1 betragen.
---------------------------------------------------------------------------

          Kriteriengewichte:

          1.        xxx   =  0,00          Programmtechnischer Hinweis:
                                           ============================
          2.        xxx   =  0,00
                                           Wenn die Anzahl der Gewichte
          3.        xxx   =  0,00          kleiner als 6 ist, füllen Sie
                                           bitte die leeren Eingabe-
          4.        xxx   =  0,00          felder mit 0 auf.

          5.        xxx   =  0,00

          6.        xxx   =  0,00


                    Rangfolge der vorläufigen Kriteriengewichte:

                    xxx   > xxx   > xxx   > xxx   > xxx   > xxx

                    0,00 > 0,00 > 0,00 > 0,00 > 0,00 > 0,00
```

Abb. 84: Blatt 2a - Gewichtung der Zielkriteriengruppen (Stufe 1 und 2)

Spalte	AF	AG	AH	AI	AJ	AK	AL	AM	AN	AO	AP	AQ	AR	AS	AT	AU	AV	AW	AX
Breite	2	9	5	2	3	2	5	2	5	2	5	2	5	2	5	9	9	4	2

Abb: 85: Formatierungstabelle für das Blatt 2a

Durch Eingabe der absoluten Adressen des zweiten Eingabeteils von Blatt 2a (Spalte Q), werden die Kriteriengruppen in den Präferenzrelationen wiedergegeben. Spalte AJ dient als Eingabefeld der logischen Operatoren. Im zweiten Teil von Blatt 2b werden in Spalte AL für die Kriteriengruppen ZKG_i entsprechende Gewichte (KG_i) berechnet. Die zur Gewichtung erforderlichen Formeln (AL42 bis AL57) in Symphony-Notation lauten:

```
AL42: E +FI57/FI64
AL45: E +FI58/FI64
AL48: E @WENN(F140=2;0;FI59/FI64)
AL51: E @WENN(F140=3;0;FI60/FI64)
AL54: E @WENN(F140=4;0;FI61/FI64)
AL57: (F2) E @WENN(F140=5;0;FI62/FI64)
```

Die in diesen Formeln angegebene absolute Adressen (F140) bezieht sich auf die Eingaben in Blatt 1c. Die Zelladressen FI57 bis FI64 sind Berechnungsfelder außerhalb des eigentlichen Eingabebereichs. Alle in Spalte FI programmierten Wenn-Anweisungen werden in der Abb. 87 in Form des Programmlistings wiedergegeben. Sie sind erforderlich, um den vierten Schritt der sukzessiven Vergleiche durchzuführen.

4. Schritt: Erstellung der Blätter 3a bis 3f und 3g bis 31

Die Gewichtung der Zielkriterien erfolgt in den Blättern 3a bis 31. Exemplarisch werden hier lediglich die Blätter 3a in Abb.88 und 3g in Abb.89 präsentiert. Die Formatierung und Programmierung der 12 Blätter erfolgt analog zu den oben beschriebenen Eingaben (vgl. Blatt 2a und 2b). Bei der Programmierung ist lediglich die Veränderung der absoluten Adressen zu berücksichtigen.

5. Schritt: Erstellung von Blatt 4a und 4b

Die Blätter 4a und 4b geben eine Übersicht der bestimmten Kriteriengruppen- und Kriteriengewichte wieder. Zur Verdeutlichung wird hier Blatt 4a präsentiert (vgl. Abb. 90). Die Spal-

```
Blatt 2b:
               Gewichtung der Zielkriteriengruppen nach der
               Methode der sukzessiven Vergleich (Stufe 3 und 4)
-----------------------------------------------------------------------------
Benuterhinweis:
                Geben Sie bitte Ihre Präferenzrelationen der Kriteriengruppen
                an, indem Sie die folgende Tabelle mit den logischen Zeichen
                > ,<, oder  =   ausfüllen. Wenn die Anzahl der Kriterien
                < 6 ist, bitte die leeren Felder mit dem Zeichen = ausfüllen.
-----------------------------------------------------------------------------

                    ----
          xxx      | = | xxx  + xxx  + xxx  + xxx  + xxx
                    ----

                    ----
          xxx      | = | xxx  + xxx  + xxx  + xxx
                    ----

                    ----
          xxx      | = | xxx  + xxx  + xxx
                    ----

                    ----
          xxx      | = | xxx  + xxx
                    ----

                    ----
          xxx      | = | xxx
                    ----

-----------------------------------------------------------------------------
Benuterhinweis:
                  Ihre Kriteriengruppengewichte wurden automatisch
                  auf 1 normiert. Das Ergebnis lautet:
                  Summe aller Gewichte dividiert wird.
-----------------------------------------------------------------------------

          xxx     =     *****

          xxx     =     *****

          xxx     =     *****

          xxx     =     *****

          xxx     =     *****

          xxx     =     *****
```

Abb. 86: Blatt 2b - Gewichtung der Zielkriteriengruppen (Stufe 3 und 4)

```
FI1:  'Gewichte
FI3:  @WENN(AJ14=">";@WENN(S39<FA3;S39+FC8+0,05;@WENN(S39=FA3;S39+0,05;S39));S39)
FI4:  @WENN(AJ14="<";@WENN(S39>FA3;S39-FC8-0,05;@WENN(S39=FA3;S39-0,05;S39));S39)
FI5:  @WENN(AJ14="=";@WENN(S39>FA3;S39-FC8;@WENN(S39<FA3;S39+FC8;S39));S39)
FI7:  @WENN(AJ14=">";FI3;@WENN(AJ14="<";FI4;FI5))
FI9:  @WENN(AJ18=">";@WENN(S41<FA4;S41+FC9+0,05;@WENN(S41=FA4;S41+0,05;S41));S41)
FI10:  @WENN(AJ18=">";@WENN(S41<FA4;FI7+FC9+0,05;@WENN(S41=FA4;FI7+0,05;FI7));FI7
)
FI11:  @WENN(AJ18="<";@WENN(S41>FA4;S41-FC9-0,05;@WENN(S41=FA4;S41-0,05;S41));S41
)
FI12:  @WENN(AJ18="<";@WENN(S41>FA4;FI7-FC9-0,05;@WENN(S41=FA4;FI7-0,05;FI7));FI7
)
FI13:  @WENN(AJ18="=";@WENN(S41>FA4;S41-FC9;@WENN(S41<FA4;S41+FC9;S41));S41)
FI14:  @WENN(AJ18="=";@WENN(S41>FA4;FI7-FC9;@WENN(S41<FA4;FI7+FC9;FI7));FI7)
FI16:  @WENN(AJ18=">";FI10;@WENN(AJ18="<";FI12;FI14))
FI17:  @WENN(AJ18=">";FI9;@WENN(AJ18="<";FI11;FI13))
FI19:  @WENN(AJ22=">";@WENN(S43<FA5;S43+FC10+0,05;@WENN(S43=FA5;S43+0,05;S43));S4
3)
FI20:  @WENN(AJ22=">";@WENN(S43<FA5;FI17+FC10+0,05;@WENN(S43=FA5;FI17+0,05;FI17))
;FI17)
FI21:  @WENN(AJ22=">";@WENN(S43<FA5;FI16+2*FC10+0,1;@WENN(S43=FA5;FI16+0,1;FI16))
;FI16)
FI22:  @WENN(AJ22="<";@WENN(S43>FA5;S45+FC10/FE3+0,05;@WENN(S43=FA5;S45+0,05;S45)
);S45)
FI23:  @WENN(AJ22="<";@WENN(S43>FA5;S47+FC10/FE3+0,05;@WENN(S43=FA5;S47+0,05;S47)
);S47)
FI24:  @WENN(AJ22="<";@WENN(S43>FA5;S49+FC10/FE3+0,05;@WENN(S43=FA5;S49+0,05;S49)
);S49)
FI25:  @WENN(AJ22="<";@WENN(S43>FA5;FI17+FC10+0,15;@WENN(S43=FA5;FI17+0,15;FI17))
;FI17)
FI26:  @WENN(AJ22="<";@WENN(S43>FA5;FI16+2*FC10+0,3;@WENN(S43=FA5;FI16+0,3;FI16))
;FI16)
FI27:  @WENN(AJ22="=";@WENN(S43>FA5;S45+FC10/FE3;S45);S45)
FI28:  @WENN(AJ22="=";@WENN(S43<FA5;S43+FC10;S43);S43)
FI29:  @WENN(AJ22="=";@WENN(S43>FA5;S47+FC10/FE3;S47);S47)
FI30:  @WENN(AJ22="=";@WENN(S43>FA5;S49+FC10/FE3;S49);S49)
FI31:  @WENN(AJ22="=";@WENN(S43=FA5;FI17;FI17+FC10);FI17)
FI32:  @WENN(AJ22="=";@WENN(S43=FA5;FI16;FI16+2*FC10);FI16)
FI34:  @WENN(AJ22=">";FI21;@WENN(AJ22="<";FI26;FI32))
```

Formeln für die absoluten Adressen

```
FC1:  'Differenz
FC2:  'gk-sum
FC3:  +S39-FA3
FC4:  +S41-FA4
FC5:  +S43-FA5
FC6:  +S45-FA6
FC8:  @WENN(FC3<0;FC3*(-1);FC3)
FC9:  @WENN(FC4<0;FC4*(-1);FC4)
FC10:  @WENN(FC5<0;FC5*(-1);FC5)
FC11:  @WENN(FC6<0;FC6*(-1);FC6)
```

Abb. 87: Programmlisting zur Durchführung der sukzessiven Vergleiche

```
FI35: @WENN(AJ22=">";FI20;@WENN(AJ22="<";FI25;FI31))
FI36: @WENN(AJ22=">";FI19;@WENN(AJ22="<";S43;@WENN(AJ22="=";@WENN(S43<FA5;FI28;S
43);0)))
FI37: @WENN(AJ22="<";FI22;@WENN(AJ22="=";FI27;S45))
FI38: @WENN(AJ22="<";FI23;@WENN(AJ22="=";FI29;S47))
FI39: @WENN(AJ22="<";FI24;@WENN(AJ22="=";FI30;S49))
FI41: @WENN(AJ26=">";@WENN(FI37<FA6;FI37+FC11+0,05;@WENN(FI37=FA6;FI37+0,05;FI37
));FI37)
FI42: @WENN(AJ26=">";@WENN(FI37<FA6;FI36+FC11+0,05;@WENN(FI37=FA6;FI36+0,05;FI36
));FI36)
FI43: @WENN(AJ26=">":@WENN(FI37<FA6;FI35+2*FC11+0,1;@WENN(FI37=FA6;FI35+0,1;FI35
));FI35)
FI44: @WENN(AJ26=">";@WENN(FI37<FA6;FI34+4*FC11+0,2;@WENN(FI37=FA6;FI34+0,2;FI34
));FI34)
FI45: @WENN(AJ26="=";@WENN(FI37>FA6;FI38+FC11/FE4;FI38);FI38)
FI46: @WENN(AJ26="=";@WENN(FI37>FA6;FI39+FC11/FE4;FI39);FI39)
FI47: @WENN(AJ26="=";@WENN(FI37<FA6;FI37+FC11;FI37);FI37)
FI48: @WENN(AJ26="=";@WENN(FI37=FA6;FI36;FI36+FC11);FI36)
FI49: @WENN(AJ26="=";@WENN(FI37=FA6;FI35;FI35+2*FC11);FI35)
FI50: @WENN(AJ26="=";@WENN(FI37=FA6;FI34;FI34+4*FC11);FI34)
FI51: @WENN(AJ26="<";@WENN(FI37>FA6;FI38+FC11/FE4+0,05;@WENN(FI37=FA6;FI38+0,05;
FI38));FI38)
FI52: @WENN(AJ26="<";@WENN(FI37>FA6;FI39+FC11/FE4+0,05;@WENN(FI37=FA6;FI39+0,05;
FI39));FI39)
FI53: @WENN(AJ26="<";@WENN(FI37>FA6;FI36+FC11+0,1;@WENN(FI37=FA6:FI36+0,1;FI36))
;FI36)
FI54: @WENN(AJ26="<";@WENN(FI37>FA6;FI35+2*FC11+0,2;@WENN(FI37=FA6;FI35+0,2;FI35
));FI35)
FI55: @WENN(AJ26="<";@WENN(FI37>FA6;FI34+4*FC11+0,4;@WENN(FI37=FA6;FI34+0,4;FI34
));FI34)
FI57: @WENN(F140<1;0;@WENN(AJ26=">";FI44;@WENN(AJ26="<";FI50;FI55)))
FI58: @WENN(F140<2;0;@WENN(AJ26=">";FI43;@WENN(AJ26="<";FI49;FI54)))
FI59: @WENN(F140<3;0;@WENN(AJ26=">";FI42;@WENN(AJ26="<";FI48;FI53)))
FI60: @WENN(F140<4;0;@WENN(AJ26=">";FI41;@WENN(AJ26="<";FI37;@WENN(AJ26="=";@WEN
N(FI37<FA6;FI47;FI37);0))))
FI61: @WENN(F140<5;0;@WENN(AJ26=">";FI38;@WENN(AJ26="<";FI45;FI51)))
FI62: @WENN(F140<6;0;@WENN(AJ26=">";FI39;@WENN(AJ26="<";FI46;FI52)))
FI64: @SUMME(FI57..FI62)
```

Formeln für die absoluten Adressen

```
FA1: 'Summen gk
FA3: @SUMME(S41..S49)
FA4: @SUMME(S43..S49)
FA5: @SUMME(S45..S49)
FA6: @SUMME(FI38..FI39)
```

(Fortsetzung der Abb. 87: Programmlisting zur Durchführung der sukzessiven Vergleiche)

```
Blatt 3a:
          Gewichtung der Zielkriterien nach der
          Methode der sukzessiven Vergleich (Stufe 1 und 2)
--------------------------------------------------------------------------
Benutzerhinweis:
              Geben Sie bitte für die Zielkriterien der Gruppe 1 gemäß
              Ihrer relativen Bedeutungseinschätzung eine Rangfolge
              von 1-6 an. Benutzen Sie dazu die Abkürzung ZKi (i=1 bis 6).
--------------------------------------------------------------------------

          1.       xxx              Programmtechnischer Hinweis:
                   ----             ============================
          2.       xxx
                   ----             Wenn die Anzahl der Kriterien
          3.       xxx              kleiner als 6 ist, füllen Sie
                   ----             bitte die leeren Eingabefelder
          4.       xxx              mit der Eingabe xxx auf.
                   ----
          5.       xxx
                   ----
          6.       xxx
                   ----

                   Die Rangfolge Ihrer Zielkriterien lautet:

                   xxx   > xxx   > xxx   > xxx   > xxx   > xxx

--------------------------------------------------------------------------
Benutzerhinweis:
              Geben Sie bitte für die Zielkriterien der Gruppe 1 vorläufig
              Kriteriengewichte an. Das bedeutsamste Kriterium erhält
              den Gewichtungsfaktor 1,0.  Die Differenz zwischen
              den Gewichten muß mindestens 0.1 betragen.
--------------------------------------------------------------------------

          Kriteriengewichte:

          1.       xxx  =  0,00     Programmtechnischer Hinweis:
                                    ============================
          2.       xxx  =  0,00
                                    Wenn die Anzahl der Gewichte
          3.       xxx  =  0,00     kleiner als 6 ist, füllen Sie
                                    bitte die leeren Eingabe-
          4.       xxx  =  0,00     felder mit 0 auf.

          5.       xxx  =  0,00

          6.       xxx  =  0,00


                   Rangfolge der vorläufigen Kriteriengewichte:

                   xxx   > xxx   > xxx   > xxx   > xxx   > xxx

                    0,00 >  0,00 >  0,00 >  0,00 >  0,00 >  0,00
```

Abb. 88: Blatt 3a - Gewichtung der Zielkriterien (Stufe 1 und 2)

```
Blatt 3g:
                Gewichtung der Zielkriterien für Gruppe 1 nach der
                Methode der sukzessiven Vergleich (Stufe 3 und 4)
------------------------------------------------------------------------
Benuterhinweis:
                Geben Sie bitte Ihre Präferenzrelationen der Kriterien
                an, indem sie die folgende Tabelle mit den logischen Zeichen
                > ,< oder  =  ausfüllen. Wenn die Anzahl der Kriterien
                < 6 ist, bitte die leeren Felder mit dem Zeichen = ausfüllen.
------------------------------------------------------------------------

                    ----
          xxx     | = | xxx  + xxx  + xxx  + xxx  + xxx
                    ----

                    ----
          xxx     | = | xxx  + xxx  + xxx  + xxx
                    ----

                    ----
          xxx     | = | xxx  + xxx  + xxx
                    ----

                    ----
          xxx     | = | xxx  + xxx
                    ----

                    ----
          xxx     | = | xxx
                    ----

------------------------------------------------------------------------
Benuterhinweis:
                  Ihre Kriteriengruppengewichte wurden automatisch
                  auf 100 normiert. Das Ergebnis lautet:

------------------------------------------------------------------------

          xxx     =      0

          xxx     =      0

          xxx     =      0

          xxx     =      0

          xxx     =      0

          xxx     =      0
```

Abb. 89: Blatt 3g - Gewichtung der Zielkriterien (Stufe 3 und 4)

Blatt 4a :

Zielkriterien und deren Gewichte

Benutzerhinweis:
Diese Tabelle zeigt eine Auflistung der Zielkriterien von 1.1 - 3.6 und die dazugehörigen Kriteriengewichte

Zielkriterien	Kriterien-gruppen-gewichte	Kriterien-gewichte ohne Gruppen-gewichte	Kriterien-gewichte mit Gruppen-gewichten
1. Kriteriengruppe:	0,0000		
1.1		0,0000	0,0000
1.2		0,0000	0,0000
1.3		0,0000	0,0000
1.4		0,0000	0,0000
1.5		0,0000	0,0000
1.6		0,0000	0,0000
Summe		0,0000	
2. Kriteriengruppe:	0,0000		
2.1		0,0000	0,0000
2.2		0,0000	0,0000
2.3		0,0000	0,0000
2.4		0,0000	0,0000
2.5		0,0000	0,0000
2.6		0,0000	0,0000
Summe		0,0000	
3. Kriteriengruppe:	0,0000		
3.1		0,0000	0,0000
3.2		0,0000	0,0000
3.3		0,0000	0,0000
3.4		0,0000	0,0000
3.5		0,0000	0,0000
3.6 0		0,0000	0,0000
Summe		0,0000	
Zwischensumme	0,0000		0,0000

Abb. 90: Blatt 4a - Zielkriterien und deren Gewichte

tenformatierung für beide Blätter ist der nachfolgenden Abbildung 91 zu entnehmen.

Spalte	CP	CQ	CR	CS	CT	CU	CV	CW	CX	CY
Breite	2	5	30	2	9	2	13	2	13	2

Abb. 91: Formatierungstabelle für die Blätter 4a und 4b

In Spalte CR werden die Kriterien durch Eingabe der absoluten Zelladressen der Blätter 1a und 1b (jeweils Spalte E) automatisch übertragen. Spalte CT gibt die jeweiligen Kriteriengruppengewichte wieder. Da bei der Gewichtung nach der Rangfolge der Kriteriengruppen vorgegangen wurde, hier jedoch die Reihenfolge (1 bis 6) als Gliederungsschema genutzt wird, müssen die Gewichte zunächst durch Ausführung von Wenn-Anweisungen "gesucht" werden. Die Programmierung soll hier lediglich für die erste Kriteriengruppe aufgeführt werden.

```
CT17: (F4) E @WENN($AH$42="KG1";$AL$42;@WENN($AH$45="KG1";$AL$45;
@WENN($AH$48="KG1";$AL$48;@WENN($AH$51="KG1";$AL$51;@WENN($AH$54=
"KG1";$AL$54;@WENN($AH$57="KG1";$AL$57;0))))))
```

Für alle übrigen Kriteriengruppengewichte kann diese Formel durch Kopieren übertragen werden.
Spalte CV stellt die berechneten Kriteriengewichte zunächst ohne Verknüpfung mit den Gruppengewichten dar. Die erforderliche Programmierung für die erste Kriteriengruppe (1.1 bis 1.6) ist in Abb. 92 aufgeführt.

In der Spalte CX sind Kriteriengewichte mit den entsprechenden Gruppengewichten unter Angabe der Zelladressen multiplikativ verknüpft worden. So lautet die Engabe für das Kriterium 1.1 z.B.:

CV19*CT17

Die in Blatt 4a ausgewiesenen Summen bzw. Zwischensummen können durch Anwendung der Summenfunktion bestimmt werden. Der entsprechende Befehl für die Summe aller Kriteriengewichte der Gruppe 1 in Zelle CV26 lautet:

@SUMME(CV19..CVCV24)

```
CV19: (F4) E @WENN($BW$42="KG1";$CA$42;@WENN($BW$45="KG1";$CA$45;@WENN($BW$48="K
G1";$CA$48;@WENN($BW$51="KG1";$CA$51;@WENN($BW$54="KG1";$CA$54;@WENN($BW$57="KG1
";$CA$57;0))))))
CV20: (F4) E @WENN($BW$42="KG2";$CA$42;@WENN($BW$45="KG2";$CA$45;@WENN($BW$48="K
G2";$CA$48;@WENN($BW$51="KG2";$CA$51;@WENN($BW$54="KG2";$CA$54;@WENN($BW$57="KG2
";$CA$57;0))))))
CV21: (F4) E @WENN($BW$42="KG3";$CA$42;@WENN($BW$45="KG3";$CA$45;@WENN($BW$48="K
G3";$CA$48;@WENN($BW$51="KG3";$CA$51;@WENN($BW$54="KG3";$CA$54;@WENN($BW$57="KG3
";$CA$57;0))))))
CV22: (F4) E @WENN($BW$42="KG4";$CA$42;@WENN($BW$45="KG4";$CA$45;@WENN($BW$48="K
G4";$CA$48;@WENN($BW$51="KG4";$CA$51;@WENN($BW$54="KG4";$CA$54;@WENN($BW$57="KG4
";$CA$57;0))))))
CV23: (F4) E @WENN($BW$42="KG5";$CA$42;@WENN($BW$45="KG5";$CA$45;@WENN($BW$48="K
G5";$CA$48;@WENN($BW$51="KG5";$CA$51;@WENN($BW$54="KG5";$CA$54;@WENN($BW$57="KG5
";$CA$57;0))))))
CV24: (F4) E @WENN($BW$42="KG6";$CA$42;@WENN($BW$45="KG6";$CA$45;@WENN($BW$48="K
G6";$CA$48;@WENN($BW$51="KG6";$CA$51;@WENN($BW$54="KG6";$CA$54;@WENN($BW$57="KG6
";$CA$57;0))))))
```

Abb. 92: Programmlisting zur Verknüpfung der Kriteriengewichte mit den Gruppengewichten

Für alle anderen Summenbildungen ist diese Eingabe unter Veränderung der Adressen zu wiederholen.

6. Schritt: Eingabe von Blatt 5a bis 5c

Die Blätter 5a bis 5c dienen der Bestimmung der Teilnutzen. Hierbei handelt es sich lediglich um Eingabetabellen, die keine Berechnungsfunktionen beeinhalten. Die Formatierung beider Blätter kann der Abbildung 93 entnommen werden.

Spalte	DB	DC	DD	DE	DF	DG	DH	DI	DJ	DK	DL	DM	DN	DO	DP	DQ
Breite	2	10	2	8	2	8	2	8	2	8	2	8	2	4	10	2

Abb. 93: Formatierungstabelle der Blätter 5a bis 5c

In Abb. 94 wird lediglich ein Ausschnitt des Blattes 5a wiedergegeben. Für alle weiteren Zielkriterien ist dieses Blatt unter Verwendung des Text-Befehls zu ergänzen.

```
-----------------------------------------------------------------------------
 Blatt 5a:
           Bestimmung der Teilnutzen für die Kriterien 1.1 - 2.6

-----------------------------------------------------------------------------
 Benuterhinweis:
               Formulieren Sie zu jedem Kriterium eine Frage nach der
               Zielerreichung und bewerten Sie die Alternativen gemäß den
               Klassen 1-5, wobei 20 Punkte für optimale Zielerreichung
               vergeben werden, während bei Nichterfüllung 0 Punkte
               einzutragen sind.
-----------------------------------------------------------------------------
   Ziel-    | Klasse 1I Klasse 2I Klasse 3| Klasse 4| Klasse 5| Alternativen
 kriterium:|  n = 20 I  n = 15 I  n = 10 |  n = 5  |  n = 0  |   Punkte:
-----------------------------------------------------------------------------
    1.1     |                                               |    I:
            |        I        I        I         I          |   II:
            |        I        I        I         I          |  III:
-----------------------------------------------------------------------------
    1.2     |                                               |    I:
            |        I        I        I         I          |   II:
            |        I        I        I         I          |  III:
-----------------------------------------------------------------------------
    1.3     |                                               |    I:
            |        I        I        I         I          |   II:
            |        I        I        I         I          |  III:
```

Abb. 94: Bestimmung der Teilnutzen für die Kriterien 1.1 bis 1.3

7. Schritt: Erstellung von Blatt 6a

In Blatt 6a (vgl. Abb. 96) werden die in den Blättern 5a bis 5c eingetragenen Teilnutzenwerte (Spalte DW, DX und DY) mit den

Kriteriengewichten (Spalte EA) multipliziert und in einer Matrix der Teilnutzenwerte (Spalten EC, ED und EF) zusammengefaßt. Die Spaltenstruktur von Blatt 6a ist in der nachfolgenden Abbildung 95 wiedergegeben.

Spalte	DT	DU	DV	DW	DX	DY	DZ	EA	EB	EC	ED	EE	EF
Breite	2	10	2	8	8	9	2	10	2	8	8	8	2

Abb. 95: Formatierungstabelle für das Blatt 6a

Die Kriteriengewichte (Spalte EA) können durch Angabe der Adressen in Blatt 4a (Spalte CX) übertragen werden. Die Matrix der Teilnutzenwerte entsteht ebenfalls durch Übertragung der Werte aus den Tabellen 5a bis 5c (Spalte DP). Die Matrix der gewichteten Teilnutzen wird durch eine Verknüpfung der Teilnutzenwerte mit den jeweiligen Kriteriengewichten berechnet. So wird z.B. der gewichtete Teilnutzen des Kriteriums 1.1 (Zelle EC17) ermittelt durch

+DW17*EA17.

Die Nutzwerte der Alternativen ergeben sich schließlich durch die Summenbildung über alle Teilnutzen, für Alternative I also in Feld EC63 durch

SUMME(EC17..EC56)

7. Schritt: Erstellung von Blatt 6b

In Blatt 6b (vgl. Abb. 97) werden abschließend die Ergenisse der Nutzwertanalyse interpretiert. Die Spaltenstruktur stimmt mit Blatt 6a überein.

Der maximale Nutzwert kann durch die Funktion

```
EA80: (F0) @MAX(EC63..EE63)
```

bestimmt und in Blatt 6b übertragen werden. Die Zuordnung der entsprechenden Alternative erfolgt durch die Wenn-Anweisung

```
EA82: @WENN(EA80=EC63;"I";@WENN(EA80=ED63;"II";"III"))
```

Die Berechnung der relativen Ergebnisabweichungen wird durch folgende Formeln programmiert.

```
EA84: (F2) @WENN(EA82="I";100-(ED63/EC63)*100;@WENN(EA82="II";
100-(EC63/ED63)*100;100-(EC63/EE63)*100))
DY85: (F2) @WENN(EA82="I";100-(EE63/EC63)*100;@WENN(EA82="II";
100-(EE63/ED63)*100;100-(ED63/EE63)*100))
```

Blatt 6a:

Bestimmung der Nutzwerte für die Alternativen I - III

Benuterhinweis:

Abschließend werden in diesem Blatt die Nutzwerte der Alternativen I-III berechnet, indem die Teilnutzenwerte mit den Kriteriengewichten multipliziert werden und die Summe über alle gewichteten Teilnutzen gebildet wird.

Ziel-kriterium:	Matrix der Teilnutzenwerte			Kriterien-gewichte	Matrix der gewichtetem Teilnutzenwerte		
	I	II	III		I	II	III
1.1	0	0	0	0,0000	0,00	0,00	0,00
1.2	0	0	0	0,0000	0,00	0,00	0,00
1.3	0	0	0	0,0000	0,00	0,00	0,00
1.4	0	0	0	0,0000	0,00	0,00	0,00
1.5	0	0	0	0,0000	0,00	0,00	0,00
1.6	0	0	0	0,0000	0,00	0,00	0,00
2.1	0	0	0	0,0000	0,00	0,00	0,00
2.2	0	0	0	0,0000	0,00	0,00	0,00
2.3	0	0	0	0,0000	0,00	0,00	0,00
2.4	0	0	0	0,0000	0,00	0,00	0,00
2.5	0	0	0	0,0000	0,00	0,00	0,00
2.6	0	0	0	0,0000	0,00	0,00	0,00
3.1	0	0	0	0,0000	0,00	0,00	0,00
3.2	0	0	0	0,0000	0,00	0,00	0,00
3.3	0	0	0	0,0000	0,00	0,00	0,00
3.4	0	0	0	0,0000	0,00	0,00	0,00
3.5	0	0	0	0,0000	0,00	0,00	0,00
3.6	0	0	0	0,0000	0,00	0,00	0,00
4.1	0	0	0	0,0000	0,00	0,00	0,00
4.2	0	0	0	0,0000	0,00	0,00	0,00
4.3	0	0	0	0,0000	0,00	0,00	0,00
4.4	0	0	0	0,0000	0,00	0,00	0,00
4.5	0	0	0	0,0000	0,00	0,00	0,00
4.6	0	0	0	0,0000	0,00	0,00	0,00
5.1	0	0	0	0,0000	0,00	0,00	0,00
5.2	0	0	0	0,0000	0,00	0,00	0,00
5.3	0	0	0	0,0000	0,00	0,00	0,00
5.4	0	0	0	0,0000	0,00	0,00	0,00
5.5	0	0	0	0,0000	0,00	0,00	0,00
5.6	0	0	0	0,0000	0,00	0,00	0,00
6.1	0	0	0	0,0000	0,00	0,00	0,00
6.2	0	0	0	0,0000	0,00	0,00	0,00
6.3	0	0	0	0,0000	0,00	0,00	0,00
6.4	0	0	0	0,0000	0,00	0,00	0,00
6.5	0	0	0	0,0000	0,00	0,00	0,00
6.6	0	0	0	0,0000	0,00	0,00	0,00

	Alternative I	Alternative II	Alternative III
Nutzwerte:	0	0	0

Abb. 96: Bestimmung der Nutzwerte für die Alternativen I-III

Die in Abb. 97 angezeigte Fehlermeldung erscheint deshalb, weil bisher noch keine Nutzwerte vorliegen und somit die eingegebenen Formeln nicht lösbar sind.

```
----------------------------------------------------------------------
I Blatt 6b:                                                          I
I          Nutzwert-Vergleich zwischen den Alternativen I-III        I
I                                                                    I
I -------------------------------------------------------------------I
I Benuterhinweis:                                                    I
I                 In diesem Blatt werden aus Gründen der Übersichtlichkeit I
I                 die ermittelten Nutzwerte miteinander verglichen.  I
I -------------------------------------------------------------------I
I                                                                    I
I                                                                    I
I Bei der Durchführung der Nutzwert-Analyse wurde folgendes Ergebnis I
I ermittelt:                                                         I
I                                                                    I
I Der maximale Nutzwert beträgt                  0 .                 I
I                                                                    I
I Dieser Wert wird durch Alternative      I          erreicht.       I
I                                                                    I
I Der Nutzwert dieser Alternative ist um    FEHLER  % größer, als der der I
I Alternative II       und um    FEHLER  % größer, als derjenige der I
I Alternative III      .                                             I
I                                                                    I
----------------------------------------------------------------------
```

Abb. 97: Nutzwertvergleich der Alternativen I bis III

(4) Experimentelle Anwendung des Modells

In den nachfolgenden Abb. 98 und 99 werden die Ergebnisse einer Nutzwertanalyse für einen Beurteiler der Gutenberg GmbH wiedergegeben.

```
I Blatt 6b:                                                          I
I          Nutzwert-Vergleich zwischen den Alternativen I-III        I
I                                                                    I
I -------------------------------------------------------------------I
I Benuterhinweis:                                                    I
I                 In diesem Blatt werden aus Gründen der Übersichtlichkeit I
I                 die ermittelten Nutzwerte miteinander verglichen.  I
I -------------------------------------------------------------------I
I                                                                    I
I                                                                    I
I Bei der Durchführung der Nutzwert-Analyse wurde folgendes Ergebnis I
I ermittelt:                                                         I
I                                                                    I
I Der maximale Nutzwert beträgt               1352 .                 I
I                                                                    I
I Dieser Wert wird durch Alternative      I          erreicht.       I
I                                                                    I
I Der Nutzwert dieser Alternative ist um     29,41 % größer, als der der I
I Alternative II       und um    100,00 % größer, als derjenige der  I
I Alternative III      .                                             I
I                                                                    I
----------------------------------------------------------------------
```

Abb. 98: Nutzwertvergleich der beurteilten Alternativen

Blatt 6a:

Bestimmung der Nutzwerte für die Alternativen I - III

Benuterhinweis:

Abschließend werden in diesem Blatt die Nutzwerte der Alternativen I-III berechnet, indem die Teilnutzenwerte mit den Kriteriengewichten multipliziert werden und die Summe über alle gewichteten Teilnutzen gebildet wird.

Ziel-kriterium:	Matrix der Teilnutzenwerte			Kriterien-gewichte	Matrix der gewichtetem Teilnutzenwerte		
	I	II	III		I	II	III
1.1	15	10	0	17,1930	257,89	171,93	0,00
1.2	15	5	0	4,2105	63,16	21,05	0,00
1.3	5	20	0	7,3684	36,84	147,37	0,00
1.4	10	10	0	4,5614	45,61	45,61	0,00
1.5	0	0	0	0,0000	0,00	0,00	0,00
1.6	0	0	0	0,0000	0,00	0,00	0,00
2.1	20	15	0	6,4957	129,91	97,44	0,00
2.2	20	5	0	5,1282	102,56	25,64	0,00
2.3	5	15	0	1,3675	6,84	20,51	0,00
2.4	20	5	0	10,2564	205,13	51,28	0,00
2.5	10	15	0	2,7350	27,35	41,03	0,00
2.6	5	5	0	0,6838	3,42	3,42	0,00
3.1	10	15	0	2,7174	27,17	40,76	0,00
3.2	5	20	0	1,8116	9,06	36,23	0,00
3.3	10	5	0	6,1594	61,59	30,80	0,00
3.4	15	10	0	5,2536	78,80	52,54	0,00
3.5	5	5	0	0,7246	3,62	3,62	0,00
3.6	0	0	0	0,0000	0,00	0,00	0,00
4.1	10	5	0	7,0370	70,37	35,19	0,00
4.2	20	10	0	5,0000	100,00	50,00	0,00
4.3	0	10	0	2,4074	0,00	24,07	0,00
4.4	0	15	0	2,2222	0,00	33,33	0,00
4.5	0	0	0	0,0000	0,00	0,00	0,00
4.6	0	0	0	0,0000	0,00	0,00	0,00
5.1	15	0	0	2,2222	33,33	0,00	0,00
5.2	20	5	0	4,4444	88,89	22,22	0,00
5.3	0	0	0	0,0000	0,00	0,00	0,00
5.4	0	0	0	0,0000	0,00	0,00	0,00
5.5	0	0	0	0,0000	0,00	0,00	0,00
5.6	0	0	0	0,0000	0,00	0,00	0,00
6.1	0	0	0	0,0000	0,00	0,00	0,00
6.2	0	0	0	0,0000	0,00	0,00	0,00
6.3	0	0	0	0,0000	0,00	0,00	0,00
6.4	0	0	0	0,0000	0,00	0,00	0,00
6.5	0	0	0	0,0000	0,00	0,00	0,00
6.6	0	0	0	0,0000	0,00	0,00	0,00

	Alternative I	Alternative II	Alternative III
Nutzwerte:	1352	954	0

Abb. 99: Ergebnisse der experimentellen Nutzwertanalyse für den Standortvergleich

(5) Übungen

Aufgabe 14

Sofern Sie die Nutzwertanalyse programmiert haben, versetzen Sie sich bitte in die Situation des Geschäftsführers der Gutenberg GmbH und führen eine Nutzwertanalyse anhand der in der Problembeschreibung aufgeführten Situation und der in der gedanklichen Lösung aufgezeigten Bewertungskriterien durch.

4. Entscheidungstechniken

Die bisher behandelten Entscheidungsrechnungen (vgl. Wirtschaftlichkeitsrechnung und Nutzwertanalyse in Kapitel C.3) beinhalten die bei praktischen Anwendungen sehr seltene Prämisse der vollkommenen Voraussicht (Sicherheit). Nur, wenn tatsächlich alle Größen in der Zukunft so realisiert werden, wie sie bei der Entscheidungsrechnung angenommen wurden, ist die rein auf quantitative Größen basierte Auswahl der "besten" von mehreren Handlungsalternativen richtig. In der Realität treten meistens Ergebnisse ein, die mit den Planungsrechnungen nicht übereinstimmen. So deckt sich in der Regel der prognostizierte Absatz nicht mit den realisierten Verkaufszahlen. Als Folge dieser Ergebnisabweichung ist die Vorteilhaftigkeit der gewählten Strategie ex post gefährdet.

Es sind nun zwei Wege denkbar, um Planungs-/Bewertungs- bzw. Entscheidungsrechnungen besser an der Realität abzusichern. Zum einen kann man versuchen, die in praxi gegebene Unsicherheit abzuschätzen und von vornherein bei der entsprechenden Berechnung zu berücksichtigen (die hierzu entwickelten Entscheidungsregeln unter Unsicherheit sind Gegenstand des ersten Abschnittes). Zum anderen kann man die Planungs-, Bewertungs- bzw. Entscheidungsrechnungen absichern, indem man die Reagibilität der Ergebnisse bzw. Annahmen auf Änderungen der Prämissen bzw. Umweltbedingungen analysiert. Die hierbei angesprochenen Sensitivitätsanalysen werden im zweiten Abschnitt behandelt.

4.1 ENTSCHEIDUNGSREGELN UNTER UNSICHERHEIT

Die Betriebswirtschaftslehre hat zur Lösung der Unsicherheitsproblematik diverse Entscheidungstechniken entwickelt, die dazu dienen, das mit einer Strategie verbundene Risiko zu verdeutlichen. Insbesondere zur Lösung komplexer Entscheidungsrechnungen bietet sich dabei der Einsatz der PC-Technologie unter Verwendung der Tabellenkalkulation an. Einzelne Entscheidungsregeln müssen hierbei nur einmal explizit programmiert werden und können durch einfache Kopierbefehle zur Beurteilung sämtlicher Handlungsalternativen genutzt werden. Ein wesentlicher Vorteil dieser Vorgehensweise ist in dem zusätzlichen Informationsgehalt zu sehen, der ohne großen Zeit- und Kostenaufwand realisierbar ist.

Die nachfolgend aufgeführten fallorientierten Anwendungsbeispiele sollen die unproblematische und vorteilhafte Programmierung der "Entscheidungsregeln unter Unsicherheit" verdeutlichen und Hinweise zur Ergebnisinterpretation wiedergeben, die insbesondere im Hinblick auf die Erfüllung der Anwendungsprämissen bedeutsam sind.
Aus dem System der Entscheidungstechniken zur Berücksichtigung der Unsicherheit wird

- der Erwartungswert (sog. Bayes-Regel) und
- die Erwartungswert/Varianz-Regel

jeweils dargestellt und auf ein Fallbeispiel zur optimalen Preis- und Produktionsstrategie angewandt.

(1) Problembeschreibung

Die Marketingabteilung der Fox-Systemtechnik GmbH ist mit einem preispolitischen Entscheidungsproblem befaßt. Es soll untersucht werden, welche von drei unterschiedlichen Preisstrategien für das Produkt "Pfannenofen" ausgewählt werden soll. Die Investitionsabteilung legte Daten vor, die auf der Grundlage folgender Regeln entstanden sind:

- es können zwei verschiedene Produktionsverfahren PV1 mit 500 Stück und PV2 mit 800 Stück Gesamtkapazität gewählt werden.
- es sind bei der Berechnung drei alternative Preisstrategien berücksichtigt worden:
    - **Preisstrategie A** umschreibt ein relativ niedriges Preisniveau (*Penetrationspreisstrategie)*, das mit der Realisierung eines hohen Marktanteils zu rechtfertigen wäre,

- **Preisstrategie C** umschreibt ein relativ hohes Preisniveau (*Abschöpfungspreisstrategie*), das mit einer relativ unelastischen Nachfrage zu rechtfertigen wäre,

- **Preisstrategie B** umschreibt ein mittleres Preisniveau, das einen Kompromiß zwischen den Extremen A und C darstellt.

Das Datengerüst entstand auf der Basis von drei unterschiedlichen Umsatzprognosen, die mit folgenden Wahrscheinlichkeiten (w_i) belegt sind:

- w_1 = 0.3 für die optimistische Nachfrageprognose,
- w_2 = 0.5 für die wahrscheinliche Nachfrageprognose,
- w_3 = 0.2 für die pessimistische Nachfrageprognose.

Diese Zusammenhänge sind in Form eines Entscheidungsbaumes in Abb. 100 dargestellt, wobei die Kapitalwerte Z_i (in Mio. DM) von der Investitionsabteilung ermittelt wurden (vgl. zur Berechnung der Kapitalwerte Kapitel 3.1).

Das Problem der Marketingabteilung besteht nun darin, die alternativen Preisstrategien unter Berücksichtigung der unterschiedlichen Produktionsverfahren zu beurteilen.

(2) Problemlösung - gedanklich/theoretisch

Um die drei unterschiedlichen Prognosen im Entscheidungskalkül berücksichtigen zu können, werden zunächst "Erwartungswerte" gemäß der Bayes-Regel berechnet. Bayes benutzt dazu explizite, subjektive Wahrscheinlichkeitswerte zur Abbildung der unsicheren Zukunftslagen. Dabei werden die einzelnen Zielwerte, im Beispiel die Kapitalwerte, mit den Wahrscheinlichkeiten (W_i) der entsprechenden Zustände - die Nachfrageprognosen - für jede Entscheidungsalternative gewichtet und aufsummiert.

Nach der Bayes'schen Entscheidungsregel müßten die Entscheidungsträger der Fox Systemtechnik GmbH die Alternative wählen,

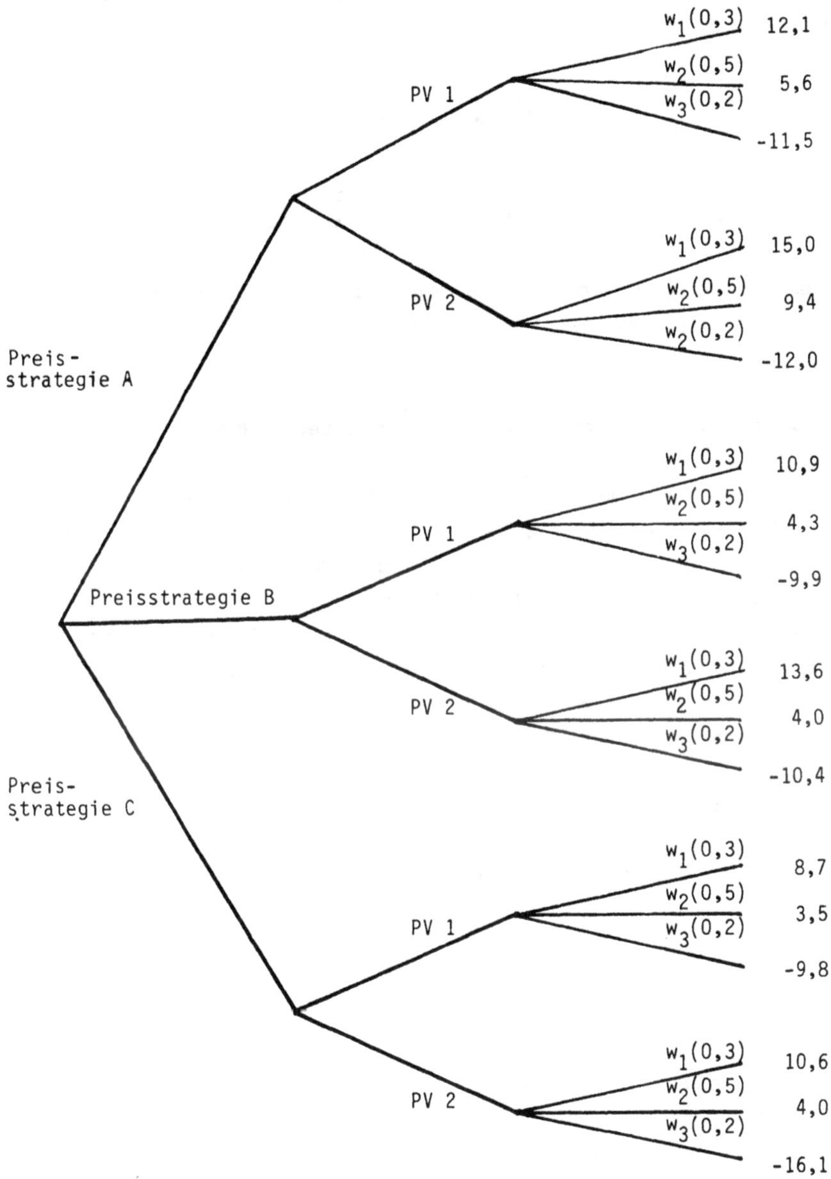

Abb. 100: Entscheidungsbaum des preis- und produktionsstrategischen Entscheidungsproblems

bei der der Erwartungswert der Zielgröße (Kapitalwert) maximiert wird:

$$\sum_{i=1}^{n} W_i * Z_i \text{ --> Max !}$$

(3) Problemlösung - praktisch / PC-gestützt

Exemplarisch für die Tabellenkalkulationsprogramme soll zur Realisierung dieses Entscheidungsproblems das Standardpaket Multiplan eingesetzt werden.

1. Schritt: Programmaufruf mit dem Befehl **MP**

Nach dem Aufruf von Multiplan erscheint ein leeres Arbeitsblatt auf dem Bildschirm, dessen Zeilen mit Z1, Z2, ... (deutsche Version) oder R1, R2, ... (englische Version) und dessen Spalten mit S1, S2,... (deutsche Version) oder C1, C2, ... (englische Version) angesprochen werden. Die Zellen als Kreuzpunkte der Zeilen und Spalten können nun vom Benutzer mit numerischen und alphanumerischen Daten bzw. mit Rechenregeln zur Verknüpfung der numerischen Daten belegt werden (vgl. Kapitel B.1.).

2. Schritt

Belegung der Spalten S1 bis S3 mit alphanumerischen Zeilentiteln (vgl. Abb. 101) mit Hilfe des **TEXT**-Befehls und der Bewegung der Cursortasten.

3. Schritt

Belegung der Spalten S4 bis S6 mit den entsprechenden Überschriften für die Wahrscheinlichkeiten W_i, die Kapitalwerte Z_i und die Erwartungswerte $E(Z_i)$.

4. Schritt

Eingabe der numerischen Werte aus der Investitionsabteilung in die Spalten S4 (Wahrscheinlichkeiten) und S5 (Kapitalwerte).

	1	2	3	4	5	6
1				Wi	Kapital-	E(Zi)
2					wert(Zi)	
3				0.3	12.1	
4	Alt.1		PV2	0.5	5.6	
5				0.2	-11.5	
6		Preis A				
7				0.3	15	
8	Alt.2		PV2	0.5	5.4	
9				0.2	-12	
10						
11						
12				0.3	10.9	
13	Alt.3		PV1	0.5	4.3	
14				0.2	-9.9	
15		Preis B				
16				0.3	13.6	
17	Alt.4		PV2	0.5	4	
18				0.2	-10.4	
19						
20						
21				0.3	8.7	
22	Alt.5		PV1	0.5	3.5	
23				0.2	-9.8	
24		Preis C				
25				0.3	10.6	
26	Alt.6		PV2	0.5	4	
27				0.2	-16.1	

Abb.101: Übertragung der Ausgangsdaten in Multiplan

Es ist evident, daß bei einer Eingabe entsprechend Abb. 101 die Struktur des Entscheidungsbaumes aus Abb. 100 auf den PC übertragen worden ist.

5. Schritt

Berechnung der Erwartungswerte für die sechs alternativen Produktions-/Preisstrategien; so ergibt sich der Erwartungswert der ersten Alternative in Zelle Z5S6 als Summe der mit den Eintrittswahrscheinlichkeiten multiplizierten Kapitalwerte mit Hilfe des Befehls **WERT** und der Eingabe der relativen Adressen: **ZS(-2)*ZS(-1)+Z(-1)S(-2)*Z(-1)S(-1)+Z(-2)S(-2)*Z(-2)S(-1)**.

6. Schritt

Für die verbleibenden fünf Alternativen wird diese Berechnungsfunktion relativ kopiert, d.h. Spalten- und Zeilenspezifikation werden entsprechend der jeweiligen Alternative belegt. Die MP-Befehle dazu lauten:

a) **KOPIE**

b) Kopie von Feld **Z5S6** nach Feld **Z9S6**.
Der Kopiervorgang ist anschließend für die Felder Z14, Z18, Z23 und Z27 der Spalte S6 zu wiederholen.

Das Ergebnis der durchgeführten Arbeitsschritte ist in **Abb.** 102 dargestellt. Die Verwaltung der Ergebnisse ist im nachfolgenden siebten Schritt dokumentiert.

	1	2	3	4	5	6
1				Wi	Kapital-	E(Zi)
2					wert(Zi)	
3				0.3	12.1	
4	Alt.1		PV2	0.5	5.6	
5				0.2	-11.5	4.13
6		Preis A				
7				0.3	15	
8	Alt.2		PV2	0.5	5.4	
9				0.2	-12	4.8
10						
11						
12				0.3	10.9	
13	Alt.3		PV1	0.5	4.3	
14				0.2	-9.9	3.44
15		Preis B				
16				0.3	13.6	
17	Alt.4		PV2	0.5	4	
18				0.2	-10.4	4
19						
20						
21				0.3	8.7	
22	Alt.5		PV1	0.5	3.5	
23				0.2	-9.8	2.4
24		Preis C				
25				0.3	10.6	
26	Alt.6		PV2	0.5	4	
27				0.2	-16.1	1.96

Abb. 102: Berechnung der Erwartungswerte der Alternativen

7. Schritt

Speichern des Entscheidungsmodells unter dem Namen "Fox" auf die Festplatte mit dem Befehl **ÜBERTRAGEN**, danach **SPEICHERN** unter Eingabe von **C:Fox** als Plattenkennung und Dateiname, unter welchem die Speicherung erfolgt.
Desweiteren soll das Modell auf dem angeschlossenen Drucker ausgegeben werden. Hierzu dient der Befehl **DRUCKE** mit der Option **DRUCKER**.

(4) Interpretation der Ergebnisse

Bei konsequenter Anwendung der Entscheidungsregel zur Maximie-

rung des Erwartungswertes ist die Alternative 2 (Produktionsverfahren 2 und Penetrationspreisstrategie) zu wählen. Der Zielwert beträgt hier 4,80 Mio. DM und dominiert deutlich die anderen Alternativen.
Eine ausschließliche Begründung der Entscheidung mit dem Erwartungswertkonzept ist allerdings nicht unproblematisch. Bei Durchführung der Alternative 2 muß das Risiko eines 12 Mio DM hohen Verlustes beachtet werden. Die Verlustwahrscheinlichkeit beträgt hierbei 20%. Die Anwendung der Bayes-Regel ist nur bei Risikoneutralität des Entscheiders ein angemessenes Entscheidungskriterium. Risikoneutralität bedeutet, daß sich die Entscheidungsträger indifferent verhalten zwischen einem sicheren Gewinn von X-DM und einer Chance, mit einer Wahrscheinlichkeit von 50% einen Gewinn von 2X-DM zu erzielen. Eine Übertragung auf andere praktische Entscheidungssituationen wird zudem noch durch die erforderliche hinreichend genaue Quantifizierung der Wahrscheinlichkeiten erschwert (vgl. PERRIDON/STEINER, 1984, S. 96f.).

(5) Erweiterung und Modifikation des Modells

Das oben erstellte Entscheidungsmodell kann für beliebige Alternativen durch einfache Kopiervorgänge (vgl.Schritt 6) erweitert werden.
Eine inhaltliche Modifikation erfolgt in den nachfolgenden Erweiterungsschritten durch die Berücksichtigung der Varianz im Entscheidungskalkül, um der Risikopräferenz des Entscheiders Rechnung zu tragen. Insbesondere soll damit das in der Praxis vorherrschende Sicherheitsstreben in diesem Ansatz Berücksichtigung finden. Die Erweiterung der Bayes-Regel um die Berechnung und Berücksichtigung der Varianz bzw. der Standardabweichung zur Abschätzung des Risikos wird unter der Bezeichnung Erwartungswert/Varianz-Regel geführt. Die Varianz ist ein Maß für die Streuung der Realisationen Z_1, Z_2, ..., Z_n um den Erwartungswert E(Z). Ein wesentlicher Vorteil dieser Modellerweiterung ist darin zu sehen, daß nicht nur von der Gewinnerwartung einer Entscheidungsalternative ausgegangen wird, sondern auch die Wahrscheinlichkeit des erwarteten Verlustes einbezogen wird (Streuung der Gewinne um den Erwartungswert).

Aus dem so modifizierten Modell ergeben sich folgende Entscheidungsregeln:

a) *Alternativen mit niedrigen Varianzen sind vorteilhafter als solche mit höheren für den Fall, daß die Erwartungswerte der Alternativen übereinstimmen.*
b) *Sind sämtliche in Betracht kommenden Erwartungswerte voneinander verschieden, so müßte der Entscheider seine Risikopräferenz ins Entscheidungskalkül einbeziehen, d.h. eine Austauschregel zwischen Ertrag und Risiko benennen.*

Eine Entscheidungssituation gemäß Regel b) ergibt in Abhängigkeit von der Risikoeinstellung unterschiedliche Ergebnisse. Unabhängig von der *persönlichen* Risikopräferenz des Entscheiders soll hier der Variationskoeffizient VK zur Entscheidungsfindung herangezogen werden. VK drückt die Standardabweichung einer Zufallsgröße in Einheiten ihres Erwartungswertes aus.

$$\mathbf{VK} = \frac{\textbf{Standardabweichung}}{\textbf{Erwartungswert}}$$

Je kleiner VK ist, desto vorteilhafter bzw. risikoärmer ist die ausgewählte Alternative. Ein risikoaverser Entscheider wird daher die Alternative wählen, mit der VK minimiert wird.

1. Erweiterungsschritt

Erweiterung des Bayes'schen-Entscheidungsmodells durch Bestimmung der Streuungsmaße Varianz und Standardabweichung mit dem Befehl **WERT** in Feld Z5S7 (Varianz) bzw. Z5S8 (Standardabweichung).

a) Eingabe der Formel zur Berechnung der Varianz in Multiplan-Notation unter Verwendung relativer Adressen:

(Z(-2)S(-2)-ZS(-1)^2*Z(-2)S(-3))+(Z(-1)S(-2)-ZS(-1)^2*

Z(-1)S(-3))+(ZS(-2)-ZS(-1)^2*ZS(-3))

b) Kopieren der Formel mit dem Befehl **KOPIE**, von Feld **Z5S7** nach Feld **Z9S7**. Der Kopiervorgang ist anschließend für die Zielfelder Z14, Z18, Z23, Z27 der Spalte S7 zu wiederholen.

c) Die Standardabweichung wird in Spalte S8 als Wurzel der

Varianz berechnet. Dazu erfolgt der Aufruf der Standardfunktion SQRT in Feld Z5S8 nach Auswahl des Befehls **WERT** mit der **Eingabe SQRT (RC(-1))**. Anschließend wird die Formel analog zu Teilschritt b) in die entsprechenden Felder der Spalte S8 kopiert.

2. Erweiterungsschritt

Bestimmung des Variationskoeffizienten VK gemäß obiger Formel mit Aufruf des Befehls **WERT** aus Feld Z5S9 und Eingabe der relativen Adressen **RC(-1)/RC(-3)**. Anschließend wird die Formel analog zu Teilschritt b) in die entsprechenden Felder der Spalte S9 kopiert.

Das Ergebnis der durchgeführten Arbeitsschritte ist in Abb. 103 dargestellt. Die Verwaltung der Ergebnisse erfolgt gemäß Schritt 7. Soll die vorhandene Datei nicht überschrieben werden, so ist ein neuer Dateiname zu wählen.

	1	2	3	4	5	6	7	8	9
1				Wi	Kapital-	E(Zi)	Varianz	Standard-	Variati-
2					wert(Zi)			abweichung	onskoef.
3				0.3	12.1				
4	Alt.1		PV2	0.5	5.6				
5				0.2	-11.5	4.13	68.9961	8.3063891	2.0112322
6		Preis A							
7				0.3	15				
8	Alt.2		PV2	0.5	5.4				
9				0.2	-12	4.8	87.84	9.3722996	1.9525624
10									
11									
12				0.3	10.9				
13	Alt.3		PV1	0.5	4.3				
14				0.2	-9.9	3.44	52.6564	7.256473	2.1094398
15		Preis B							
16				0.3	13.6				
17	Alt.4		PV2	0.5	4				
18				0.2	-10.4	4	69.12	8.3138439	2.078461
19									
20									
21				0.3	8.7				
22	Alt.5		PV1	0.5	3.5				
23				0.2	-9.8	2.4	42.28	6.5023073	2.7092947
24		Preis C							
25				0.3	10.6				
26	Alt.6		PV2	0.5	4				
27				0.2	-16.1	1.96	89.7084	9.4714518	4.8323734

Abb. 103: Modellerweiterung durch Bestimmung des Variationskoeffizienten

4.2 Sensitivitätsanalyse

Bei der Übertragung der Bewertungstechniken (vgl. Kap. 3) auf den PC wurde von der vereinfachenden Annahme sicherer Ausgangsgrößen ausgegangen. Mit Sensitivitätsanalysen wird nun die Abhängigkeit zwischen der Ergebnisgröße und den sie beeinflussenden Inputdaten näher untersucht. Ziel dieser Vorgehensweise ist es, eine Aussage über die Risikostruktur eines Projektes zu erhalten. Hierzu können zwei unterschiedliche Untersuchungstypen bzw. Fragestellungen klassifiziert werden (vgl. BLOHM/LÜDER, 1984, S. 190):

- **Verfahren der kritischen Werte**
  Wie weit dürfen Inputdaten variieren, ohne daß die Ergebnisgröße einen vorgegebenen Wert unter- bzw. überschreitet?

- **Verfahren der Ergebnis-Änderungs-Rechnung**
  Wie ändert sich die Ergebnisgröße, wenn die Inputdaten im vorgegebenen Ausmaß von dem ursprünglichen Wertansatz variieren?

Die Durchführung von Sensitivitätsanalysen als zweite Stufe von Entscheidungsrechnungen gibt wertvolle Einblicke in die quantitative Struktur des Entscheidungsobjektes. In den nachfolgenden Abschnitten wird die Funktionsweise der oben aufgeführten Untersuchstypen durch eine methodenorientierte Abbildung und Lösung einer investitionsrechnerischen Fragestellung dargestellt. Dabei wird die Sensitivitätsanalyse auf der Grundlage der Rentabilitätsberechnung durchgeführt.

(1) Problembeschreibung

Die Vorteilhaftigkeit einer Investition soll auf der Grundlage folgender Plandaten beurteilt werden:

- Geplanter Absatzpreis (p) : 22,80 DM
- Geplante Absatzmenge (X) : 15000 Stück
- Variable Stückkosten (k) : 16,50 DM
- Fixkosten (F) : 53000 DM
- Investitionsausgabe (I) : 252000 DM
- Geplante Nutzungsdauer (N) : 5 Jahre
- Geforderte Mindestrendite (r_m) : 18 %

Das Investitionsprojekt ist mit Hilfe der Rentabilitätsrechnung unter Beachtung der geforderten Mindestrendite auf seine Vorteilhaftigkeit zu überprüfen. In einer zweiten Berechnungsstufe sollen dann die kritischen Werte für die als unsicher erachteten Planungsgrößen Absatzpreis, Absatzmenge, Fixkosten und Variable Stückkosten ermittelt werden.

(2) Problemlösung - gedanklich/theoretisch

Das Kriterium zur Analyse der quantitativen Vorteilhaftigkeit des Investitionsprojektes ist die statische Rentabilität, die durch Formel (4.4.1) bestimmt wird.

$$r = \frac{(p - k) * x - F}{KB} * 100 \qquad (4.4.1)$$

Mit Ausnahme von KB sind alle Inputdaten durch die Ausgangsgrößen definiert. KB steht für das durchschnittlich über die Nutzungsdauer gebundene Kapital. Bei unterstellter linearer Abschreibung und der Vernachlässigung von Liquidationserlösen, wird KB durch Formel (4.4.2) bestimmt.

$$KB = \frac{I + I/N}{2} \qquad (4.4.2)$$

Zur Berechnung der kritischen Werte ist Gleichung (4.4.1) nach den entsprechenden unsicheren Größen aufzulösen, wobei $r = r_m$ zu setzen ist. Durch geeignete Umformung ergeben sich die Gleichungen (4.4.3) bis (4.4.6), in denen die kritischen Werte den Index kw erhalten haben.

$$p_{kw} = \frac{rm * KB + F}{x} + k \qquad (4.4.3)$$

$$x_{kw} = \frac{rm * KB + F}{(p - k)} \qquad (4.4.4)$$

$$k_{kw} = \frac{rm * KB + F}{x} - p \qquad (4.4.5)$$

$$F_{kw} = (p - k) * x - (rm * KB) \qquad (4.4.6)$$

Neben der Bestimmung der kritischen Werte soll die maximal mögliche *relative Abweichung* vom Planansatz der relevanten Inputdaten bestimmt werden. Das zu bestimmende Abweichungspotential gibt an, um wieviel Prozent der betrachtete Planansatz unter- bzw. überschritten werden darf, ohne daß die Vorteilhaftigkeit des Projektes gefährdet ist. Die Formeln zur Bestimmung der *Abweichungspotentiale* der kritischen Werte lauten:

$$\frac{p - p_{kw}}{p} * 100 = \textit{Preisabweichungspotential} \qquad (4.4.7)$$

$$\frac{x - x_{kw}}{x} * 100 = \textit{Mengenabweichungspotential} \qquad (4.4.8)$$

$$\frac{k - k_{kw}}{k} * 100 = \textit{Variable-Kosten-Abweichungspotential} \qquad (4.4.9)$$

$$\frac{F - F_{kw}}{F} * 100 = \textit{Fixkostenabweichungspotential} \qquad (4.4.10)$$

Die Übertragung des Lösungsweges in die PC-Tabellenkalkulation wird in den nachfolgenden Abschnitten beschrieben.

(3) Problemlösung - praktisch / PC-gestützt

Die PC-gestützte Sensitivitätsanalyse wird mit Hilfe des integrierten Paketes SYMPHONY durchgeführt. Das zu erstellende Modell ist in Abb. 104 wiedergegeben.

1. Schritt: Programmaufruf und Strukturierung der Tabelle

Programmaufruf von der DOS-Ebene mit dem Befehl **SYMPHONY** (in den nachfolgenden Arbeitsschritten mit SY abgekürzt). Um Abkürzungen im Tableau weitestgehend zu vermeiden, wird zunächst die Eingangsspalte (A) auf 30 Stellen erweitert. Die SY-Eingaben dazu lauten: Gleichzeitiges Betätigen der Tasten **SHIFT** und **/**, **S**, **B**, Eingabe der Ziffer **30**.
Anschließend wird die Eingangsspalte mit den Bezeichnungen der Plan- und Berechnungsdaten beschriftet. Als Beispiel sei die Eingabe in Zelle A1 aufgeführt: **'I.PLANDATEN**
Mit dem Apostroph wird angegeben, daß SY den Text linksbündig schreiben soll.

2. Schritt

Die Eingabe der vorgegebenen Plandaten erfolgt in Spalte B. Die erste zu berechnende Größe ist die durchschnittliche Kapital-

bindung (KB). Gleichung (4.4.2) wird in Zelle B8 programmiert. In SY-Notation lautet die Formel: **+(B6+B6/B7)/2**
Anschließend wird die Spalte C auf die Spaltenbreite 3 gekürzt. Hier werden die Dimensionen der Werte aus Spalte B eingegeben.

3. Schritt

Zur Berechnung der Rentabilität des Investitionsprojektes wird in Zelle B12 die Formel (4.4.1) programmiert:
+(((B2-B4)*B3-B5)/B8)*100
Die Programmierung kann auch durch "Zeigen" erfolgen, d.h. der Cursor ist zunächst auf das entsprechende Feld (z.B. B2) zu bewegen und anschließend ist die durchzuführende Rechenoperation einzugeben.

4. Schritt

Zur Bestimmung der kritischen Werte werden die Formeln (4.4.3) bis (4.4.6) in die Felder B15 bis B18 eingegeben. Die entsprechenden SY-Formeln lauten:

+((B11/100)*B8+B15)/(B3+B4)
+((B11/100)*B8+B5)/(B2-B4)
+(((B11/100)*B8+B5)/B3-B2)*(-1)
+(B2-B4)*B3-(B11/100)*B8

5. Schritt

Die Bestimmung der Preisabweichungspotentiale erfolgt in Spalte D, in den Zellen D15 bis D18 durch Übertragung der Formeln (4.4.7) bis (4.4.10):

+(((B2-B15)/B2)*100)*(-1)
+(((B3-B16)/B3)*100)*(-1)
+(((B4-B17)/B4)*100)*(-1)
+(((B5-B18)/B5)*100)*(-1)

Die äußeren Klammern wurden jeweils mit (-1) multipliziert, um bei x_{kw} bzw. p_{kw} die Abweichungsmöglichkeit nach unten, bei F_{kw} bzw. k_{kw} die nach oben zu verdeutlichen.

6. Schritt

Speichern des Berechnungsmodells unter einem freiwählbaren Namen. Die entsprechende Befehlfolge dazu lautet: **F9**, Auswahl des Befehls **TRANSFER**, **SPEICHERE** und anschließend Eingabe des Filenamens.

(4) Interpretation der Ergebnisse

Das Ausgangsmodell berechnet für beliebige Datenkonstellationen die kritischen Werte der unsicheren Inputdaten (vgl. Abb. 104). Bei der Interpretation der Ergebnisse muß berücksichtigt werden, daß der bisherige Modellaufbau lediglich partialanalytische Ergebnisse bestimmt. Bei der Berechnung des kritischen Wertes einer Inputgröße wird von der Konstanz sämtlicher anderer Plandaten ausgegangen. So ist z. B. eine Mindestrendite von 18% bei einem Absatzpreis von 21,85 DM nur dann zu realisieren, wenn alle anderen Inputdaten in Höhe des Planansatzes realisiert werden. Zudem werden funktionale Abhängigkeiten zwischen den Inputdaten bei der Berechnung kritischer Werte nicht berücksichtigt.

I. PLANDATEN			
1.Geplanter Absatzpreis	22,8	DM	
2.Geplante Absatzmenge	15000	St.	
3.Variable Stückkosten	16,5	DM	
4.Fixkosten	53000	DM	
5.Investitionsausgabe	252000	DM	
6. Nutzungsdauer	5	J.	
7.Gebundenes Kapital	151200		
II. RENTABILITÄT			
1.Zielrentabilität	18	%	
2.Erwartete Rentabilität	27,447	%	
III. KRITISCHE MENGEN			
1.Kritischer Absatzpreis	21,85	DM	(4,177)
2.Kritische Absatzmenge	12.733	St.	(15,115)
3.Kritische Var. Stückkosten	17,45	DM	5,771
4.Kritische Fixkosten	67284	DM	26,951

Abb. 104: Ausgangsmodell der Sensitivitätsanalyse

Mit der Berechnung der kritischen Werte werden die Probleme unsicherer Entscheidungssituationen nicht gelöst. Es wird jedoch die Bedeutung der Veränderung einzelner Inputdaten im Hinblick auf die Ergebnisgröße analysiert. In bezug auf das oben dargestellte Entscheidungsproblem zeigen sich nur minimale Abweichungsmöglichkeiten von den Plandaten Absatzpreis (4,2%) und Variable Stückkosten (5,8%). Die zu erwartende Rentabilität (27,45%) bei tatsächlicher Realisation sämtlicher Plandaten, wird durch die geringen Abweichungspotentiale bei zwei unsicheren Inputdaten sehr stark relativiert.

(5) Erweiterung und Modifikation des Modells

Unabhängig von den programmierten Berechnungsfunktionen, kann das Modell durch manuelle Variation aller Inputdaten dazu genutzt werden, um zusätzliche Informationen zu erhalten, durch die eine Reduktion der Unsicherheit erzielt werden kann. Die Auswirkungen der eingegebenen Abweichungen auf die Zielgröße sind dann unter II.2 der Tabelle abzulesen. Allerdings kann eine gleichzeitige Veränderung mehrerer Inputdaten zu Interpretationsproblemen führen, da hierdurch die Entscheidungsrechnung sehr schnell unübersichtlich wird.

Für zwei der als unsicher erachteten Plangrößen (Absatzpreis und Absatzmenge), wird das Ausgangsmodell durch eine Ergebnis-Änderungs-Rechnung erweitert. Das zu erstellende Berechnungsmodell soll die Auswirkung vorgegebener relativer Abweichungen des Planansatzes auf die Ergebnisgröße verdeutlichen.

1. Erweiterungsschritt:

Die nachfolgend aufgeführten Eingaben beziehen sich auf die Zeilen 20 bis 27 des Arbeitsblattes.
In die Eingagsspalte sind zunächst die Bezeichnungen der Berechnungsdaten einzugeben. Anschließend werden in die Felder B21 bis B23 die relativen Abweichungen vom Planansatz eingetragen. Spalte C nimmt wiederum die Dimensionen der Werte in Spalte B auf. Die ersten Berechnungsformeln sind in die Felder D21 bis D23 einzugeben. Die neuen Planwerte werden hier in Abhängigkeit von der vorgegebenen relativen Änderung bestimmt. Als Beispiel wird die in Feld D21 zu programmierende Formel auf-

geführt:

+(B2*(1-B21/100))

Der ursprüngliche Wertansatz (B2) wird mit dem entsprechenden Wachstumsfaktor (B21) multipliziert.

Die Auswirkung dieser Inputänderung auf die Ergebnisgröße wird in den Feldern E21 bis E23 berechnet. Dazu wird die Rentabilität unter Verwendung der geänderten Inputgröße und den anderen konstanten Daten neu bestimmt. Als Eingabebeispiel ist nachfolgend die Eingabe in Zelle E21 aufgeführt:

+(((D21-B4)*B3-B5)/B8)*100

Analog zur obigen Vorgehensweise werden die "neuen" Absatzmengen und deren Auswirkungen auf das Ergebnis bestimmt.

I. PLANDATEN					
1.Geplanter Absatzpreis	22,8	DM			
2.Geplante Absatzmenge	15000	St.			
3.Variable Stückkosten	16,5	DM			
4.Fixkosten	53000	DM			
5.Investitionsausgabe	252000	DM			
6. Nutzungsdauer	5	J.			
7.Gebundenes Kapital	151200				
II. RENTABILITÄT					
1.Zielrentabilität	18	%			
2.Erwartete Rentabilität	27,447	%			
III. KRITISCHE MENGEN					
1.Kritischer Absatzpreis	21,85	DM	(4,177)		
2.Kritische Absatzmenge	12.733	St.	(15,115)		
3.Kritische Var. Stückkosten	17,45	DM	5,771		
4.Kritische Fixkosten	67284	DM	26,951		
IV. INPUT-VARIATION			Planwert		Rentabilität
1. Absatzpreis	-5	%	21,66	DM	16,138 %
	-10	%	20,52	DM	4,828 %
	-12	%	20,064	DM	0,304 %
2. Absatzmenge	-20	%	12000	ST	14,947 %
	-30	%	10500	ST	8,697 %
	-45	%	8250	ST	(0,678)%

Abb. 105: Erweiterte Sensitivitätsanalyse mit Inputvariation

In Abb. 105 ist das erweiterte Modell zur Sensitivitätsanalyse wiedergegeben. Für jeweils drei vorgegebene Inputvariationen sind die zu erwartenden Rentabilitäten berechnet worden. Die Ergebnisanalyse zeigt erneut die geringen Abweichungsmöglichkeiten beim Absatzpreis. Bei einer mehr als 12 prozentigen Unterschreitung des Preisplanwertes ist das Projekt absolut unrentabel. Dagegen sind größere Abweichungen bei der Absatzmenge möglich. Die kritische Absatzmenge lag bei 12.733 Stück. Die absolute Vorteilhaftigkeit ist hierbei erst mit einem Unterschreiten des Planansatzes von 44% zu erwarten. Auch bei der Interpretation dieser Ergebnisse muß der partialanalytische Charakter des Berechnungsmodells beachtet werden.

2. Erweiterungsschritt

Preisänderungen bewirken regelmäßig Änderungen der Absatzmengen. Unter IV. 3 wird daher die gleichzeitige Variation der beiden bisher betrachteten Inputdaten vorgenommen. Dieser Berechnungsschritt wird in den Zeilen 29 bis 42 der Tabelle so programmiert, daß die Input-Variationen aus IV.1 und IV.2 automatisch übernommen werden und zur Berechnung der Rentabilität herangezogen werden können. Daher ist es lediglich erforderlich, die Ergebnisauswirkung neu zu berechnen. Als Programmierbeispiel ist hier die Eingabe in Zelle E30 angeführt:

+(((D21-B4)*D25-B5)/B8)*100

Alle Rentabilitäten können analog berechnet werden, hierbei ist jeweils nur die Adresse der Zellen in Spalte D zu ändern.

I. PLANDATEN			
1.Geplanter Absatzpreis	22,8 DM		
2.Geplante Absatzmenge	15000 St.		
3.Variable Stückkosten	16,5 DM		
4.Fixkosten	53000 DM		
5.Investitionsausgabe	252000 DM		
6. Nutzungsdauer	5 J.		
7.Gebundenes Kapital	151200		
II. RENTABILITÄT			
1.Zielrentabilität	18 %		
2.Erwartete Rentabilität	27,447 %		
III. KRITISCHE MENGEN			
1.Kritischer Absatzpreis	21,85 DM	(4,177)	
2.Kritische Absatzmenge	12.733 St.	(15,115)	
3.Kritische Var. Stückkosten	17,45 DM	5,771	
4.Kritische Fixkosten	67284 DM	26,951	
IV. INPUT-VARIATION		Planwert	Rentabilität
1. Absatzpreis	-5 %	21,66 DM	16,138 %
	-10 %	20,52 DM	4,828 %
	-15 %	19,38 DM	(6,481)%
2. Absatzmenge	5 %	15750 ST	30,572 %
	20 %	18000 ST	39,947 %
	35 %	20250 ST	49,322 %
3. Absatzpreis	-5 %		
und Absatzmenge	5 %		18,697 %
	20 %		26,376 %
	35 %		34,054 %
	-10 %		
	5 %		6,822 %
	20 %		12,804 %
	35 %		18,786 %
	-15 %		
	5 %		(5,053)%
	20 %		(0,767)%
	35 %		3,519 %

Abb. 106: Erweiterte Sensitivitätsanalyse mit simultaner Variation mehrerer Inputdaten

Die Berechnungsergebnisse zeigen (vgl. Abb. 106), daß durch einen Preisrückgang von 5% die relative Vorteilhaftigkeit (r_m = 18%) erhalten bleibt, wenn die Absatzmenge um 5% erhöht werden kann. Eine Verminderung des Planansatzes um 10% kann nur noch durch eine Erhöhung der Absatzmenge um 35% absorbiert werden. Eine weitere Verminderung des Absatzpreises führt zu einer absoluten Unvorteilhaftigkeit des Projektes, wenn die anderen Plandaten unverändert realisiert werden.

Vor einer Entscheidung über die Durchführung der Investition sollten aufgrund der vorliegenden Informationen weitere Daten über die möglichen Abweichungen der Größen "Absatzpreis" und "Variable Stückkosten" beschafft werden. Bei diesen beiden

Plangrößen reagiert das Investitionsprojekt besonders empfindlich auf Datenänderungen.

5. Präsentationstechniken

Die graphische Darstellung ist ein wichtiges Instrument zur Unterstützung bei der Präsentation von Managementaktivitäten. Durch den Einsatz der PC-Technologie können heute, insbesondere unter Verwendung von leistungsfähigen Graphikpaketen und Laserdruckern bzw. Plottern, auf relativ einfache Weise graphische Darstellungen erzeugt werden, die auch höchsten Ansprüchen genügen.

Aus dem Bereich der Präsentationstechniken (vgl. WOHLLEBEN, 1977) werden nachfolgend die

- graphische Datenpräsentation
- Berichterstellung
- Flow-Charting-Technik (Flußdiagrammtechnik)

herausgegriffen und deren PC-gestützte Lösung exemplarisch dargestellt.

5.1 Graphische Datenpräsentation

Bei der graphischen Datenpräsentation handelt es sich um das Bild einer Menge von Daten (z.B. Zahlen) bzw. eines mathematischen Zusammenhangs zwischen diesen Daten. Dabei werden numerische Werte mit Punkten, Strecken, Flächen oder Körpern bildlich umgesetzt. Die anschauliche Darstellung unterstützt bei der Datenpräsentation, da dem Betrachter durch die vorgenommene Umsetzung von Zahlen angemessene Vorstellungen von der Mengenverteilung vermittelt werden.

Von grundlegender Bedeutung für das Verständnis bzw. die Erstellung graphischer Datenpräsentationen auf dem PC ist das Koordinatensystem. In Abb. 107 wird ein zweidimensionales Koordinatensystem dargestellt, wobei zu beachten ist, daß grundsätzlich auch mehrere Dimensionen (Referenzachsen) denkbar sind. Traditionell werden die Linien des Koordinatensystems wie folgt bezeichnet:

- Vertikale Linie: Y-Achse, Ordinate
- Horizontale Linie: X-Achse, Abszisse

Die beiden Linien teilen die Fläche in vier Quadranten auf, wobei ihr Schnittpunkt auch als Ursprungs- oder Nullpunkt bezeichnet wird.

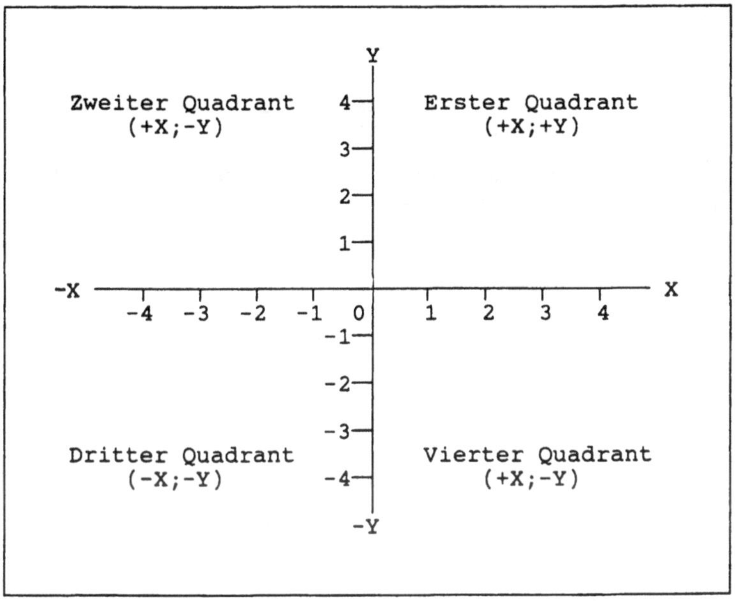

Abb. 107: Zweidimensionales Koordinaten-Referenz-System

Die Zahlenwerte auf der Ordinate sind oberhalb (unterhalb) des Ursprungspunktes positiv (negativ), die auf der Abszisse sind links (rechts) vom Nullpunkt negativ (positiv). Die hiermit grundsätzlich möglichen Wertebereichsabbildungen ("X-Y-Tupel") sind der Abb. 107 zu entnehmen. Sofern ausschließlich positive Wertebereiche abzubilden sind, kann das oben gezeigte Koordinatensystem auf den ersten Quadranten beschränkt werden.

Im Vordergrund der hier vorgenommenen Betrachtung steht die zweckentsprechende Auswahl einzelner Graphiktypen und deren exemplarische Gestaltung. Dabei erfolgt die graphische Umsetzung der numerischen Werte unter Anwendung ausgewählter Diagrammarten des Standardpaketes "Harvard Graphics". Eine

Graphiktyp	**Exemplarische Zwecksetzung**
Flächendiagramm 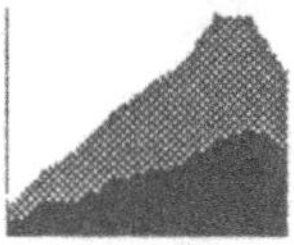	Werte mehrerer Datenreihen können in einer Graphik in Form von Flächen wiedergegeben und im Zeitablauf anschaulich vergleichbar gemacht werden.
Säulendiagramm 	Zahlenreihen mit relativ wenigen Datenpunkten werden in Form von Säulen wiedergegeben; einzelne Zeitreihen können nebeneinander gestellt und vergleichbar gemacht werden.
Spannweitendiagr 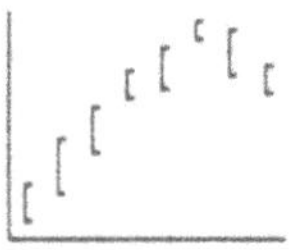	Maximal- und Minimalwerte von Datenreihen können im Zeitablauf dargestellt und verglichen werden.
Liniendiagramm 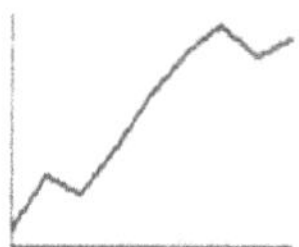	Zahlenreihen mit relativ vielen Datenpunkten können in Form von Linien wiedergegeben und vergleichbar gemacht werden.
Kreisdiagramm 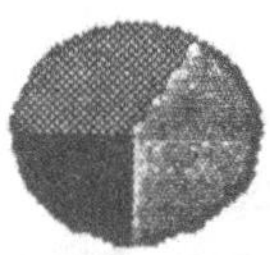	Anteile verschiedener Datenelemente an einer Gesamtmenge können für einen bestimmten Zeitpunkt dargestellt und vergleichbar gemacht werden.
Verbunddiagramm 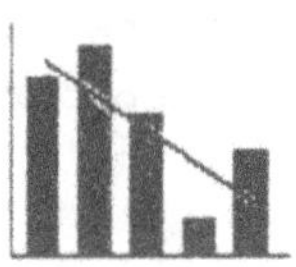	Mehrere Diagrammtypen können überlagert oder nebeneinander angeordnet werden.

Abb. 108: Graphiktypen und zweckorientierte Anwendungen

Übersicht der unterschiedlichen Diagrammgrundtypen vermittelt Abb. 108 (vgl. hierzu auch Abb. 5 in Abschnitt B.3).
Bei der Erstellung solcher Graphiken ist insbesondere auf eine übersichtliche, leicht erfaßbare und rasch interpretierbare Darstellungsform zu achten. Als Ziel der graphischen Darstellung wurde oben die Unterstützungsfunktion herausgestellt, die darin besteht, daß dem Betrachter angemessene Mengenvorstellungen von Zahlen vermittelt werden. Insbesondere dann, wenn relativ viele Datenpunkte darzustellen sind, besteht die Gefahr einer Überladung des Bildes.
Wenn Diagramme für Vorträge erstellt werden, sollten sie so einfach wie möglich gestaltet sein, um Interpretationen bei geringem Zeitaufwand zu ermöglichen. Ist dagegen geplant, Diagramme in schriftliche Berichte einzuzufügen, können auch komplexere Darstellungsformen mit hohem Informationsgehalt gewählt werden, wenn bei dem Leser hinreichend viel Zeit zur Inhaltsanalyse unterstellt werden kann. Die zweckorientierte Graphikgestaltung wird nachfolgend anhand einer praktischen Problemstellung erläutert.

(1) Problemstellung

Für eine Sitzung des Vorstandes der STAHL AG sollen im Auftrag des Vorstandsressorts "Konzernentwicklung" Daten über die internationale Umsatz- und Marktentwicklung graphisch aufbereitet werden. Das Zahlenmaterial liegt bereits vor und wird in den nachfolgenden Abbildungen 109 bis 112 wiedergegeben.

Konzernumsatz nach Bereichen (1984 bis 1988)

Jahr / Bereiche	1984		1985		1986		1987		1988	
	Mio.DM	%	Mio.DM	%	Mio.DM	%	Mio.DM	%	Mio.DM	%
Stahlerzeugung	18.2	28	17.5	28	14.3	23	16.8	25	19.2	27
Verarbeitung	25.8	40	24.3	39	36.2	42	29.1	43	30.5	42
Handel	20.5	32	20.9	33	21.8	35	22.0	32	22.7	31
SUMME	64.5		62.7		72.3		67.9		72.4	

Abb. 109: Konzernumsatz der STAHL AG nach Unternehmensbereichen

Konzernumsatz Inland / Ausland (1984 bis 1988)										
Jahr Bereiche	1984 Mio.DM	%	1985 Mio.DM	%	1986 Mio.DM	%	1987 Mio.DM	%	1988 Mio.DM	%
Inland	49.0	76	46.4	74	54.8	72	47.5	70	47.1	65
Ausland	13.5	21	13.8	22	13.8	22	17.0	25	18.8	26
Ausländische Konzernuntern.	2.0	3	2.5	4	3.7	6	3.4	5	6.5	9
SUMME	64.5		62.7		72.3		67.9		72.4	

Abb. 110: Konzernumsatz der STAHL AG in In- und Ausland

Auslandsumsatz nach Märkten (1987 und 1988) in %		
Jahr Ländergruppen	1987	1988
EG-Länder	39.1	41.2
Staatshandelsländer	12.3	11.1
OPEC-Länder	18.2	11.5
Entwicklungsländer ohne OPEC	30.4	36.2

Abb. 111: Auslandsumsatz der STAHL AG

Internationale Kapitalbindung der STAHL AG im Jahre 1988			
Vermögensposition	INLAND Mio. DM	AUSLAND Mio. DM	WELT Mio. DM
Sachanlagen	2.810	254	3.064
Finanzanlagen	276	21	238
SUMME Anlagevermögen	3.086	275	3.302
Vorräte	2.365	212	2.575
Forderungen	2.016	219	2.140
Übriges Umlaufvermögen	155	128	283
Flüssige Mittel	531	229	760
SUMME Umlaufvermögen	5.067	788	5.758
SUMME AKTIVA	8.153	1.063	9.060

Abb. 112: Aktiva der STAHL AG im Jahre 1988

(2) Problemlösung - gedanklich / theoretisch

Das vorliegende Zahlenmaterial kann in unterschiedliche Graphikarten transformiert werden. Da eine Vorgabe über die Art der zu erzeugenden Diagramme nicht vorliegt, ist es möglich, alternative Vorschläge zu erarbeiten.

Die Grundstruktur aller mit HG zu erzeugenden Diagramme ist in Abb. 113 wiedergegeben. Diese Abbildung verdeutlicht die Gestaltungsvariablen der graphische Datenpräsentation.

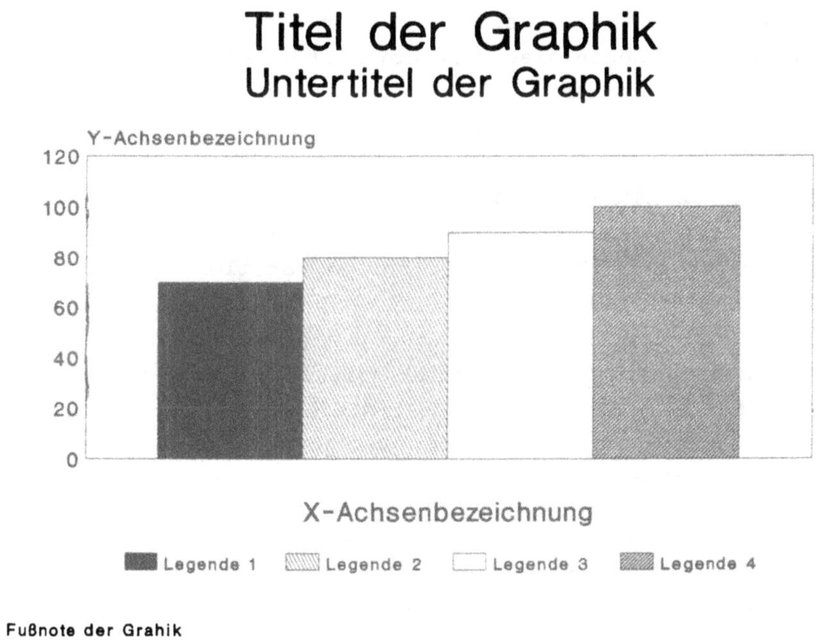

Abb. 113: Grundstruktur der graphischen Datenpräsentation

Der Dateninhalt der Abbildungen 109 und 110 ergibt sich aus dem strukturellen Aufbau der Tabellen. Hierbei handelt es sich jeweils um 5*4-Matrizen (5 Jahre, 3 Bereiche, 1 Summe); es sind insgesamt 20 Datenpunkte (absolute oder relative Werte) darstellbar. Die Zusammensetzung der Umsätze pro Jahr kann in Säulen- oder Kreisform dargestellt werden. Um den Trend der Umsatzentwicklung deutlich hervorzuheben, bietet sich zusätzlich die Darstellung in Form von Flächen- bzw. Liniendiagrammen an.

Der Dateninhalt der Tabelle in Abb. 111 besteht aus 8 Datenpunkten (4 Ländertypen * 2 Jahre). Zur Darstellung der Aufteilung des gesamten Auslandsumsatzes bietet sich das Kreisdiagramm an. Die Verwendung von Flächen-, Linien- oder Säulendiagrammen ist aufgrund der geringen Anzahl der abzubildenden Datenpunkte weniger sinnvoll.

Die Tabelle in Abb. 112 setzt sich aus drei Datenspalten und neun Datenzeilen zusammen, insgesamt können also 27 Datenpunkte dargestellt werden. Wegen dieser relativ hohen Datenpunktanzahl ist es zweckmäßig, einzelne Positionen zusammenzufassen und z.B. als Säulen- und Kreisdiagramm im Verbund darzustellen.

(3) Problemlösung - praktisch / PC-gestüzt

Die in den obigen Abbildungen aufgeführten Tabellen werden mit dem Programm HARVARD GRAPHICS der Software Publishing Corporation in Graphiken transformiert. Dabei beziehen sich die angegebenen Eingabeanweisungen auf die englische Programmversion 2.1. Mit der Bearbeitung dieser Problemstellung werden die folgenden grundlegenden Funktionsweisen der graphischen Datenpräsentation näher erläutert:

- Umsetzung von Zahlen in ein- und mehrdimensionale Graphiken
- Kopplung von mehreren Graphiktypen
- Variable Beschriftungsgestaltung von Graphiken

1. Schritt: Aufruf des Programms Harvard Graphics

Im Rahmen dieser Darstellung wird davon ausgegangen, daß die komplette Diskettenversion auf die Festplatte in das Unterverzeichnis "HG" übertragen und die notwendige Systemanpassung (Drucker, Graphikkarte, Monitor) durchgeführt wurde (vgl. dazu die Arbeitsschritte im Handbuch zu HG, Anhang B). Die Umstellung des Systems von der C-Ebene (C = Festplattenkennung) auf das Verzeichnis HG erfolgt durch den Befehl: **cd HG**. Das Programm kann anschließend durch die Eingabe von **HG** gestartet werden. Nach Ausführung dieses Befehls erscheint zunächst ein Begrüßungsbildschirm und anschließend das HG-Hauptmenü (vgl. Abb. 114).

Main Menu	
Create new chart	1
Enter/Edit chart	2
Draw/Annotate	3
Get/Save/Remove	4
Import/Export	5
Produce output	6
Slide show menu	7
Chartbook menu	8
Setup	9
Exit	E

Abb. 114: Das Harvard Graphics-Hauptmenü

Die hier aufgeführten Funktionen können durch Pfeiltasten angewählt oder durch Eingabe der den Funktionen zugeordneten Zahlen ausgeführt werden. Das Programm ist kompatibel zur Microsoft-Maus, es ist daher zusätzlich möglich, die entsprechenden Eingaben über die Maussteuerung vorzunehmen.

2. Schritt: Auswahl der Graphikart

Zur Produktion von neuen Charts wird aus dem Hauptmenü durch Eingabe von **1** die Funktion "Create new chart" ausgewählt. Aus dem folgenden Untermenü (vgl. Abb. 115) kann die gewünschte Darstellungsform gewählt werden:

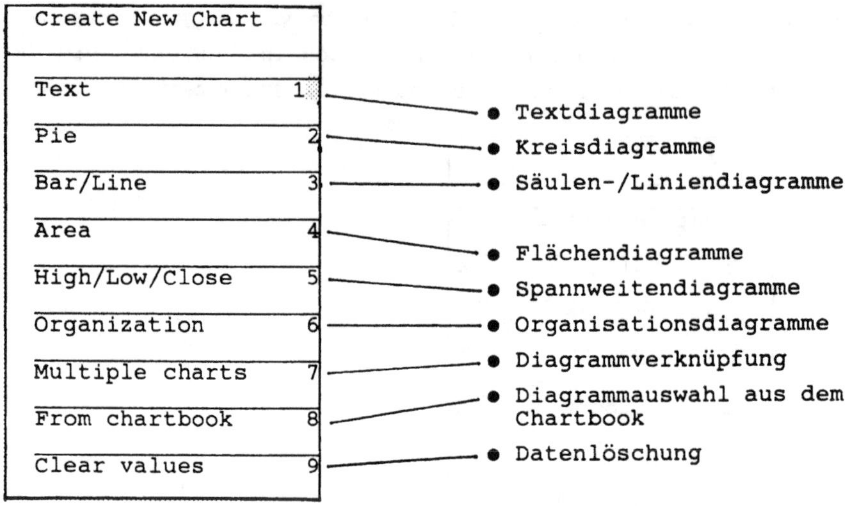

Abb. 115: Harvard Graphics-Untermenü zur Auswahl der Diagrammart

Für die Darstellung des Konzernumsatzes nach Bereichen, wird aus dem Untermenü die Diagrammart Bar-/Line-Chart durch Eingabe von **3** ausgewählt.

4. Schritt: Eingabe und Auswahl der Daten und Gestaltungsoptionen

In das nachfolgende Eingabefenster wird

- die Kennzeichnung der X-Achse (X data type: **Year**),
- das Startjahr (Starting with: **1984**),
- das Endjahr (Ending with: **1988**) und
- der Datenabstand der X-Achse (Increment: **1**)

des darzustellenden Diagramms eingetragen. Die korrekten Eingaben sind anschließend mit der **R-Taste** zu bestätigen.

In das nächste Fenster ("Bar/Line Chart Data") kann zunächst

- der Titel der Graphik (Title: **Konzernumsatz nach Bereichen**),
- der Untertitel der Graphik (Subtitle: **(1984 bis 1988, in Mio.DM)**) und
- die Fußnote (Footnote: **STAHL AG**)

eingetragen werden. Alle Eingaben sind jeweils mit der **R-Taste** zu bestätigen. Anschließend sind die Daten der Abb. 109 zu übertragen. Die hier aufgeführten Bereichsdaten werden sukzessive in die Datenreihen Series 1, Series 2 und Series 3 eingetragen. Sind alle Werte korrekt übertragen worden, kann durch Betätigen der **F2-Taste** die Graphik am Bildschirm angezeigt werden. Um die Legende mit den entsprechenden Bereichsnamen und die Y-Achse zu kennzeichnen, werden anschließend mit der **F8-Taste** die Fenster zur Bestimmung der Optionen ("Bar/Line Chart Titles & Options") aufgerufen. Auf Seite 1 (insgesamt sind vier Fenster vorhanden) wird die Bezeichnung

- der Y-Achse (Y1 axis title: **Mio. DM**) und
- der Legende (Series 1 wird überschrieben mit **Stahlerzeugung**,
Series 2 wird überschrieben mit **Verarbeitung**,
Series 3 wird überschrieben mit **Handel**)

eingetragen. Die komplettierte Graphik wird mit der **F2-Taste** am Bildschirm angezeigt.

Zum Ausdruck des Diagramms kehrt man zunächst zum Hauptmenü zurück (**ESC-Taste**, **ESC-Taste**), wählt dann durch Eingabe von **6** die Funktion "produce output" und stellt sodann die entsprechende Ausgabeeinheit ein. Für die nachfolgende Darstellung (vgl. Abb. 116), die mit dem Laser-Drucker EPSON GQ-3500 erzeugt wurde, sind die folgenden optionalen Einstellungen gewählt worden:

Quality:	**High**
Chart Size:	**1/2**
Paper Size:	**Letter**
Printer:	**Printer 1**
Color:	**No**
Number of copies:	**1**

Die Druckzeit beträgt wegen des gewünschten hohen Qualitätstandards einige Minuten. Während dieser Zeit kann keine weitere Bearbeitung am PC vorgenommen werden.

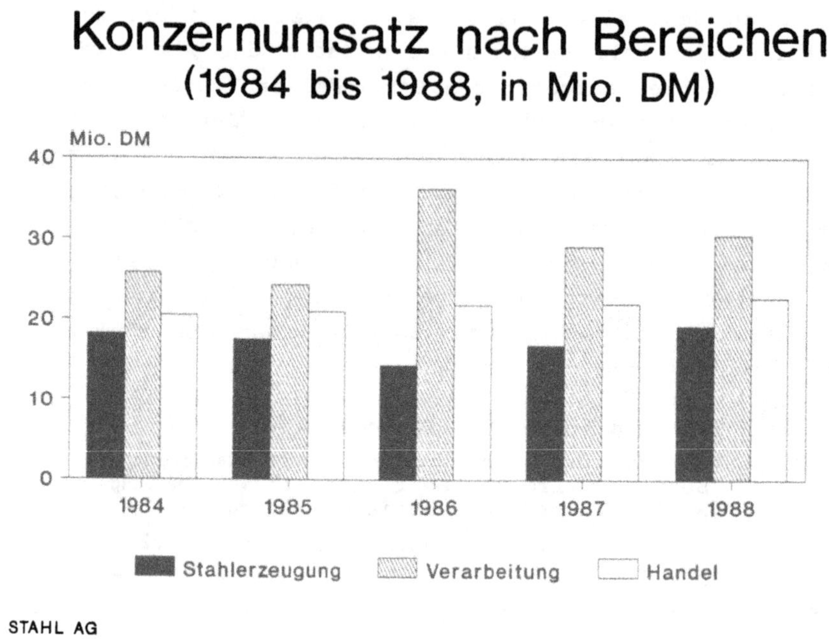

Abb. 116: Säulendiagramm zur Darstellung des Konzernumsatzes nach Bereichen

Diese klassische Darstellungsform kann durch Auswahl weiterer Optionen beliebig modifiziert werden. Soll zum Beispiel das Säulendiagramm dreidimensional dargestellt werden, so ist lediglich auf Seite 2 des "Bar/Line Chart Titles & Options"-Fensters (**F8-Taste**) unter "Bar enhancement" die Position 3D (Eingabe: **3**) zu markieren. Für die nachfolgende Darstellung (vgl. Abb. 117) wurde zusätzlich aus den alternativen Darstellungsstilen, die unter "Bar style" aufgeführt sind, der Typ "Overlap" (Eingabe: **0**) ausgewählt. Um eine gegenseitige Überlagerung der Säulen zu verhindern, wurden die Zahlenreihen nach aufsteigender Reihenfolge neu sortiert.

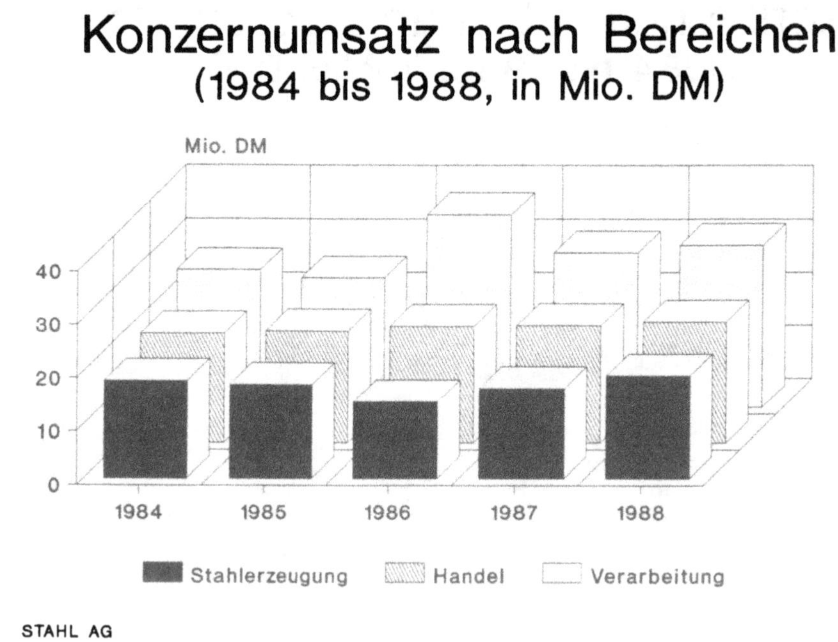

Abb. 117: Säulendiagramm mit 3D-Effekt zur Darstellung des Konzernumsatzes

Um die Trendentwicklung des Konzernumsatzes deutlicher hervorzuheben, wird zusätzlich die Darstellungsform des Liniendiagramms gewählt. Hierzu ist lediglich auf Seite 1 des Fensters "Bar/Line Chart Titles & Options" der bisher bei den Bereichsbezeichnungen eingestellte Diagrammtyp "Bar" durch "Line" zu ersetzen. Dazu wird der Cursor durch Betätigen der Pfeil- bzw. Tab-Taste auf die entprechenden Felder positioniert und **Line** eingegeben. Alle bisher vorgenommenen Eingaben können beibehalten werden. Die geänderte Darstellungsform wird mit der **F2-Taste** am Bildschirm angezeigt (vgl. Abb. 118).

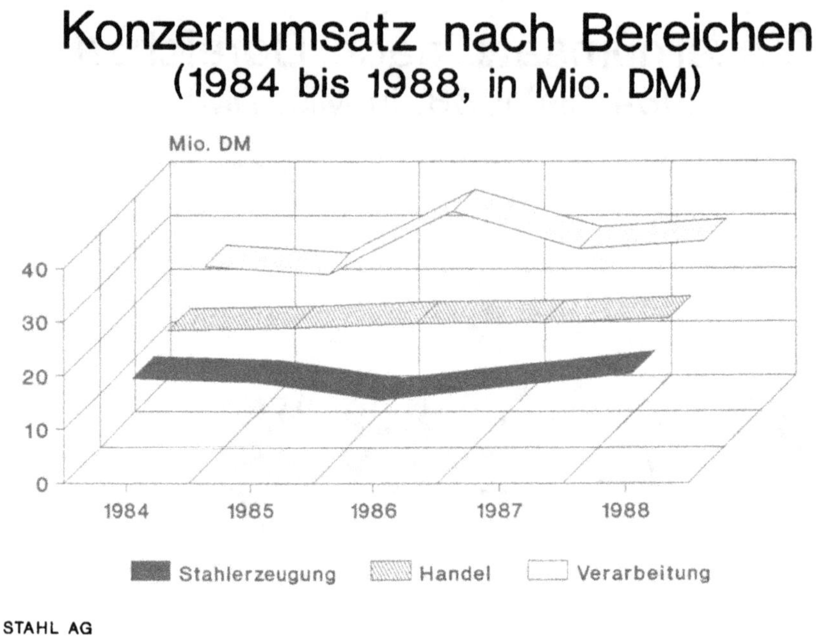

Abb. 118: Dreidimensionales Liniendiagramm zur Darstellung der Trendentwicklung des Konzernumsatzes

Um die Datenreihen zu speichern, wird im HG-Hauptmenü die Funktion **4** ("Get/Save/Remove") und im nachfolgenden Untermenü die Funktion **2** "Save Chart" gewählt. In das folgende Eingabefenster ist das Directory (z.B. **C:\HG**) und die gewünschte Graphikbezeichnung (Chart will be saved as: **UMSATZ**) einzutragen. Nach Betätigen der **R-Taste** wird der Diagrammtyp und die Daten unter dem Namen Umsatz auf dem Laufwerk C: im Subdirectory HG gesichert.

Zur Darstellung des Auslandsumsatzes nach Märkten (vgl. Abb. 111) wird anschließend im HG-Untermenü "Create New Chart" die Funktion **2** "Pie" (Kreisdiagramm) ausgewählt. In das Eingabefenster "Pie Chart Data Page 1 of 2" sind der Titel (**Auslandsumsatz nach Märkten**), der Untertitel (**1987 in %**) und die Fußnote (**STAHL AG**) zur Kennzeichnung der Graphik einzutragen. In die Spalte "Label" werden dann die Ländergruppen (**EG-Länder**, usw.) und in die Spalte "Value" (Wert) "Series 1" die entsprechenden Anteilswerte (**39.1**, usw.) eingetragen. Mit der F2-Taste kann die erstellte Graphik am Bildschirm angezeigt werden. Um die bisher zweidimensionale Darstellung interessanter zu gestalten, soll auch hier ein 3D-Effekt erzeugt werden. Hierzu ist auf Seite 1 des Eingabefensters "Pie Chart Titles & Options" lediglich in der Zeile "3D effect" die Einstellung von "No" auf "Yes" (Eingabe: **Y**) zu verändern. Nach Betätigen der **R-Taste** und **F2-Taste** erscheint die Graphik am Bildschirm (vgl. Abb. 119).

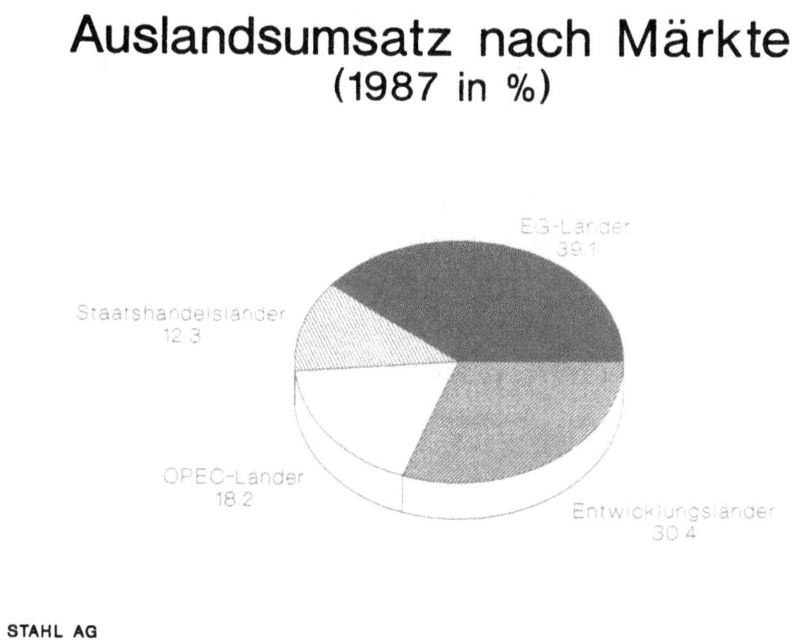

Abb. 119: Kreisdiagramm mit 3D-Effekt zur Darstellung des Auslandsumsatzes nach Märkten im Jahre 1987

Mit dieser Darstellung wird lediglich die erste Datenspalte der in Abb. 111 wiedergegebenen Tabelle graphisch umgesetzt. Für die zweite Spalte kann mit gleicher Vorgehensweise ein weiteres Diagramm erstellt werden. Es ist jedoch auch möglich, beide Datenreihen in einer gemeinsamen Graphik darzustellen. Dazu wird zunächst im Dateneingabefenster die Taste **PgDn** (Page Down, Nächste Seite) betätigt. In das erscheinende neue Eingabefenster sind anschließend die Spalten "Label" und "Value Series 2"

mit den Länderbezeichnungen bzw. der Werteingabe zu füllen. Zur Kennzeichnung der beiden Kreisdiagramme werden anschließend auf Seite 1 des Eingabefenster "Pie Chart Titles & Options" folgende Namen eingetragen:
Pie 1 title: 1987
Pie 2 title: 1988

Nach Ausführung dieser Eingaben kann die Graphik mit der **F2-Taste** am Bildschirm angezeigt werden. Für die Darstellung in Abb. 120 wurden zusätzlich auf Seite 2 des Eingabefensters "Pie Chart Title & Options" die Darstellungsgröße der Kreisdiagramme und Länderbezeichnungen angepaßt.

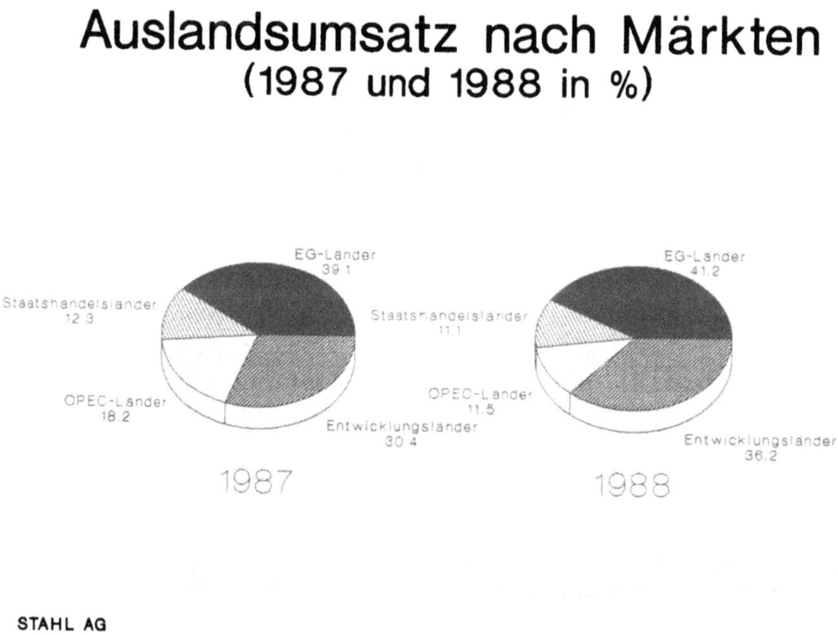

Abb. 120: Kombinierte Kreisdiagrammdarstellung des Auslandsumsatzes nach Märkten für 1987 und 1988

Zur Darstellung der internationalen Kapitalbindung der STAHL AG (vgl. Abb. 112.) bieten sich erneut unterschiedliche Diagrammformen an. Zunächst soll ein Säulendiagramm in Stapelform erstellt werden, bei dem auf der X-Achse die Ländergruppierungen

(Inland, Ausland, Welt) und auf der Y-Achse die entsprechenden Vermögenspositionen (Mio. DM) eingetragen und kumuliert dargestellt werden. Die oben dargelegte Vorgehensweise zur Erstellung von Säulendiagrammen kann hier übertragen werden. Lediglich die Graphikoptionen werden anders gewählt. Auf Seite 2 des Eingabefensters "Bar/Line Chart Titles & Options" wird zunächst der Diagrammtyp ("Bar Style") Stack ausgewählt. Zusätzlich soll die Darstellung und Positionierung der Legende modifiziert werden. Hierzu werden die im gleichen Eingabefenster unter "Legende" aufgeführten Einstellungen folgendermaßen gewählt:

- Legend location: **Right**
- Legend justify: **↓**
- Legend placement: **Out**
- Legend frame: **Shadow**

Nach Ausführung dieser Eingaben erscheint die umrahmte Legende rechts unten außerhalb des Diagramms. Die entsprechenden Zahlen der Graphik werden zusätzlich aufgeführt, wenn auf Seite 3 des Eingabefensters "Bar/Line Chart Titles & Options" in der Zeile "Data Table" die Einstellung "Yes" vorgenommen wird. Die entsprechende Graphik kann mit der **F2-Taste** am Bildschirm angezeigt werden (vgl. Abb. 121).

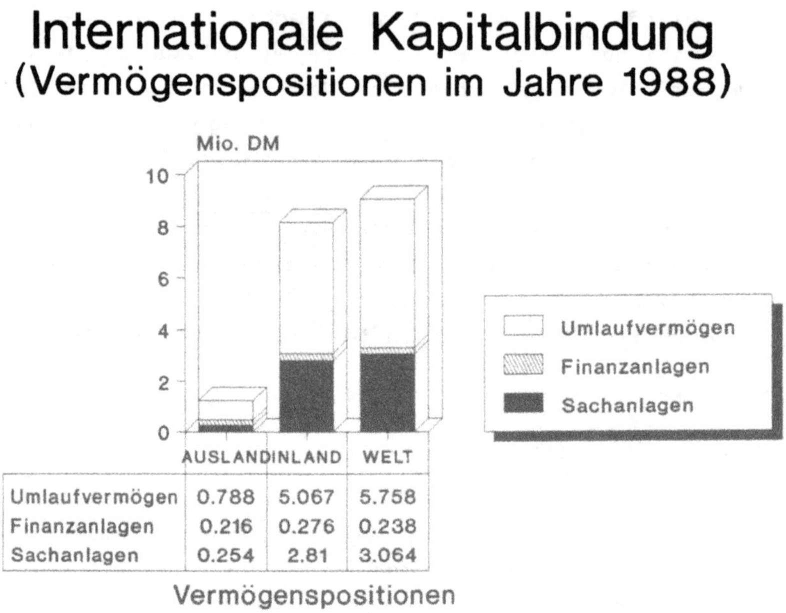

Abb. 121: Säulendiagramm in Stapelform zur Darstellung der internationalen Kapitalbindung für 1988

Eine weitere interessante Darstellungsform der Kapitalbindungsaufteilung stellt die Kombination von Kreis- und Säulendiagramm dar. Für die nachfolgende Darstellung (vgl. Abb. 122) wurden die Vermögenspositionen Sachanlagen, Finanzanlagen sowie die Summe des Umlaufvermögens der Tabellenspalte WELT (vgl. Abb. 112) in Form eines Kreisdiagramms und die Aufteilung des Umlaufvermögens in Form eines Säulendiagramms in Stapelform ausgewählt. Nachdem der Titel, Untertitel und die Daten analog der oben beschriebenen Vorgehensweise in das Eingabefenster "Pie Chart Data" eingetragen wurden, muß zur Verbindung der beiden Zahlenreihen lediglich im Eingabefenster "Pie Chart Titles & Options" auf Seite 1 unter "Link Pies" die Einstellung "Yes" vorgenommen werden. Um den Kreisausschnitt "Umlaufvermögen" hervorzuheben, ist zusätzlich in Zeile 3 des Dateneingabefensters die Position "Cut Slice" von "No" auf "Yes" umzustellen. Mit der **F2-Taste** kann die produzierte Graphik am Bildschirm angezeigt werden (vgl. Abb. 122).

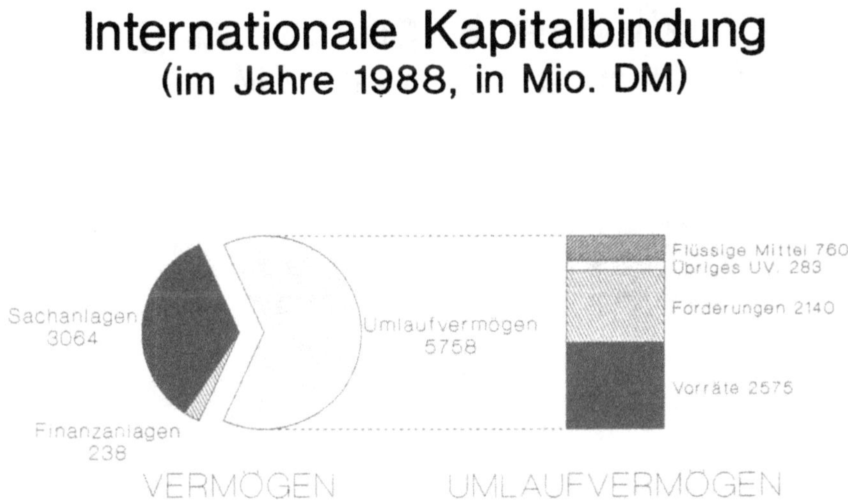

Abb. 122: Kombinierte Kreis- und Säulendiagrammdarstellung der internationalen Kapitalbindung für 1988

Die proportionale Kreisdiagrammdarstellung soll hier als weitere Chartform angeführt werden. Es erfolgt dabei eine automatische Anpassung der Flächengröße in Abhängigkeit vom Grundwert der Zahlenreihe 1 und dessen Verhältnis zum Grundwert der Zahlenreihe 2. Mit dieser Darstellungsform kann daher die Aufteilung und das Wertverhältnis von zwei Grundgesamtheiten in einer Graphik verdeutlicht werden.

Die Einstellung einer proportionalen Darstellung (vgl. Abb. 123) erfolgt im Eingabefenster "Pie Chart Titles & Options" unter der Position "Proportional Pies" durch Umstellung von "No" auf "Yes".

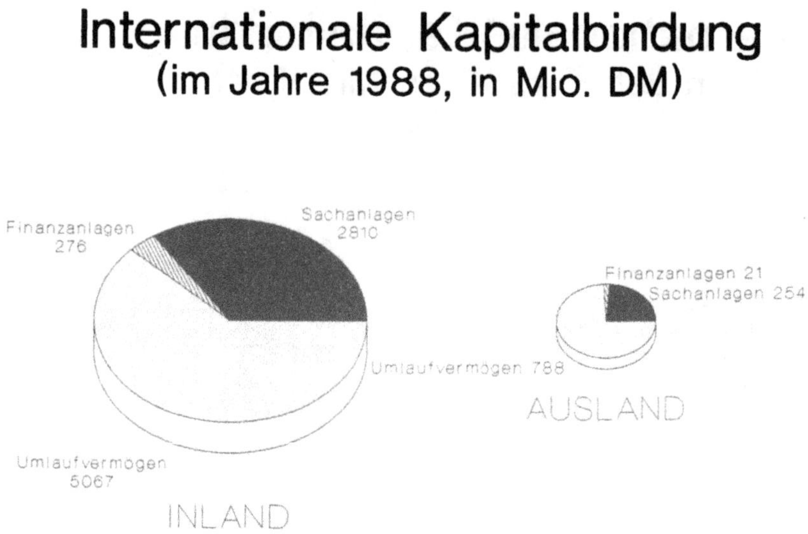

Abb. 123: Proportionale Kreisdiagrammdarstellung der internationalen Kapitalbindung im In- und Ausland für 1988

Als weitere Gestaltungsoption wird hier die HG-Funktion "Multiple Charts" gewählt. Mit der Auswahl dieses Bereichs (Eingabe: 7 im "Create Chart"-Menü) ist es möglich, mehrere Graphiken zu einem Bild zusammenzufügen. Für die nachfolgende Darstellung wurden drei Einzeldiagramme zu einer gemeinsamen Graphik gekoppelt.

Nach Eingabe von 7 erscheint eine Übersicht der möglichen Darstellungsformen ("Multiple Charts Styles"). Es kann hier unter drei standardisierten Darstellungskombinationen gewählt werden:

- **2 Diagramme:**

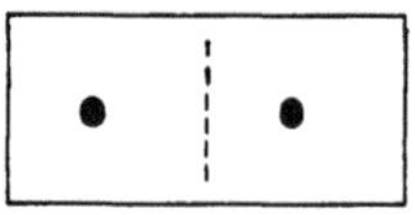

- **3 Diagramme:**

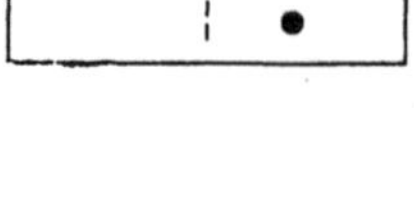

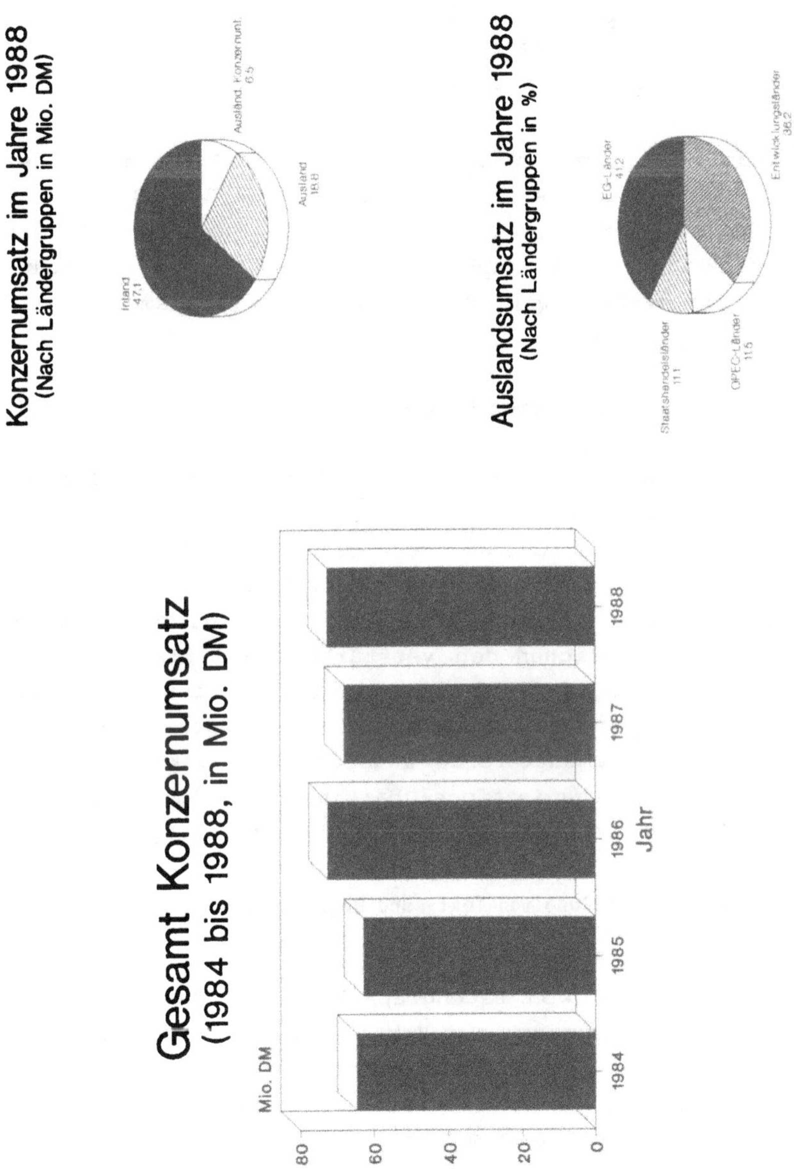

Abb. 124: Kombination von Einzeldiagrammen

- **4 Diagramme:**

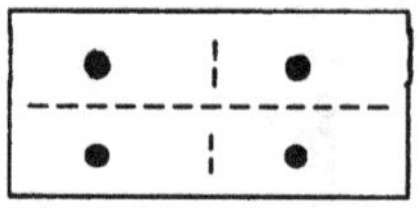

Nach Auswahl der zweiten Darstellungsform (Eingabe: **3**) erscheint das Eingabefenster "Edit Multiple Chart" am Bildschirm. Hierin sind lediglich die aufgeführten Namen der Diagramme einzugeben, die HG in einer Graphik kombinieren soll. Nach Betätigen der **R-** und **F2-Taste** wird das kombinierte Diagramm am Bildschirm angezeigt (vgl. Abb. 124).

(4) Zusammenfassung der Arbeitsergebnisse

Mit den oben angeführten Realisationen alternativer Darstellungsformen wurde ein Überblick der grundsätzlichen Gestaltungsmöglichkeiten von PC-gestützten graphischen Datenpräsentationen gegeben. Der hohe Leistungsstandard und die gute Bedienerführung des hier vorgestellten Programms und auch anderer Standardpakete ermöglichen den verstärkten und flexiblen Einsatz dieser Technologie im Managementbereich. Neben der graphischen Aufbereitung von Zahlen bieten einige Programmpakete weitere, für den Managementbereich interessante Funktionen (z.B. Text-Charting und Organisations-Charting) an. Diese Darstellungsformen werden im nachfolgenden Abschnitt gezeigt.

(5) Exemplarische Darstellung von Text- und Organisations-Diagrammen

Neben der Erstellung von Datengraphiken kann das hier angewandte Softwareprodukt auch zur Erstellung von Text- und Organisations-Diagrammen eingesetzt werden. Um die hiermit verbundenen Gestaltungsmöglichkeiten anzudeuten, wird in Abb. 125 ein mit HG erstelltes Organigramm aufgeführt. Zur Erstellung solcher Diagrammtypen ist im Untermenü "Create New Chart" die Funktion **6** "Organization" aufzurufen. Auf eine detaillierte Darstellung der Vorgehensweise wird hier verzichtet.

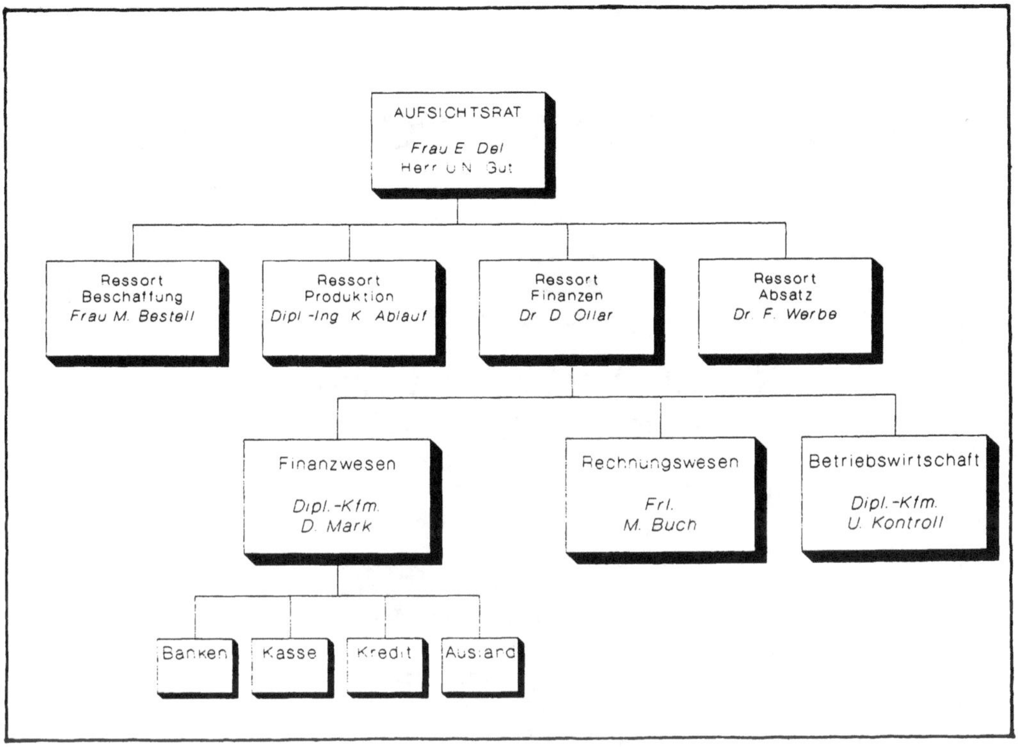

Abb. 125: Exemplarisches Organisationsdiagramm

In Abb. 126 wird ein mit HG erstelltes Text-Chart dargestellt. Zur Entwicklung alternativer Text-Chart-Formen ist im HG-Untermenü die Funktion **1** "Text" aufzurufen. Die erstellten Textdiagramme können zusätzlich im Bereich "Draw/Annotate" mit Symbolen oder Zeichnungen versehen werden. Für die hier gezeigte Darstellung wurden exemplarisch zwei, im HG-Symbolverzeichnis vorhandene Symbole ("Computer" und "Man with sign") in das Textdiagramm eingefügt.

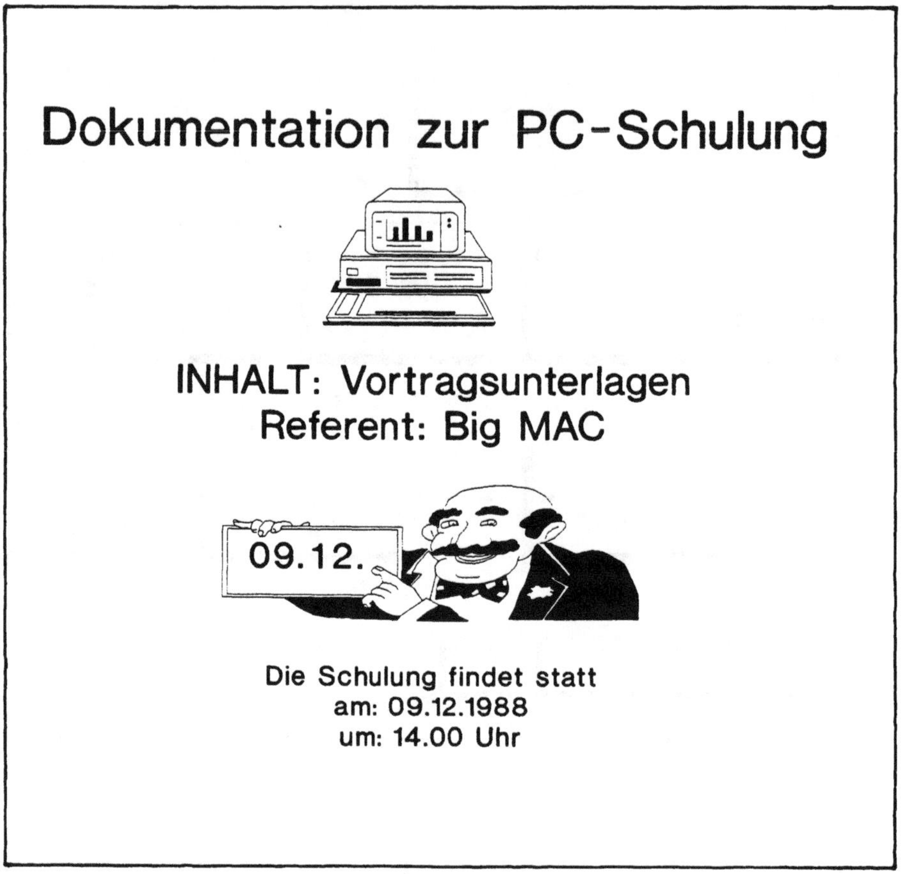

Abb. 126: Exemplarisches Text-Chart mit vorgefertigten Symbolen

5.2 Berichterstellung

Ein besonderes Problem bei der Berichterstellung mit Einzellösungen ist der Datentransfer zwischen den unterschiedlichen Standard-Anwendungsprogrammen. Häufig müssen erarbeitete Berechnungsergebnisse in einem schriftlichen Bericht für die obere Führungsebene zusammengestellt werden. Hierbei ist es zweckmäßig, die erstellten Berechnungen durch einen Datentransfer für die graphische und textliche Aufbereitung zu nutzen, da hierdurch eine Rationalisierung der Berichterstellung erreicht wird, weil erneute Dateneingaben vermieden werden.

Bei der Darstellung der integrierten Pakete wurde auf die komfortable Art der Zusammenführung einzelner Dateien hingewiesen. Ein Beispiel für die Datentransformation unter Einsatz von Symphony ist in Kapitel C.3.1 wiedergegeben. Die einzelnen Programmbausteine, insbesondere die Text- und Graphikverarbeitung, sind jedoch häufig nicht so leistungsfähig wie singuläre Text- oder Graphikpakete. Gerade für die Erstellung von Berichten wird jedoch nicht selten ein hoher Qualitätsstandard gefordert, den integrierte Pakete nicht bieten können. Auf der anderen Seite ist ein Datentransfer zwischen den einzelnen Programmpaketen nicht unproblematisch oder zumindest aufwendiger als bei integrierter Software.

Ein Beispiel für die Berichterstellung mit einzelnen Standardpaketen soll auf der Grundlage der nachfolgenden Problemstellung präsentiert werden. Dabei werden die Microsoft-Produkte Word (Textverarbeitung), Multiplan (Tabellenkalkulation) und Chart (Grapik) verbunden. Den Schwerpunkt der Darstellung bildet die Beschreibung des Arbeitsablaufs bei der notwendigen Konvertierung von Tabellenkalkulationsdateien.

(1) Problembeschreibung

Die Ergebnisse der oben in Kapitel C.1.3 durchgeführten "ABC-Analyse" sollen in Form eines Berichts aufgearbeitet werden. Als Elemente dieses Berichts sind vorgesehen:

- die graphische Aufbereitung des jährlichen Materialverbrauchs der Einsatzgüter in Form eines Säulendiagramms,
- die graphische Darstellung der relativen Anteile einzelner Einsatzgüter am gesamten Materialverbrauch, in Form eines Kreisdiagramms und
- die Wiedergabe eines Tabellenausschnitts in Form von graphischen und numerischen Darstellungen im Text.

(2) Problemlösung - gedanklich / theoretisch

Ausgangspunkt der Bearbeitung ist die erstellte Tabelle der "ABC-Analyse" (vgl. S. 105). Die hier bereits vorhandenen Daten sollen, ohne erneut eingeben zu werden, in der Text- und Graphikverarbeitung genutzt werden. Für die Textverarbeitung muß die Multiplan-Datei konvertiert, d.h. in das geforderte Format des Zielprogramms umgewandelt werden. Im Rahmen der graphischen Aufarbeitung kann direkt auf einzelne Zeilen oder Spalten der Tabelle zugegriffen werden.

(3) Problemlösung - praktisch / PC-gestützt

1. Schritt: Konvertierung der Multiplan-Datei

Zunächst soll die vorhandene Multiplan-Datei für die Textverarbeitung vorbereitet werden. Für den Bericht sind die Spalten 1 bis 8 der Arbeitstabelle vorgesehen.

Um eine Multiplan-Datei für das Textprogramm Word zu konvertieren, sind verschiedene Möglichkeiten gegeben. Auf der Hilfsprogrammdiskette zu Word ist das Programm "Converdt" enthalten, mit dem menügesteuert Dateiformate konvertiert werden können. Eine zweite, einfachere Lösung bietet die Aufbereitung der Daten für den Austausch innerhalb des Tabellenkalkulationsprogramms. Diese Vorgehensweise wird hier dargestellt. Dazu sind folgende Teilschritte erforderlich:

(A) Starten des Programms Multiplan: **MP**

(B) Laden der für den Datenaustausch vorgesehenen Arbeitstabelle "ABC" von der Diskette in Laufwerk B: **B:ABC**

(C) Auswahl der entsprechenden Teilbereiche der Arbeitstabelle: **Druck, Optionen, Z1S1:Z23S8, R-Taste**

(D) Übertragen der Arbeitstabelle auf Diskette: **Druck, Platte/Diskette, B:ABC.Txt, R-Taste**

(E) Beenden von Multiplan: **Quit, J**.

Mit dieser Befehlsfolge wurde eine Druckdatei erstellt, die später im Rahmen der Textverarbeitung aufgerufen und bearbeitet werden kann. An beliebiger Stelle kann der Tabellenausschnitt mit der MS-Word Befehlsfolge in den Text eingefügt werden: **Übertragen, Zusammenführen, B:ABC.Txt, R-Taste** in den

2. Schritt: Graphische Aufbereitung eines Tabellenausschnitts

Die graphische Aufbereitung des jährlichen Materialverbrauchs soll unter Einsatz des Graphikpaketes MS-CHART erfolgen. Dazu sind die folgenden Teilschritte durchzuführen:

(A) Starten des Programms MS-Chart: **Chart**

(B) Laden des Tabellenausschnitts der MS-Multiplan- Datei ABC1: **Xtern, B:ABC, T-Taste, S8, T-Taste, N, R-Taste**

Nach Ausführung dieses Befehls hat Chart die gesamte Spalte 8 der Arbeitstabelle geladen. Die alphabetischen Datenelemente werden als 0 wiedergeben und sind daher aus der Zahlenreihe zu entfernen.

(C) Auflistung der Datenreihe: **Werteingabe**

(D) Löschen der Spaltenbezeichnung und der Summe der Spalte 8: **Ändern, Löschen, 5, R-Taste**

Nach Ausführung dieses Befehls werden die ersten fünf Datenpunkte gelöscht.

Ändern, Löschen, 3, 16, R-Taste

Nach Ausführung dieses Befehls werden -beginnend mit dem 16. - drei Datenpunkte gelöscht. Mit **Auflistung** kehrt das Programm zum Hauptmenü zurück.

(E) Benennung von Dateinreihe, Rubrik und Größen: **Name**

Folgende Eingaben werden hier zur Beschriftung gemacht:
Datenreihenbezeichnung: **Jährlicher Materialverbrauch, T-Taste**
Rubrikenbezeichnung: **Einsatzgüter, T-Taste**
Größenbezeichnung: **DM p.a., R-Taste**

(F) Aufruf des Musterverzeichnisses: Muster

Es erscheint anschließend das MS-Chart-Musterverzeichnis (vgl. Abb. 5, S. 28) auf dem Bildschirm, aus dem die gewünschte Darstellungsart gewählt werden kann. Mit der Eingabe "Säulen-D" gelangt man zu den möglichen Varianten der ausgewählten Diagrammart:

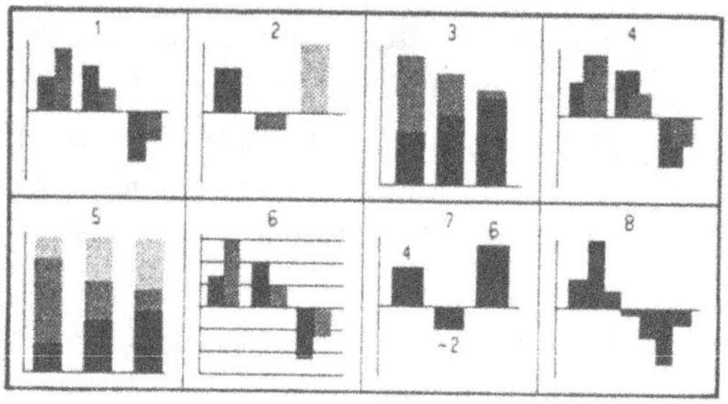

Abb. 127: MS-Chart-Musterverzeichnis für Säulendiagramme
Quelle: Handbuch zu Microsoft Chart, 1984, S.9.119

Nach Eingabe der entsprechenden Ziffer - für die nachfolgende Darstellung (vgl. Abb. 128) wurde Diagrammart **1** gewählt - stellt das Programm die Graphik am Bildschirm dar:

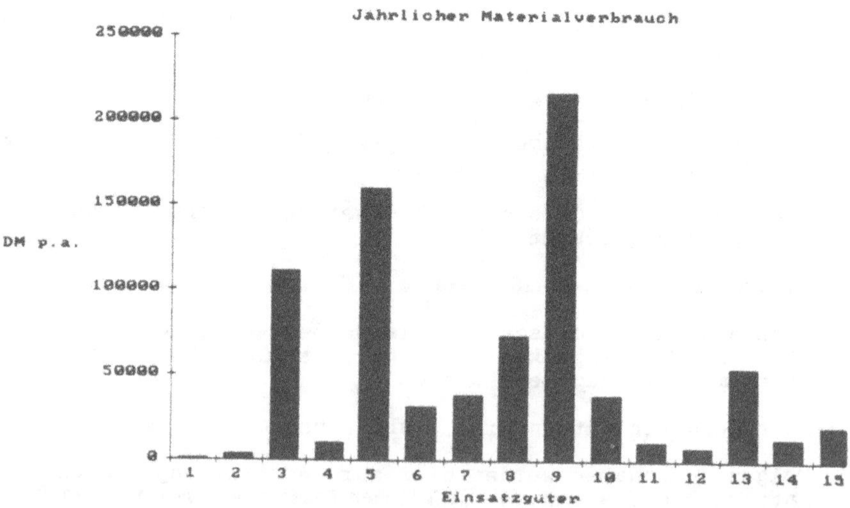

Abb. 128: Graphische Darstellung des jährlichen Materialverbrauchs

(G) Die Graphik kann mit **Druck**, Drucker ausgegeben werden. Das gewünschte Format der Druckausgabe kann zuvor mit **Druck**, **O**ptionen beliebig bestimmt werden.

3. Schritt: Erstellung eines Kreisdiagramms für den Tabellenausschnitt

Die relativen Anteile der einzelnen Einsatzgüter am gesamten Materialverbrauch sollen in Form eines Kreisdiagramms dargestellt werden. Mit dem Befehl **M**uster muß hierzu lediglich die entsprechende Diagrammart eingestellt werden. Die relativen Anteilswerte werden automatisch vom Programm berechnet und dargestellt. Nach Auswahl von **K**reisdiagramm werden die möglichen Varianten der zu erzeugenden Kreisdiagramme aufgeführt:

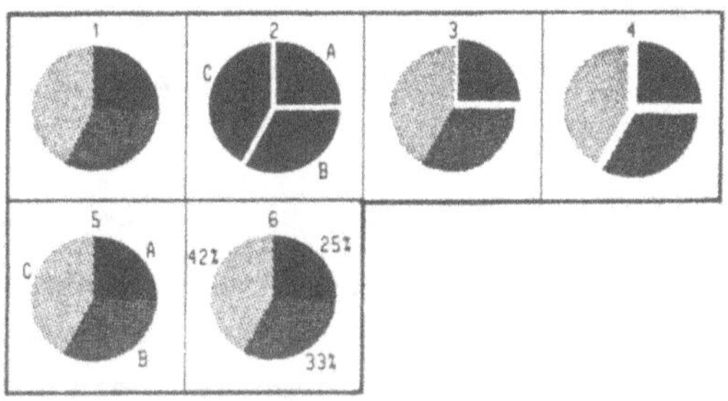

Abb. 129: Chart-Musterverzeichnis für Kreisdiagramme
Quelle: Handbuch zu Microsoft Chart, 1984, S.9.112

Für die nachfolgende Darstellung wurde Diagrammart **6** gewählt.

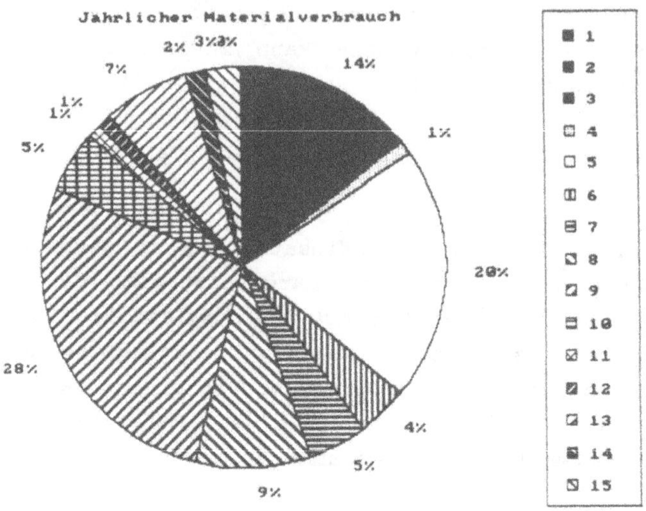

Abb. 130: Graphische Darstellung der Materialverbrauchsanteile

(4) Zusammenfassung der Ergebnisse

Mit der Durchführung des ersten Arbeitsschrittes wurde die Tabelle ABC zur Textverarbeitung vorbereitet. Sie kann an jeder beliebigen Stelle des Berichts in den fortlaufenden Text eingefügt werden.

Mit der Durchführung des zweiten und dritten Arbeitsschrittes wurden einzelne Datenelemente der Tabelle in Graphiken transformiert. Das PC-gestützte Einfügen dieser Graphiken in den Bericht ist nicht möglich. Hierzu ist eine relativ umständliche Vorgehensweise erforderlich, die darin besteht, daß an der entsprechenden Textstelle, in die die Graphik eingefügt werden soll, eine hinreichende Anzahl von Leerzeilen vorgegeben wird. Nach der Ausgabe des Berichts müssen die ausgedruckten Graphiken manuell in die vorgesehenen Freiräume eingefügt werden. Die Verbesserung dieser Textverarbeitung im Hinblick auf eine Vereinfachung der Vorgehensweise ist zu erwarten.

5.3 Flow-Charting-Technik (Flußdiagrammtechnik)

Ablaufdiagramme sind ebenfalls ein Elememt der graphischen Darstellungstechnik (vgl. CURTH, Ablaufdiagramme, 1987, S. 3). Sie dienen einerseits zur Planung, andererseits zur Dokumentation von Vorgehensweisen. Hierbei werden die Wege zur Lösung von Ablaufproblemen in Abhängigkeit von Daten und Bedingungen unter Verwendung fest definierter Symbolkonventionen graphisch beschrieben. Wichtige Erscheinungsformen von Ablaufdiagrammen sind der Programmablaufplan (PAP) und das Struktogramm. Abb. 131 zeigt die Definition der Symbolkonventionen für PAP nach DIN 66001 (vgl. DIN 66001, 1977). In Abb. 132 werden sodann die Sinnbilder für eine Struktogrammerstellung nach NASSI/SHNEIDERMANN wiedergegeben.

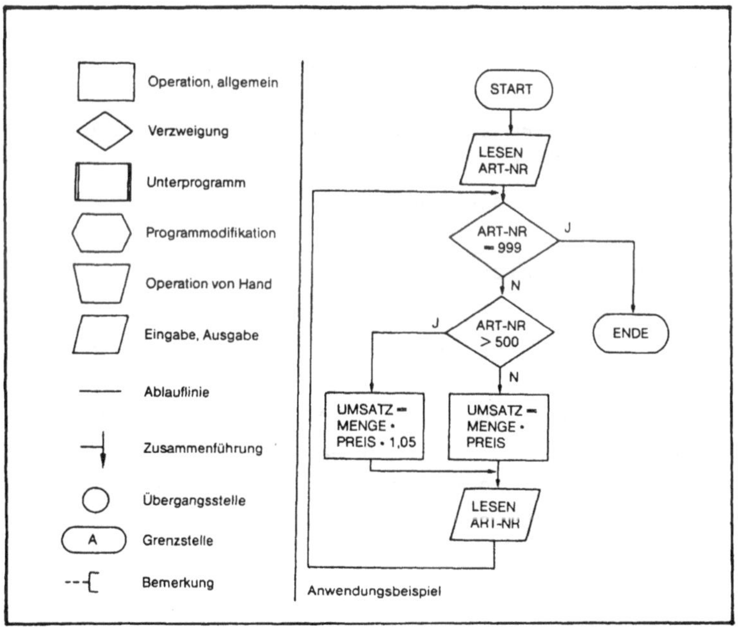

Abb. 131: Sinnbilder für Programmablaufpläne nach DIN 66001 mit Anwendungsbeispiel

Quelle: CURTH, M.A., Ablaufdiagramme, 1987, S. 3

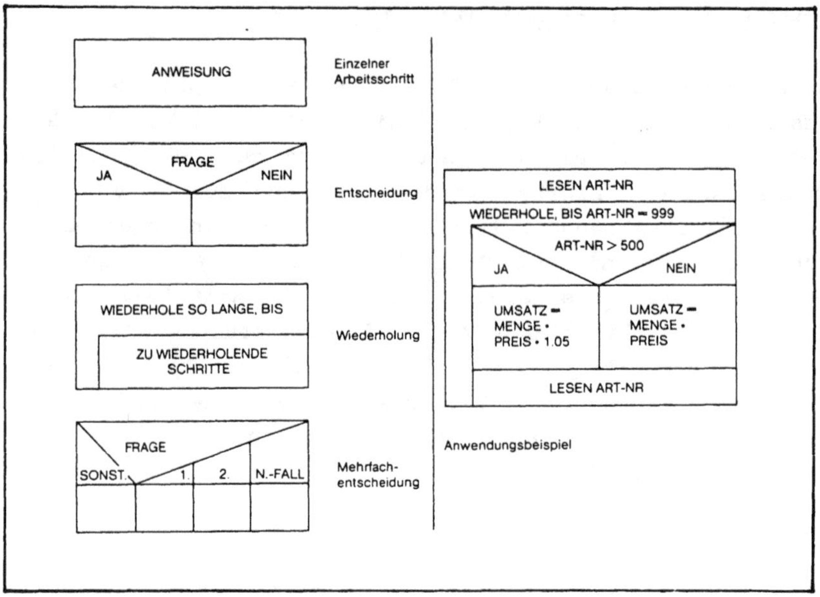

Abb. 132: Sinnbilder von Struktogrammen nach Nassi/Shneidermann mit Anwendungsbeispiel

Quelle: CURTH, M.A., Ablaufdiagramme, 1987, S.4.

Auf die PC-gestützte Entwicklung von PAP soll hier verzichtet werden. Es sei lediglich der Hinweis gegeben, daß sich durch den Einsatz der PC-Technologie das in der Vergangenheit übliche manuelle Zeichnen und Beschriften von PAP-Symbolen erübrigt. In leistungsfähigen Graphikpaketen sind vorgefertigte Symbole enthalten, die im Zeichenmodus beliebig beschriftet und kombiniert werden können. Exemplarisch werden in Abb. 133 ausgewählte Symbole dargestellt, die mit dem Programm HG im Bereich "Draw/Annotate" erzeugt und beschriftet wurden.

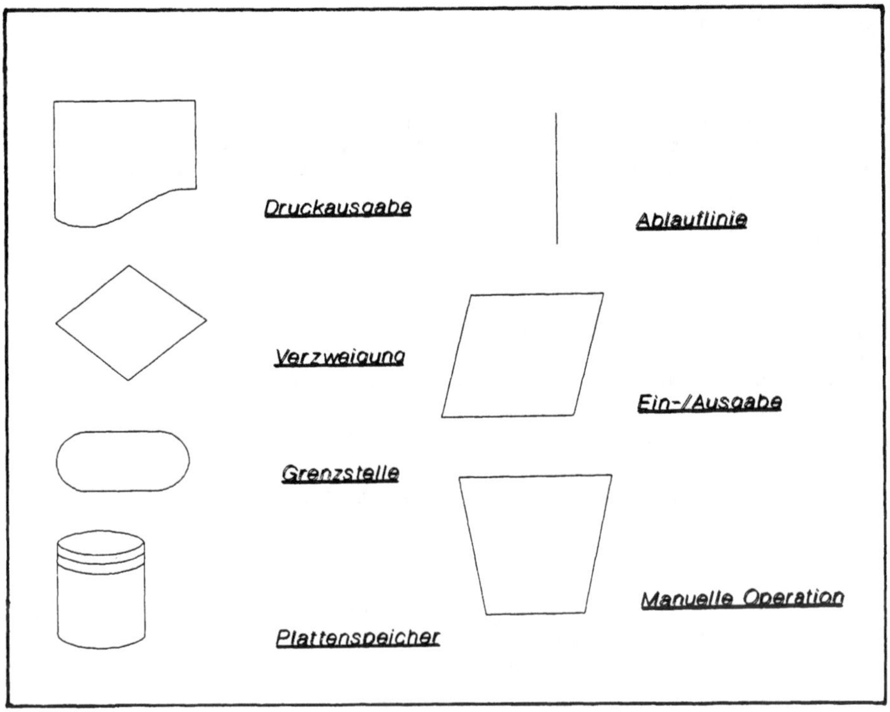

Abb. 133: Exemplarische Darstellung und Beschriftung ausgewählter Symbole aus dem HG-Verzeichnis

Anhang

I. Lösungen zu den Aufgaben

<u>Zu Kapitel C.1.1</u>

Aufgabe 1

Zur netzplantechnischen Abbildung des Planspielsystementwicklungsprozesses sind die in der PC-gestützten Problemlösung aufgeführten Lösungsschritte analog anzuwenden.

<u>Zu Kapitel C.1.2</u>

Aufgabe 2

- Aufruf des Programms Multiplan
- Übertragen, Laden, A:KZMaske
- Eingabe der Bilanz- und GuV-Daten mit dem Befehl Wert
- Übertragen, Speichern, A:KZProbe

Aufgabe 3

- Druck, Optionen, Z146S1:Z232S8, T-Taste, T-Taste, Nein, Ja
- Druck, Drucker

Aufgabe 4

Eingabebeispiel für die Bilanzposition "B. Anlagevermögen" 1987:
- Einfügen einer neuen Spalte nach Spalte 5
- Eingabe in Z8S6: Z8S6*100/Z57S4

<u>Zu Kapitel C.1.3</u>

Aufgabe 5

- Einfügen einer neuen Zeile:
  Einfügen, Zeile, 1, T-Taste, 23, T-Taste, 1, T-Taste, 63, T-Taste
- Überschreiben der Zeile 10 mit den Werten des Produktes A
- Eingabe der Werte des Produktes B in Zeile 21
- Kopieren aller Formeln von Zeile 20 nach Zeile 21
- Anpassung der Summenformel in Z23S8: Summe(Z6S8:Z21S8)
- Sortieren der Spalte 12:
  Ordnen, R-Taste, 12, T-Taste, 6, T-Taste, 21, T-Taste, < , R-Taste

Aufgabe 6

- Einfügen drei neuer Zeilen vor Zeile 3
- Eingabe der Klassengrenzen:
  Z2S10: Klasse A
  Z3S10: Klasse B
- Eingabe der Werte
  Z2S11: 70
  Z2S12: 82
- Anpassung der "Wenn"-Anweisung in Z10S14:
  Wenn (ZS(-2) < = Z2S11;"A";Wenn(ZS(-2) > Z3S11;"C";"B"))

Zu Kapitel C.1.4

Aufgabe 7

- **Öffnen** der Datei Jade mit USE JADE
- **Erstellen** der Hitparade mit

```
INDEX ON ÄND_VORJ_P TO TT
SET INDEX TO TT
LOCATE FOR ÄND_VORJ_P > = 100
DISPLAY NEXT 20 TO PRINT
```

Aufgabe 8

- Kundenaufstellung mit

```
INDEX ON ANTEIL_PG2 TO PG2
SET INDEX ON PG2
LOCATE FOR ANTEIL_PG2 = 0
DISPLAY NEXT 20 FOR ANTEIL_PG5 = O
.AND. ANTEIL_PG2 = O TO PRINT
```

Aufgabe 9

- Gesamtumsätze der Jade AG mit französischen und niederländischen Kunden

```
GO TOP
SET INDEX TO LA
LOCATE FOR LAND = 'F'
DISPLAY NEXT 20 FOR LAND = 'F' .OR. LAND = 'NL' TO PRINT
```

Zu Kapitel C.2

Aufgabe 10

- Eingabe der Zeitreihenwerte in eine Variable mit Namen VAR3 unter Workspace in der Sektion A.Data Management unter Zuhilfenahme des Full-Screen Data Editor
- Zurück zum Hauptmenü durch mehrfaches Betätigen der F10-Taste
- Aufruf der Sektion L.Forecasting und dann z.B. 1.Brown's Exponential Smoothing
- Angabe des Variablennamens (VAR3)
- "number of forecasts:" (2)
- "Smoothing constant:" (0.5)
- Art des Verfahrens: 0 für "simple smoothing"
- unter Forecasts Entnehmen des Prognosewertes in Höhe von 22,5448

Aufgabe 11

- Eingabe der Zeitreihenwerte in eine Variable mit Namen VAR3 unter Workspace in der Sektion A.Data Management unter Zuhilfenahme des Full-Screen Data Editor
- Zurück zum Hauptmenü durch mehrfaches Betätigen der F10-Taste
- Aufruf der Sektion L.Forecasting und dann z.B. 5. Exponential Power Curve
- Angabe des Variablennamens (VAR4) und der Anzahl gewünschter Prognosewerte (6)

- unter FORECASTS lassen sich im WORKSPACE die errechneten Monatsumsätze des kommenden Halbjahres in Höhe von
  22.502 DM
  24.821 DM
  27.378 DM
  30.199 DM
  33.311 DM
  36.744 DM
  entnehmen

Zu Kapitel C.3.1

- Verändern der Kalkulationszinsfüsse in den Tabellen 2 bis 4 in der geforderten Bandbreite von 4,5% bis 13,5% um jeweils 0,9%
- man erhält die nachfolgend aufgeführten Ausgabenbarwerte für die Gas-, Öl- und Kohlealternative, die sich jeweils Tabelle 1 entnehmen lassen

Veränderung des Parameters in %	Kalkulationszinsfuß in %	Ausgabenbarwerte Gaskessel	Ölkessel	Kohlekessel
-50	4,5	58730602	60299249	49993135
-40	5,4	55864814	57389225	48272873
-30	6,3	53193142	54676325	46660208
-20	7,2	50069931	52144651	45152139
-10	8,1	48370951	49779754	43740472
0	9,0	46193261	47568485	42417746
10	9,9	44155074	45498888	41177160
20	10,8	42245644	43560037	40012503
30	11,7	40455168	41741982	38918106
40	12,6	38774690	40035628	37888780
50	13,5	37196026	38432662	36918779

Aufgabe 13

- Laden des Modells mit F9, Transfer und Lade
- Wechseln des Funktionsbereichs in GRAFIK mit ALT+F10
- Aufruf Graphikmenü mit F10
- Angaben unter Bereich im 1. Parameterblatt
  - Reparaturkosten R43:R52
  - Gemeinkosten T43:T52
  - Personalkosten J43:J52

  sowie entsprechende Spezifikation unter Legende
- Angaben im 2. Parameterblatt
  - Erster Titel : Silbermann AG
  - Zweiter Titel: Alternative "Kohle"
  - Y-Achse: Kosten in DM
- mit Stop das 2. Parameterblatt verlassen und Graphik anzeigen lassen

Zu Kapitel C.3.2

Aufgabe 14

- Eingabe der Zielkriterien und Zielkriteriengruppen in Blatt 1a und 1b
- Eingabe der Anzahl an Kriteriengruppen und Kriterien in Blatt 1c
- Eingabe der Rangfolgebestimmung und Kriteriengruppengewichte in Blatt 2a
- Eingabe der Präferenzrelationen in Blatt 2b
- Eingabe der Rangfolgebestimmung und Kriteriengewichte in die Blätter 3a bis 3f
- Eingabe der Präferenzrelationen in die Blätter 3g bis 3l
- Eingabe der Zielerreichungsgrade und Teilnutzentransformation in die Blätter 5a bis 5c
- Berechnung des Modells: F8-Taste

II. Literaturverzeichnis

Adelberger, O.L.; Günther, H.: Fall- und Projektstudien zur Investitionsrechnung, München 1982

Blohm, H; Lüder, K.: Investition, 5. Aufl., München 1983

Buchner, R.: Grundzüge der Finanzanalyse, München 1981

Churchmann, C.W.; Ackoff, R.L.: an approximate measure of value, in: OR, 1954, S. 142ff.

Coenenberg, A.: Jahresabschluß- und Jahresabschlußanalyse, 9. Aufl., Landsberg 1987

Curth, M.A.: Ablaufdiagramme, in: Mertens, P. u.a. (Hrsg.): Lexikon der Wirtschaftsinformatik, Berlin; Heidelberg 1987

Curth, M.A.: Dokumentation, in: Mertens, P. u.a. (Hrsg.): Lexikon der Wirtschaftsinformatik, Berlin; Heidelberg 1987

Curth, M.A.: Kombination von Planspieltechnik und Computer Based Training zur Schulung von Einkäufern im Handel. Möglichkeiten zur Messung und Verbesserung des Entscheidungsverhaltens dargestellt an einem konkreten Schulungsprozeß, Diss., Essen 1987

Curth, M.A.; Edelmann, H.: APL. Eine problemorientierte Einführung, 2. Aufl., München; Wien 1988

Dale, E.: Management. Theorie und Praxis der modernen Unternehmungsführung, Düsseldorf 1972

Emmert, P.H.: Die Planung und Beurteilung von Investitionsvorhaben in einem Mensch-Maschine-Kommunikationssystem, Diss., Erlangen-Nürnberg 1974

Gräfer, H.: Einführung in die Bilanzanalyse, 3. Aufl., Herne; Berlin 1985

Kemper, G.: Benutzerführung, in: Mertens, P. u.a. (Hrsg.): Lexikon der Wirtschaftsinformatik, Berlin; Heidelberg 1987, S. 55f.

Kirsch, W.; Börsig, C.; Englert, G.: Standardisierte Anwendungssoftware in der Praxis, Berlin 1979

Kruschwitz, L.: Investitionsrechnung, 2. Aufl., Berlin; New York 1985

Lotus Development Corporation (Hrsg.): Einführung in Symphony, 1985

Meffert, H.: Grundlagen der Absatzpolitik, 7. Aufl., Wiesbaden 1986

Meissner, K.: Arbeitsplatzrechner im Verbund, München; Wien 1985

Mertens, P. u.a. (Hrsg.): Lexikon der Wirtschaftsinformatik, Berlin; Heidelberg 1987

Microsoft Corporation (Hrsg.): Handbuch zu Microsoft Chart, Aschheim-Dornach 1984

Perridon, L.; Steiner, M.: Finanzwirtschaft in der Unternehmung, 3. Aufl., München 1984

Pfohl, H.-C.: Planung und Kontrolle, Stuttgart; Berlin 1981

Platz, G.: Methoden der Software-Entwicklung, 2. Aufl., München; Wien 1985

Schering AG (Hrsg.): Geschäftsbericht 1986, Berlin 1987

Schierenbeck, H.: Grundzüge der Betriebswirtschaftslehre, 8. Aufl., München; Wien 1986

Schmitz, P.; Seibt, D.: Einführung in die anwendungsorientierte Informatik I, 3. Aufl., München 1985

Schult, E.: Bilanzanalyse, 6. Aufl., Freiburg i. Breisgau 1986

Seibt, D.: Individuelle Datenverarbeitung im Netz technologiegestützter Anwendungssysteme, in Seibt, D. (Hrsg.): PCs in der betrieblichen Datenverarbeitung, Braunschweig; Wiesbaden 1985, S. 1-17

Seibt, D.: Zur Gestaltungs- und Benutzungsproblematik technologiegestützter Anwendungssysteme, in: Seibt, D.; Szyperski, N.; Hasenkamp, U.: Angewandte Informatik, Braunschweig; Wiesbaden 1985, S. 29-45

Software Publishing Corporation (Hrsg.): Handbuch zu Harvard Graphics, 1987

Software Publishing Corporation (Hrsg.): Handbuch zu Harvard Total Project Manager II, 1987

Ulrich, P; Fluri, E.: Management. Eine konzentrierte Einführung, 2. Aufl., Bern; Stuttgart 1978

Witte, E.: Finanzplanung in der Unternehmung: Prognose und Disposition, 3. Aufl., Opladen 1983

Wohlleben, H.-D.: Präsentationstechnik, Gießen 1977

Zangemeister, C.: Nutzwertanalyse in der Systemtechnik, 4. Aufl., München 1976

Stichwortverzeichnis

Oldenbourg · Wirtschafts- und Sozialwissenschaften · Steuer · Recht

Oldenbourg · Wirtschafts- und Sozialwissenschaften · Steuer · Recht

Oldenbourg · Wirtschafts- und Sozialwissenschaften · Steuer · Recht

www.ingramcontent.com/pod-product-compliance
Lightning Source LLC
LaVergne TN
LVHW081332011026
849161LV00013BB/2903
9783486212624